第2版 おうちで学べる

ネットワークのきほん

著｜Gene

本書内容に関するお問い合わせについて

このたびは翔泳社の書籍をお買い上げいただき、誠にありがとうございます。弊社では、読者の皆様からのお問い合わせに適切に対応させていただくため、以下のガイドラインへのご協力をお願い致しております。下記項目をお読みいただき、手順に従ってお問い合わせください。

●ご質問される前に

弊社Webサイトの「正誤表」をご参照ください。これまでに判明した正誤や追加情報を掲載しています。

正誤表　https://www.shoeisha.co.jp/book/errata/

●ご質問方法

弊社Webサイトの「書籍に関するお問い合わせ」をご利用ください。

書籍に関するお問い合わせ　https://www.shoeisha.co.jp/book/qa/

インターネットをご利用でない場合は、FAXまたは郵便にて、下記"翔泳社 愛読者サービスセンター"までお問い合わせください。
電話でのご質問は、お受けしておりません。

●回答について

回答は、ご質問いただいた手段によってご返事申し上げます。ご質問の内容によっては、回答に数日ないしはそれ以上の期間を要する場合があります。

●ご質問に際してのご注意

本書の対象を超えるもの、記述個所を特定されないもの、また読者固有の環境に起因するご質問等にはお答えできませんので、予めご了承ください。

●郵便物送付先およびFAX番号

送付先住所　〒160-0006　東京都新宿区舟町5
FAX番号　03-5362-3818
宛先　（株）翔泳社 愛読者サービスセンター

※本書に記載されたURL等は予告なく変更される場合があります。
※本書の出版にあたっては正確な記述につとめましたが、著者や出版社などのいずれも、本書の内容に対して何らかの保証をするものではなく、内容やサンプルに基づくいかなる運用結果に関してもいっさいの責任を負いません。
※本書に掲載されているサンプルプログラムやスクリプト、および実行結果を記した画面イメージなどは、特定の設定に基づいた環境にて再現される一例です。
※本書に記載されている会社名、製品名はそれぞれ各社の商標および登録商標です。
※本書において示されている見解は、著者自身の個人的な見解です。著者が所属する企業の見解を反映したものではありません。
※本書の内容は、2024年4月1日現在の情報等に基づいています。

はじめに

今は1人のユーザーが何台もの機器をネットワークに接続して利用することが当たり前の時代です。そのため、インターネットにつながる機器は膨大な数になっています。すると、このような疑問を抱いたことはありませんか？
「正確にデータを送り届けられるインターネットの仕組みはどうなっているのだろう？」

こうした疑問について基礎から解説することが本書の目的です。手元のPCで行える様々な演習をやってみてから、適切な機器の適切なアプリケーションまでデータを転送するネットワーク技術の解説を読むことで理解しやすくなるという構成です。一部、演習がないものもありますが、基本的には演習を通じてより深くネットワークの仕組みを実感しながら読み進めてもらえるように考えています。

ネットワークは「つながっていて当たり前」です。ネットワークの仕組みを理解しておかなくても、ネットワーク自体を利用することはもちろんできます。しかし、多くの方にとってネットワークの仕組みは謎に包まれたブラックボックスのようなものです。もし、ネットワークを利用できなくなってしまったら、仕事やプライベートで色々なことが滞ってしまうでしょう。ネットワークの仕組みを理解して、ブラックボックスの状態から抜け出していれば、何かトラブルがあったときに対処しやすくなるでしょう。

本書が、ネットワークの仕組みを学ぶよき一歩になれることを願っています。そして、本書で扱っているネットワーク技術の基礎を学び、より深くネットワークの仕組みに興味をもつきっかけにもなれば幸いです。

最後に、本書の企画をご提案いただいた翔泳社の岩波優香さんをはじめ、制作に関わってくださった皆様にお礼申し上げます。皆様のご尽力で無事に出版することができました。ありがとうございました。

2024年4月

Gene

本書の概要

本書は、ネットワークの基礎知識を学びたい方のための書籍です。現在、様々な環境で日常的に利用されているネットワークですが、いざ「PCやスマートフォンからどのようにインターネットにアクセスしているの？」「クラウドって何？」と聞かれると、すぐに正確な説明をすることは難しいものです。

そこで、誰でもネットワークの仕組みをきちんと理解して、説明できるレベルにまで落とし込んでもらえるような内容を目指しました。

そのために、解説を「やってみよう！（実習）」と「学ぼう！（講義）」という2つの要素に分けています。実際にネットワークを構成する様々な要素を確認して、そのあとに実習した要素についての解説を読むことで、ネットワーク技術についての理解を深められると思います。

なお、「やってみよう！」部分は、自宅PCでも実現できる簡易なものを選びましたが、読者の環境によっては実現できないものがあるかもしれません。その場合は、実習を飛ばして講義の部分のみをお読みいただいても結構です。

各章の最後には、「練習問題」がついています。問題はすべて、その章の解説をきちんと読めば無理なく解答できるものとなっています。各章で学んだことが身についているかどうかの確認としてご利用ください。

本書の執筆環境

実習を行う環境は、一般的な個人ユーザーの家庭内ネットワークを想定しており、以下の機器およびオープンソースソフトウェアを利用します。

- Windows PC（イーサネット、Wi-Fi、Bluetoothインターフェイス搭載）
- Androidスマートフォン
- Wireshark（https://www.wireshark.org/）
- Tera Term（https://teratermproject.github.io/）

また、実習のスクリーンショットやコマンドの実行結果は、2024年4月時点のものです。実習するときには、スクリーンショットやコマンドの実行結果が異なることがあります。

「実習」のページ（やってみよう！）

実際に「やってみる」部分です。ここでは、理論を理解する必要はありません。まずは手を動かして、実習の内容を実践してください。

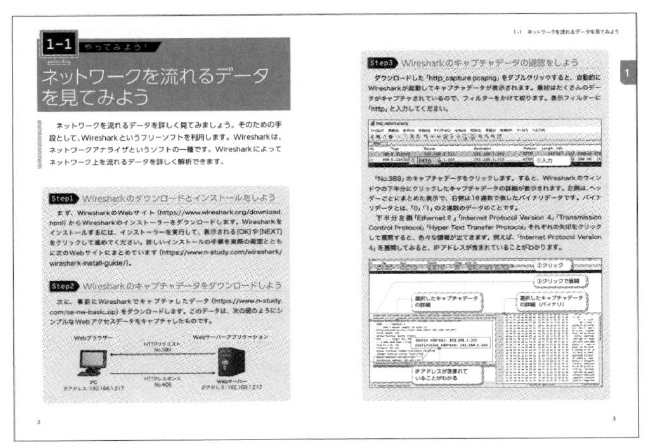

1-1 やってみよう！

ネットワークを流れるデータを見てみよう

ネットワークを流れるデータを詳しく見てみましょう。そのための手段として、Wiresharkというフリーソフトを利用します。Wiresharkは、ネットワークアナライザというソフトの一種です。Wiresharkによってネットワーク上を流れるデータを詳しく解析できます。

Step1 Wiresharkのダウンロードとインストールをしよう

まず、WiresharkのWebサイト（https://www.wireshark.org/download.html）からWiresharkのインストーラーをダウンロードします。Wiresharkをインストールするには、インストーラーを実行して、表示される[OK]や[NEXT]をクリックして進めてください。詳しいインストールの手順を実際の画面とともに次のWebサイトにまとめています（https://www.n-study.com/wireshark/wireshark-install-guide/）。

Step2 Wiresharkのキャプチャデータをダウンロードしよう

次に、事前にWiresharkでキャプチャしたデータ（https://www.n-study.com/se-nw-basic.zip）をダウンロードします。このデータは、次の図のようにシンプルなWebアクセスデータをキャプチャしたものです。

2

1-1 ネットワークを流れるデータを見てみよう

Step3 Wiresharkのキャプチャデータの確認をしよう

ダウンロードした「http_capture.pcapng」をダブルクリックすると、自動的にWiresharkが起動してキャプチャデータが表示されます。最初はたくさんのデータがキャプチャされているので、フィルターをかけて絞ります。表示フィルターに「http」と入力してください。

「No.389」のキャプチャデータをクリックします。すると、Wiresharkのウィンドウの下半分にクリックしたキャプチャデータの詳細が表示されます。左側は、ヘッダーごとにまとめた表示で、右側は16進数で表したバイナリデータです。バイナリデータとは、「0」「1」の2進数のデータのことです。

下半分左側「Ethernet II」「Internet Protocol Version 4」「Transmission Control Protocol」「Hyper Text Transfer Protocol」それぞれの矢印をクリックして展開すると、色々な情報が出てきます。例えば、「Internet Protocol Version 4」を展開してみると、IPアドレスが含まれていることがわかります。

3

「講義」のページ（学ぼう！）

実習でやったことを踏まえ、様々なネットワーク技術について「学ぶ」部分です。実習を行ってから読むと、さらに理解を深めることができますが、この部分だけ読んでも差し支えありません。

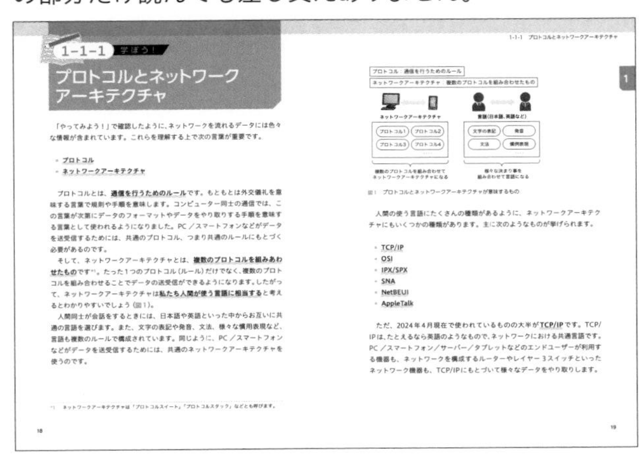

1-1-1 学ぼう！

プロトコルとネットワークアーキテクチャ

「やってみよう！」で確認したように、ネットワークを流れるデータには色々な情報が含まれています。これらを理解する上で次の言葉が重要です。

- **プロトコル**
- **ネットワークアーキテクチャ**

プロトコルとは、**通信を行うためのルール**です。もともとは外交儀礼を意味する言葉で規則や手順を意味します。コンピューター同士の通信では、この言葉が次第にデータのフォーマットやデータをやり取りする手順を意味する言葉として使われるようになりました。PC／スマートフォンなどがデータを送受信するためには、共通のプロトコル、つまり共通のルールにもとづく必要があるのです。

そして、ネットワークアーキテクチャとは、**複数のプロトコルを組みあわせたもの**です[*1]。たった1つのプロトコル（ルール）だけでなく、複数のプロトコルを組み合わせることでデータの送受信ができるようになります。したがって、ネットワークアーキテクチャは**私たち人間が使う言語に相当する**と考えるとわかりやすいでしょう（図1）。

人間同士が会話をするときには、日本語や英語といった中からお互いに共通の言語を選びます。また、文字の表記や発音、文法、様々な慣用表現など、言語も複数のルールで構成されています。同じように、PC／スマートフォンなどがデータを送受信するためには、共通のネットワークアーキテクチャを使うのです。

*1 ネットワークアーキテクチャは「プロトコルスイート」「プロトコルスタック」などとも呼びます。

18

1-1-1 プロトコルとネットワークアーキテクチャ

図1 プロトコルとネットワークアーキテクチャが意味するもの

人間の使う言語にたくさんの種類があるように、ネットワークアーキテクチャにもいくつかの種類があります。主に次のようなものが挙げられます。

- TCP/IP
- OSI
- IPX/SPX
- SNA
- NetBEUI
- AppleTalk

ただ、2024年4月現在で使われているものの大半がTCP/IPです。TCP/IPは、たとえるなら英語のようなもので、ネットワークにおける共通言語です。PC／スマートフォン／サーバー／タブレットなどのエンドユーザーが利用する機器も、ネットワークを構成するルーターやレイヤー3スイッチといったネットワーク機器も、TCP/IPにもとづいて様々なデータをやり取りします。

19

目次

Chapter 04 DNSの仕組みを理解しよう ～インターネットの電話帳～

Chapter 05 TCPとUDPって何だろう？ ～ポート番号の意味と役割～

Chapter 09 ネットワークセキュリティについて学ぼう
～ウイルスからPCを守る～

会員特典データのご案内

本書の読者特典として、「Appendix総復習～本書のまとめ～」を提供いたします。Chapter 1 ～ Chapter 9までで解説した、ネットワークの仕組みを理解する上で重要なポイントをまとめています。以下のサイトから入手して、ネットワークの仕組みへの理解にお役立てください。

https://www.shoeisha.co.jp/book/present/9784798185156

●注意

※会員特典データのダウンロードには、SHOEISHA iD（翔泳社が運営する無料の会員制度）への会員登録が必要です。詳しくは、Webサイトをご覧ください。

※会員特典データに関する権利は著者および株式会社翔泳社が所有しています。許可なく配布したり、Webサイトに転載することはできません。

※会員特典データの提供は予告なく終了することがあります。あらかじめご了承ください。

●免責事項

※会員特典データに記載されている会社名、製品名はそれぞれ各社の商標および登録商標です。

※会員特典データの提供にあたっては正確な記述につとめましたが、著者や出版社などのいずれも、その内容に対してなんらかの保証をするものではなく、内容やサンプルに基づくいかなる運用結果に関してもいっさいの責任を負いません。

Chapter

01

ネットワークとは?

～データの形とネットワークの分類～

「たくさんのPC/スマートフォンがあるのに、どうやってデータが届けられるのだろう？」と考えたことはありませんか。ネットワークを流れるデータを見ながら、その理由を考えてみましょう。また、ネットワークの分類についても一緒に考えます。

1-1 やってみよう！

ネットワークを流れるデータを見てみよう

ネットワークを流れるデータを詳しく見てみましょう。そのための手段として、Wiresharkというフリーソフトを利用します。Wiresharkは、ネットワークアナライザというソフトの一種です。Wiresharkによってネットワーク上を流れるデータを詳しく解析できます。

Step1 Wiresharkのダウンロードとインストールをしよう

まず、WiresharkのWebサイト（https://www.wireshark.org/download.html）からWiresharkのインストーラーをダウンロードします。Wiresharkをインストールするには、インストーラーを実行して、表示される[OK]や[NEXT]をクリックして進めてください。詳しいインストールの手順を実際の画面とともに次のWebサイトにまとめています（https://www.n-study.com/wireshark/wireshark-install-guide/）。

Step2 Wiresharkのキャプチャデータをダウンロードしよう

次に、事前にWiresharkでキャプチャしたデータ（https://www.n-study.com/se-nw-basic.zip）をダウンロードします。このデータは、次の図のようにシンプルなWebアクセスデータをキャプチャしたものです。

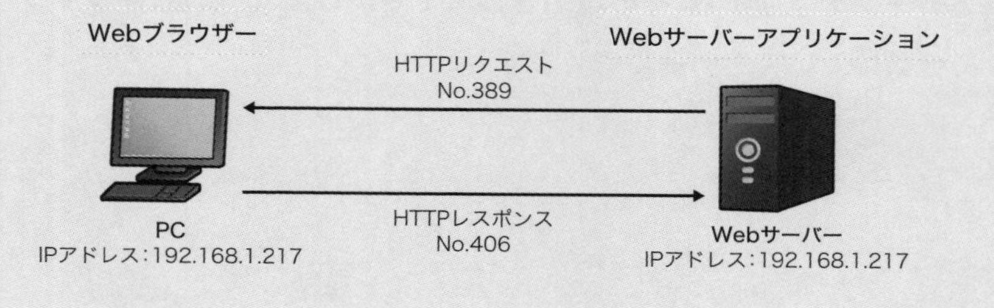

Step3 Wiresharkのキャプチャデータの確認をしよう

ダウンロードした「http_capture.pcapng」をダブルクリックすると、自動的にWiresharkが起動してキャプチャデータが表示されます。最初はたくさんのデータがキャプチャされているので、フィルターをかけて絞ります。表示フィルターに「http」と入力してください。

http_capture.pcapng
ファイル(F)　編集(E)　表示(V)　移動(G)　キャプチャ(C)　分析(A)　統計(S)　電話(y)　無線(W)　ツール(T)　ヘルプ(H)
http
①入力

No.	Time	Source	Destination	Protocol	Length	Info
389	8.223349	192.168.1.215	192.168.1.242	HTTP	642	GET /ssl-sample.htm
406	8.22433	192.168.1.242	192.168.1.215	HTTP		1 200 OK (t
407	8.22434	192.168.1.242	192.168.1.215	HTTP		ast Retransmi

「No.389」のキャプチャデータをクリックします。すると、Wiresharkのウィンドウの下半分にクリックしたキャプチャデータの詳細が表示されます。左側は、ヘッダーごとにまとめた表示で、右側は16進数で表したバイナリデータです。バイナリデータとは、「0」「1」の2進数のデータのことです。

下半分左側「Ethernet II」「Internet Protocol Version 4」「Transmission Control Protocol」「Hyper Text Transfer Protocol」それぞれの矢印をクリックして展開すると、色々な情報が出てきます。例えば、「Internet Protocol Version 4」を展開してみると、IPアドレスが含まれていることがわかります。

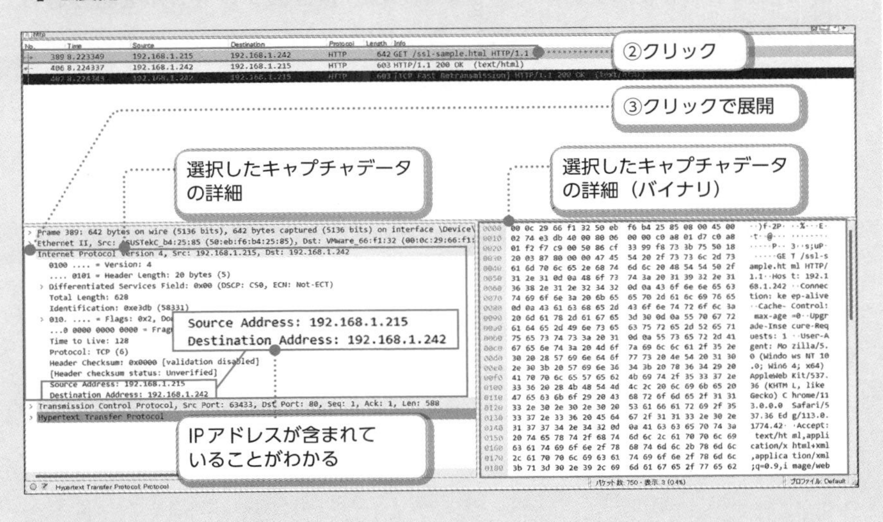

1-1-1 学ぼう！

プロトコルとネットワークアーキテクチャ

「やってみよう！」で確認したように、ネットワークを流れるデータには色々な情報が含まれています。これらを理解する上で次の言葉が重要です。

- **プロトコル**
- **ネットワークアーキテクチャ**

プロトコルとは、**通信を行うためのルール**です。もともとは外交儀礼を意味する言葉で規則や手順を意味します。コンピューター同士の通信では、この言葉が次第にデータのフォーマットやデータをやり取りする手順を意味する言葉として使われるようになりました。PC／スマートフォンなどがデータを送受信するためには、共通のプロトコル、つまり共通のルールにもとづく必要があるのです。

そして、ネットワークアーキテクチャとは、**複数のプロトコルを組みあわせたもの**です[*1]。たった1つのプロトコル（ルール）だけでなく、複数のプロトコルを組み合わせることでデータの送受信ができるようになります。したがって、ネットワークアーキテクチャは**私たち人間が使う言語に相当する**と考えるとわかりやすいでしょう（図1）。

人間同士が会話をするときには、日本語や英語といった中からお互いに共通の言語を選びます。また、文字の表記や発音、文法、様々な慣用表現など、言語も複数のルールで構成されています。同じように、PC／スマートフォンなどがデータを送受信するためには、共通のネットワークアーキテクチャを使うのです。

*1　ネットワークアーキテクチャは「プロトコルスイート」「プロトコルスタック」などとも呼びます。

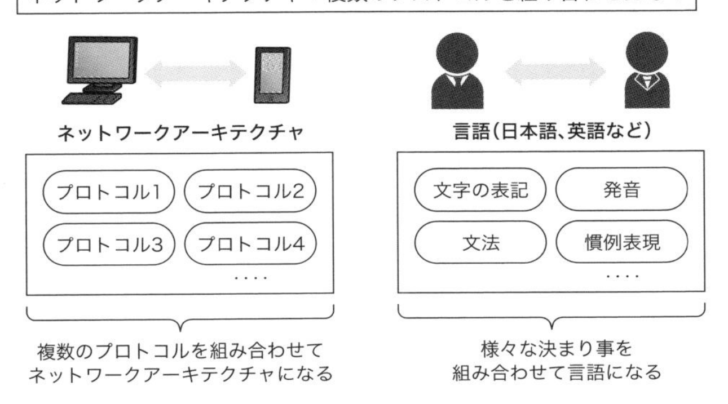

図1　プロトコルとネットワークアーキテクチャが意味するもの

人間の使う言語にたくさんの種類があるように、ネットワークアーキテクチャにもいくつかの種類があります。主に次のようなものが挙げられます。

- **TCP/IP**
- **OSI**
- **IPX/SPX**
- **SNA**
- **NetBEUI**
- **AppleTalk**

ただ、2024年4月現在で使われているものの大半が**TCP/IP**です。TCP/IPは、たとえるなら英語のようなもので、ネットワークにおける共通言語です。PC／スマートフォン／サーバー／タブレットなどのエンドユーザーが利用する機器も、ネットワークを構成するルーターやレイヤー3スイッチといったネットワーク機器も、TCP/IPにもとづいて様々なデータをやり取りします。

データを送受信する主体

前述のようにTCP/IPは、現在ほぼすべての機器が利用しているネットワークアーキテクチャです。それでは、TCP/IPの基本について考えましょう。

まず、データを送受信するものは何かを明確にします。データを送受信する主体は**アプリケーション**です。アプリケーションとは、ユーザーに何らかの機能を提供するためのソフトウェアで、よく利用されるアプリケーションとして**Webブラウザー**が挙げられます。Webブラウザーは、ユーザーが主にWebサイトを見られるようにするためのソフトウェアです。皆さんもよくWebブラウザーを利用してWebサイトにアクセスしていることでしょう。

このWebブラウザーがデータをやり取りする相手となるのが、**Webサーバーアプリケーション**です。Webサーバーアプリケーションとは、Webサイトをつくるためのソフトウェアです。 Webサイトは色々なWebページから成り立ちますが、その多くのWebページや関連する画像などをまとめる機能を備えています。Webサイトを見るときには、WebブラウザーからWebサーバーアプリケーションへ「このWebページのデータをください」といったリクエスト（要求）が送られます。そのレスポンス（返事）にリクエストしたWebページのデータを受け取ることでWebサイトが表示されるのです。

こうしたWebブラウザーやWebサーバーアプリケーションのような形態のものを、**クライアントサーバー型アプリケーション**と呼びます。ここでいうクライアントとは、**一般のユーザーが利用するPCやスマートフォン**のことです。このPC／スマートフォンにWebブラウザーなどのクライアントアプリケーションをインストールして、前述のWebサイトを見る流れと同じように何らかのリクエストを送ります。

そして、このクライアントからのリクエストを受け取って処理し、その処理結果を返す機器がサーバーです。このようにして、サーバーはたくさんのクライアントからのリクエストを受け取るので、高性能なコンピューターといえます。また、サーバーにはApache/NGINXなどのようなサーバー用のアプリケーションをインストールします。

もちろんWebブラウザー以外にも様々なアプリケーションがありますが、**データを送受信する主体はアプリケーション**であることがポイントです。また、基本的に通信は双方向に行われるものであり（まれに一方通行のやり取りもありますが）、何かデータを送信するとその返事が返ってきます。

そして、今のアプリケーションが扱うデータはサイズが大きいので、多くは分割して送受信されます。つまり、分割されたアプリケーションのデータが連続してネットワーク上に転送されていることになります。この分割されたアプリケーションのデータのまとまりを**フロー**と呼びます（図2）。本書の多くの図では、煩雑になってしまうため「データ」は1つだけ転送されているかのように描写していますが、実際にはフローとして**複数のデータに分割されたものが連続して転送されていること**をきちんと把握しておきましょう。

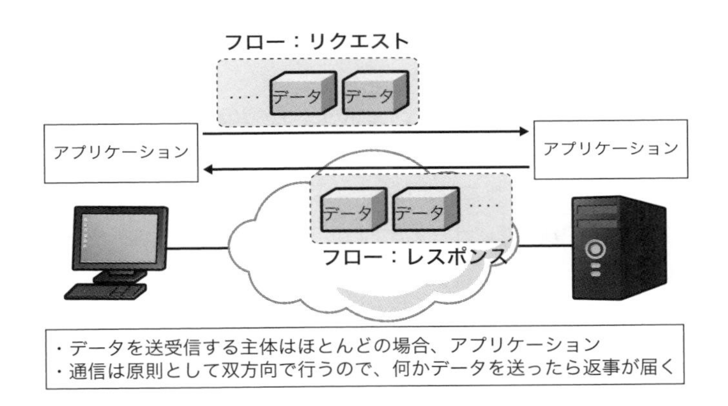

図2　通信の主体はアプリケーション

TCP/IPの階層

ネットワークには、多くのPC／スマートフォン／サーバーなどがつながっており、動作しているアプリケーションも1つだけではありません。そのため、アプリケーション間でデータを送受信するには「**どの機器のどのアプリケーションなのか**」がわからないといけません。同時に、アプリケーションのデータをやり取りするフォーマットや手順なども決める必要があります。

こうしたアプリケーション間のデータを送受信できるように**TCP/IP**を利用します。TCP/IPは、次の4つの階層から成り立っており、様々なプロトコルの組み合わせで構成されています。

- **アプリケーション層**
- **トランスポート層**
- **インターネット層**
- **ネットワークインターフェイス層**

それでは、各層の概要を見ていきましょう。

まずアプリケーション層のプロトコルは、ユーザーが利用するWebブラウザーなどのアプリケーションで扱う**データのフォーマットや手順を決めます**(図3)。主なプロトコルには、**HTTP/HTTPS**(Hyper Text Transfer Protocol/HTTP over SSL/TLS)があります。

HTTP/HTTPSは、主に**Webサイトにアクセスするための Webブラウザーで利用するプロトコル**です。Webサイトのデータをリクエストするための HTTPリクエストや、その返事となるHTTPレスポンスのフォーマットなどを決めています。このHTTP/HTTPSについては、7-1-1と7-2-1であらためて詳しく解説します。

PCやサーバーなどで扱うデータはすべて「0」「1」で構成されています。しかし、人間にとっては単なる数字のため、このままでは理解できません。そこで、「0」「1」のデータを理解できるように文字や画像、動画、音声に置き換えるためのプロトコルがあります。主なプロトコルにはASCIIやUTFなどの文字コード、JPEG/PNGなどの画像形式、H.264やMP3などの動画/音声コーデックがあり、これらによって人間も理解できる形式になるのです。

さらに、アプリケーション層のプロトコルには、アプリケーションの通信の準備や制御のために利用するものもあります。**DNS**(Domain Name System)や**DHCP**(Dynamic Host Configuration Protocol)は、そのような目的で利用されるプロトコルです。

DNSは宛先となる機器のIPアドレスを求めるために利用するプロトコル、DHCPはTCP/IPの設定を自動的に行うプロトコルです。このDNSについては4-1-1で、DHCPは6-2-1であらためて解説します。

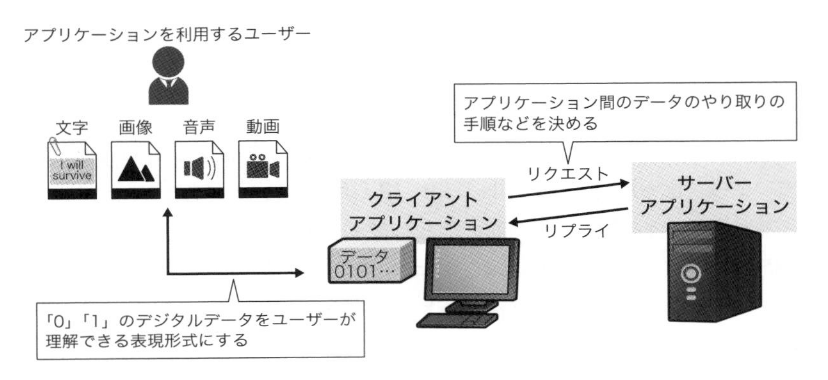

図3　アプリケーション層の役割

次に、トランスポート層のプロトコルです（図4）。この層は**適切なアプリケーションへデータを振り分ける役割を担っています**。ここでは**TCP**（Transmission Control Protocol）および**UDP**（User Datagram Protocol）が利用されます。TCPにはアプリケーションへのデータを振り分けることに加え、データの分割や組み立て、データの確認やエラー時の再送制御、ネットワークの混雑の検出と緩和など、様々な機能が備わっています。

アプリケーションへデータを振り分けるには、アプリケーションを識別し特定する必要があります。そのための情報を**ポート番号**と呼びます。ポート番号とTCP、UDPについては5-1-1、5-2-1、5-3-1で詳しく解説します。

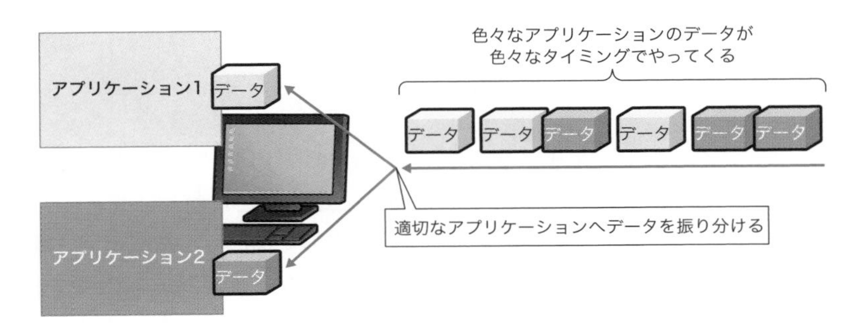

図4　トランスポート層の役割

このトランスポート層がきちんと機能するためには、次に解説するインターネット層が正常に機能して、アプリケーションが動作するPC／スマートフォン／サーバーまでデータがきちんと届いている必要があります。

インターネット層のプロトコルは、**「0」「1」のデータを送り届ける役割**を担っています（図5）。主なプロトコルに**IP**（Internet Protocol）があり、IPによってどんなに物理的に離れていたとしても、「0」「1」のデータを適切な宛先まで転送することができます。このように、送信元から最終的な宛先までデータを送り届けることを**エンドツーエンド通信**と呼びます（3-1-1で詳しく解説します）。IPによるエンドツーエンド通信は、次に解説するネットワークインターフェイス層が正常に機能していることが前提です。また、IPは今までのv4から次世代のv6に移行しようとしています。

データを転送するためには、その送信元と宛先がわからないといけません。そこで**IPアドレス**によって「0」「1」のデータの送信元と宛先を特定できる仕組みがあるのです（3-3-1で詳しく解説します）。

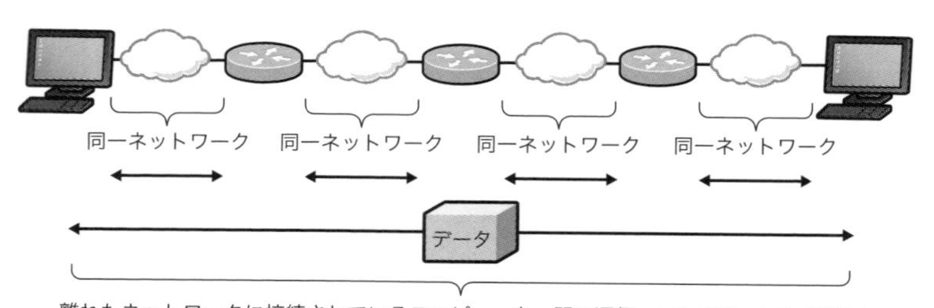

図5　インターネット層の役割

ネットワークインターフェイス層のプロトコルは「0」「1」のデータを**物理的な信号として伝えるため**に利用します（図6）。どういうことかというと、「0」「1」のデータはそのままケーブルや空間に流されるのではなく、電気信号（電流）や光信号、電波といった物理的な信号に変換する必要があるものです。こうした物理的な信号は、伝えるときに物理的な距離の制約がかかります。遠く離れてしまうと、電気信号や光信号は減衰してしまい、電波も離れれば離れるほど宛先にきちんと届かなくなってしまいます。したがって、ネットワークインターフェイス層のプロトコルは、**同じネットワーク内の限られた範囲だけを受けもっている**のです。

また、物理的な信号に変換した「0」「1」のデータは、「同一ネットワーク内のみ」に伝えられますが、そのときによく利用されるネットワークインターフェイス層のプロトコルが、**イーサネット**と**無線LAN（Wi-Fi）**です。どちらも**MACアドレス**によって物理的な信号の送信元と宛先を特定します。イーサネット／無線LANについてはChapter 2で詳しく解説します。

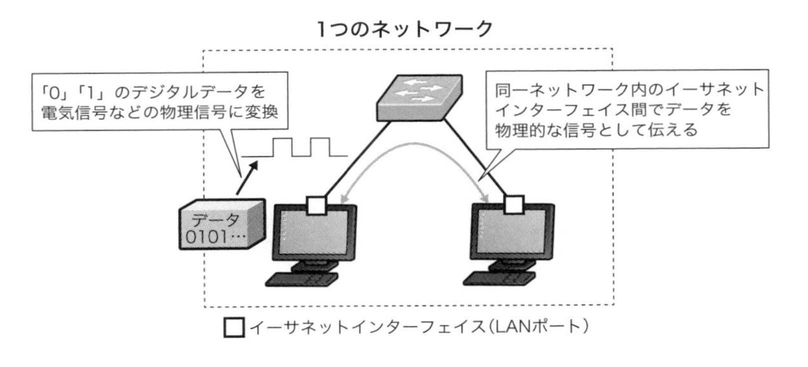

図6　ネットワークインターフェイス層の役割（イーサネット）

ここまで見てきたTCP/IPの4つの階層について要点をまとめます（表1）。

アプリケーション層のプロトコルでは、アプリケーションのデータのフォーマットや手順を決めています。しかし、PC／スマートフォン／サーバーには、色々なタイミングで様々なアプリケーションのデータが届くので、届いたデータを適切なアプリケーションに振り分けることが必要です。そこで、トランスポート層のプロトコルが適切なアプリケーションへデータを振り分けてくれます。

大前提として、そもそも振り分けるデータがアプリケーションの動作するPC／スマートフォン／サーバーなどの機器まで届かないといけません。そのため、どんなに離れたところへもデータを正しく届けるために、インターネット層のプロトコルが利用されます。このとき、送り届けている「0」「1」のデータは、最終的にネットワークインターフェイス層のプロトコルで電気信号／

光信号／電波といった物理的な信号に変換されます。同じネットワーク内で物理的な信号を繰り返し送ることで、遠く離れた宛先まで物理的な信号になった「0」「1」のデータがきちんと伝わっていくのです。

表1　TCP/IPの階層のまとめ

階　層	概　要	主なプロトコル
アプリケーション層	アプリケーションで扱うデータのフォーマットや手順を決める	HTTP/HTTPS、DNS、DHCP
トランスポート層	適切なアプリケーションへデータを振り分ける	TCP、UDP
インターネット層	「0」「1」のデータを送り届ける(エンドツーエンド通信)	IPv4/v6
ネットワークインターフェイス層	「0」「1」のデータを物理的な信号として伝える	イーサネット/無線LAN (Wi-Fi)

Webアクセスの例

Webアクセス、すなわちWebサイトを見るときについて、具体的な複数のプロトコルの組み合わせの例を考えてみましょう。

Webアクセスは、WebブラウザーとWebサーバーアプリケーションの間で**HTTPリクエスト**と**HTTPレスポンス**をやり取りします。HTTPリクエストとは、「このWebページのデータをください」という要求です。HTTPレスポンスは、リクエストされたWebページのデータです。このWebアクセスの際に使われるTCP/IPのプロトコルの組み合わせは、図7の通りです。

現在Webアクセスのデータはほとんど暗号化するため、アプリケーション層はHTTPではなく暗号化されたHTTPSを利用することがほとんどです。ただし、HTTPSの暗号化の仕組みまで考慮すると複雑になるため、ここではアプリケーション層を暗号化しない「HTTP」として考えます。

HTTPでは、トランスポート層のプロトコルにTCP、インターネット層のプロトコルにIPを使う決まりがあります。IPには**IPv4**と**IPv6**がありますが、ここでは主流のIPv4とします。ここまでのHTTP/TCP/IPv4という3つの階層のプロトコルの組み合わせは、図7のように送信元と宛先ともに共通です。一方、ネットワークインターフェイス層は、送信元と宛先で異なるプロトコルでも問題ありません。図7では、例としてイーサネットにしています。また、WebブラウザーとWebサーバーアプリケーション間で直接HTTPリクエスト／レスポンスを送受信しているように見えますが、実際はネットワークを介して転送しなければいけません。

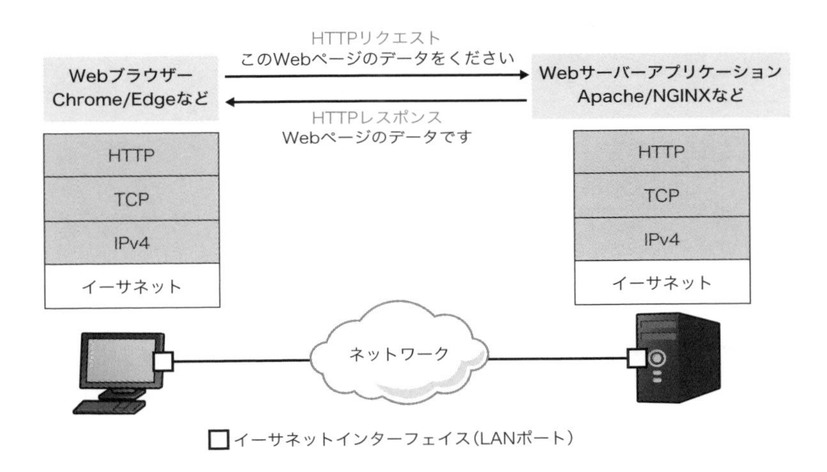

図7　Webアクセス プロトコルの組み合わせ

さて、各プロトコルはそれぞれの機能を実現するための**ヘッダー**という制御情報をもっており、データに制御情報すなわちヘッダーを付加します。このヘッダーを付加することを**カプセル化**と呼び、例えばWebブラウザーからのリクエストは図8のようにカプセル化することになります。

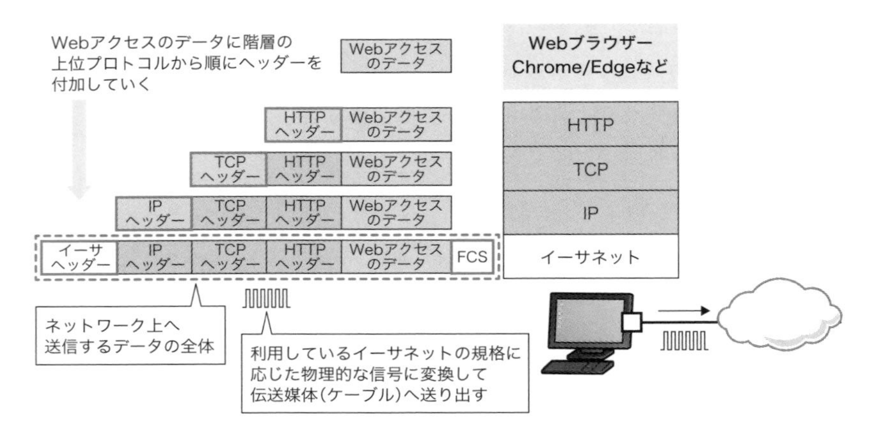

図8 データの送信元 (データの送信)

Webアクセスのデータには、まず**HTTPヘッダー**が付加されます。ここにはHTTPリクエストの種類やリクエストするWebページのアドレス (URL) などの情報が含まれています。「HTTPリクエスト」や「HTTPレスポンス」とは、WebアクセスのデータにHTTPヘッダーが付加されたものです。

次は、TCPの機能を実現するために**TCPヘッダー**が付加されます。TCPヘッダーに含まれる重要な情報はポート番号です。ポート番号でどのアプリケーションのデータであるかがわかります。

さらに、IPの機能を実現するために**IPヘッダー**も付加されます。IPヘッダーに含まれる重要な情報はIPアドレスです。IPアドレスでアプリケーションが動作しているPC/スマートフォン/サーバーがわかるようになります。

最後に、イーサネットを利用していると**イーサネットヘッダー**と**FCS** (Frame Check Sequence) が付加されます。イーサネットヘッダーにはMACアドレスが含まれており、物理的な信号の送信元と宛先がわかるようになっています。FCSはデータのエラーチェックに利用されます。

イーサネットヘッダー/FCSまで付加したものがネットワーク上に送信されるデータの全体像です。最終的に「0」「1」のデータを利用するイーサネットの規格に応じた信号としてケーブルへ送り出します。再び「やってみよう!」で確認した図9～12のWiresharkのキャプチャデータを見てみます。

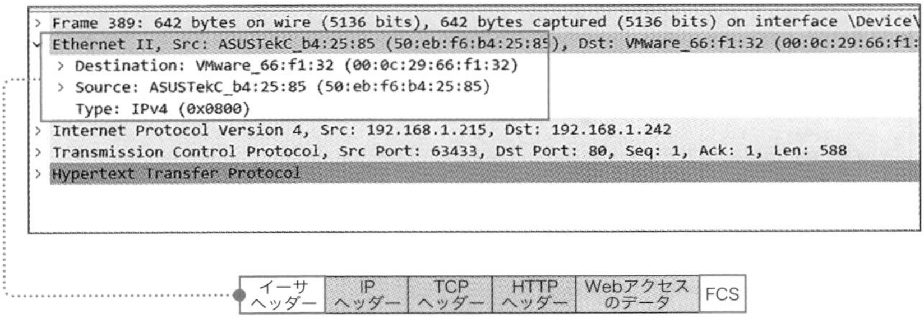

```
> Frame 389: 642 bytes on wire (5136 bits), 642 bytes captured (5136 bits) on interface \Device\
v Ethernet II, Src: ASUSTekC_b4:25:85 (50:eb:f6:b4:25:85), Dst: VMware_66:f1:32 (00:0c:29:66:f1:
  > Destination: VMware_66:f1:32 (00:0c:29:66:f1:32)
  > Source: ASUSTekC_b4:25:85 (50:eb:f6:b4:25:85)
    Type: IPv4 (0x0800)
> Internet Protocol Version 4, Src: 192.168.1.215, Dst: 192.168.1.242
> Transmission Control Protocol, Src Port: 63433, Dst Port: 80, Seq: 1, Ack: 1, Len: 588
> Hypertext Transfer Protocol
```

イーサ ヘッダー	IP ヘッダー	TCP ヘッダー	HTTP ヘッダー	Webアクセス のデータ	FCS

図9　実習のキャプチャデータ イーサネットヘッダー

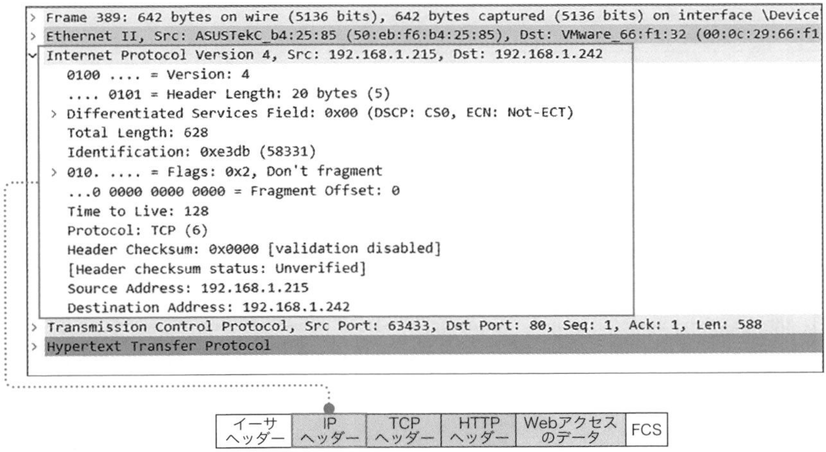

```
> Frame 389: 642 bytes on wire (5136 bits), 642 bytes captured (5136 bits) on interface \Device
> Ethernet II, Src: ASUSTekC_b4:25:85 (50:eb:f6:b4:25:85), Dst: VMware_66:f1:32 (00:0c:29:66:f1
v Internet Protocol Version 4, Src: 192.168.1.215, Dst: 192.168.1.242
    0100 .... = Version: 4
    .... 0101 = Header Length: 20 bytes (5)
  > Differentiated Services Field: 0x00 (DSCP: CS0, ECN: Not-ECT)
    Total Length: 628
    Identification: 0xe3db (58331)
  > 010. .... = Flags: 0x2, Don't fragment
    ...0 0000 0000 0000 = Fragment Offset: 0
    Time to Live: 128
    Protocol: TCP (6)
    Header Checksum: 0x0000 [validation disabled]
    [Header checksum status: Unverified]
    Source Address: 192.168.1.215
    Destination Address: 192.168.1.242
> Transmission Control Protocol, Src Port: 63433, Dst Port: 80, Seq: 1, Ack: 1, Len: 588
> Hypertext Transfer Protocol
```

イーサ ヘッダー	IP ヘッダー	TCP ヘッダー	HTTP ヘッダー	Webアクセス のデータ	FCS

図10　実習のキャプチャデータ IPヘッダー

```
> Frame 389: 642 bytes on wire (5136 bits), 642 bytes captured (5136 bits) on interface \Dev
> Ethernet II, Src: ASUSTekC_b4:25:85 (50:eb:f6:b4:25:85), Dst: VMware_66:f1:32 (00:0c:29:66
> Internet Protocol Version 4, Src: 192.168.1.215, Dst: 192.168.1.242
v Transmission Control Protocol, Src Port: 63433, Dst Port: 80, Seq: 1, Ack: 1, Len: 588
    Source Port: 63433
    Destination Port: 80
    [Stream index: 21]
    [Conversation completeness: Complete, WITH_DATA (31)]
    [TCP Segment Len: 588]
    Sequence Number: 1    (relative sequence number)
    Sequence Number (raw): 2261726105
    [Next Sequence Number: 589    (relative sequence number)]
    Acknowledgment Number: 1    (relative ack number)
    Acknowledgment number (raw): 4168301429
    0101 .... = Header Length: 20 bytes (5)
  > Flags: 0x018 (PSH, ACK)
    Window: 8195
    [Calculated window size: 2097920]
    [Window size scaling factor: 256]
    Checksum: 0x8780 [unverified]
    [Checksum Status: Unverified]
    Urgent Pointer: 0
```

イーサヘッダー	IPヘッダー	TCPヘッダー	HTTPヘッダー	Webアクセスのデータ	FCS

図11　実習のキャプチャデータ TCPヘッダー

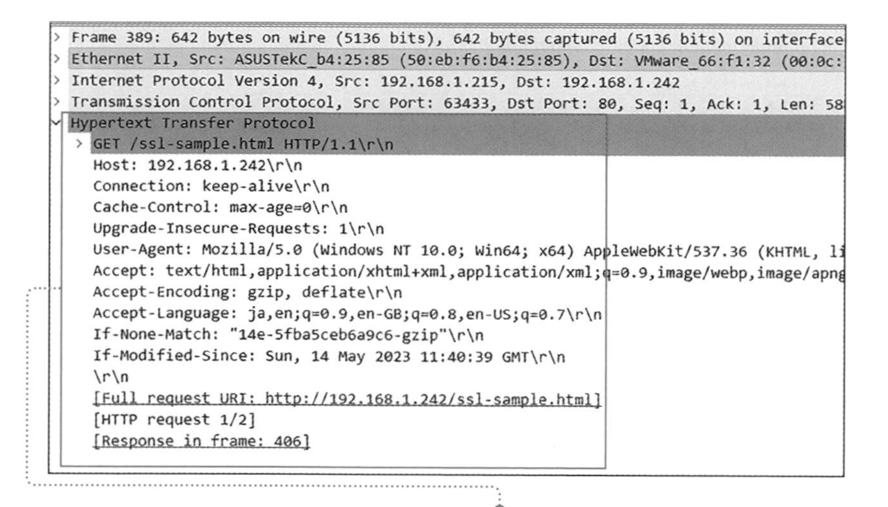

図12　実習のキャプチャデータ HTTPヘッダー

キャプチャデータのNo.389はHTTPリクエストです*2。HTTPリクエストにイーサネット/IPv4/TCP/HTTPヘッダーが付加されているとわかります。

物理的な信号として送られたデータは、ネットワークを介して転送されます。後ほど解説しますが、ネットワークは図13のようなネットワーク機器で構成されています。ネットワーク機器は物理的な信号を受信すると、もとのデータに戻し、各機器の転送の仕組みに応じヘッダーを参照して、適切な転送先を判断します。そして、再度データを物理的な信号として送り出します。

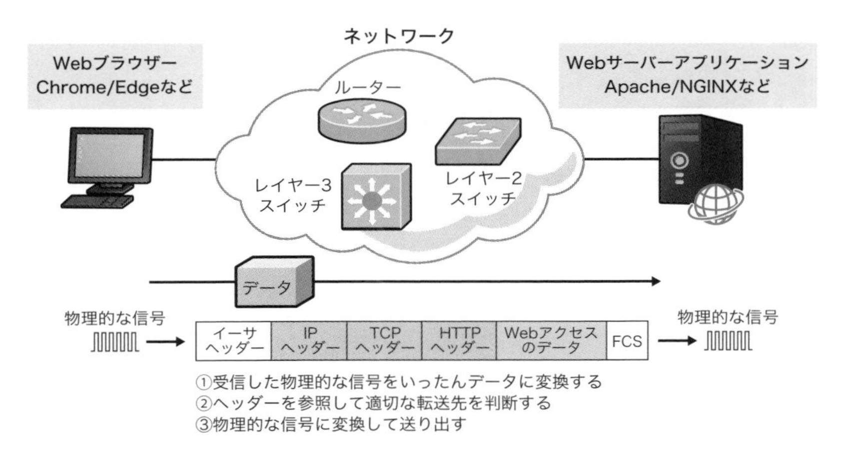

図13　データの転送の概要

Webサーバーアプリケーションが動作するWebサーバーまで、物理的な信号が送り届けられると、まず信号を「0」「1」のデータに変換します（図14）。次にイーサネットヘッダーを参照して自分宛てのデータであること、またFCSによりデータにエラーがないかを確認します。自分宛てのデータであれば、イーサネットヘッダーとFCSを外して、IPへデータの処理を引き渡します。IPでは、IPヘッダーを参照して同じく自分宛てのデータであることを確認すると、IPヘッダーを外し、TCPへデータの処理を引き渡します。TCPではTCPヘッダーを参照し、どのアプリケーションのデータであるかを

*2　実習のキャプチャデータのように単純なHTTPリクエストの場合は、Webアクセスのデータ部分は空（Empty）です。

確認したあと、TCPヘッダーを外してHTTP、そしてWebサーバーアプリケーションへデータの処理を引き渡します。

こうしてWebサーバーのWebサーバーアプリケーションまでWebアクセスのデータが届き、HTTPヘッダーやそのあとのデータ処理を行います。

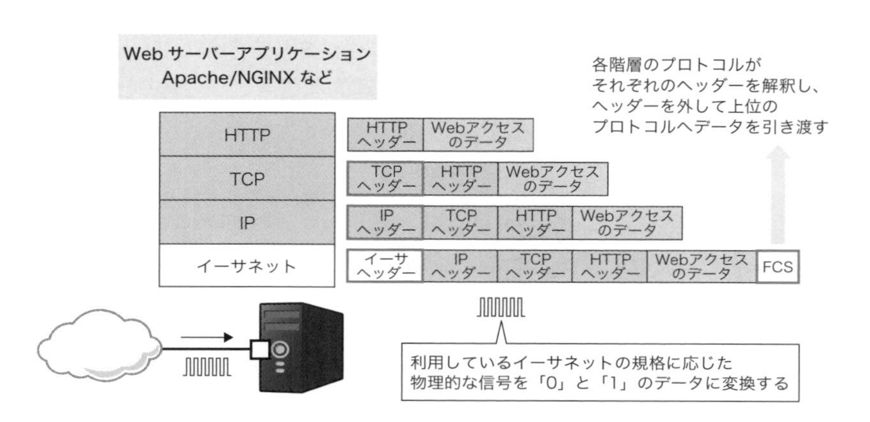

図14　データの宛先（データの受信）

ここまでWebブラウザーからのHTTPリクエストを見てきました。HTTPリクエストはWebブラウザーが送信元、Webサーバーアプリケーションが宛先でしたが、今度は逆にWebサーバーアプリケーションが送信元、Webブラウザーが宛先となるHTTPレスポンスの転送を行います。解説は省略しますが、**通信は双方向に行われていること**を押さえておきましょう。

階層に注目したデータの呼び方

アプリケーションのデータには、様々なプロトコルのヘッダーが付加されてネットワーク上に送り出されています。このデータにはネットワークアーキテクチャの階層に注目した次のような呼び方があります。

- **アプリケーション層**：**メッセージ**
- **トランスポート層**：**セグメント**または**データグラム**

- **インターネット層**：**パケット**または**データグラム**
- **ネットワークインターフェイス層**：**フレーム**

トランスポート層は、TCPを利用しているときはセグメント、UDPを利用しているときはデータグラムと呼び方を使い分けます。インターネット層はパケットまたはデータグラムと呼びます。

Webブラウザーの通信の場合、Webブラウザーのデータに HTTPヘッダーを付加したものを**HTTPメッセージ**と呼びます。このHTTPメッセージにTCPヘッダーを付加すると**TCPセグメント**、TCPセグメントにIPヘッダーを付加すると**IPパケット**または**IPデータグラム**と呼ぶこともあります。そして、IPパケットにイーサネットヘッダーとFCSを付加したものを**イーサネットフレーム**と呼びます。

階層ごとにデータの呼び方が異なるため、ネットワークの通信を考える際に注目している階層が明確になります（図15）。ただし、厳密な使い分けはなく、階層に注目して使い分けることがある程度で押さえましょう。

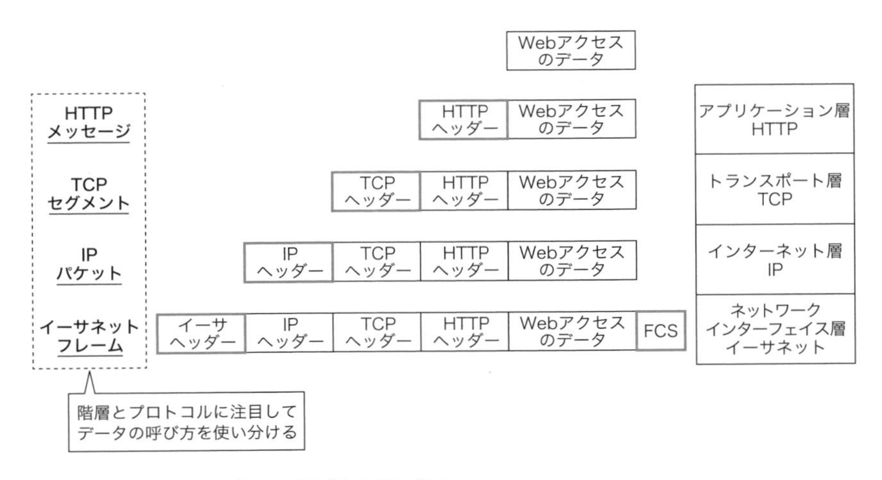

図15　階層に注目したデータの呼び方の使い分け

さて、ネットワークに流れるデータの形を見た上で、このデータを転送することになるネットワークそのものについて、次節で見ていきましょう。

1-2 やってみよう！

ネットワーク機器を見てみよう

ネットワークはネットワーク機器によって構成されています。個人ユーザーの自宅のネットワークでは、ブロードバンドルーターを利用していることが一般的です。ここでは、ブロードバンドルーターを見てみましょう。

Step1 ブロードバンドルーターを探す

自宅のネットワーク内のブロードバンドルーターを探してみましょう。ブロードバンドルーターの形状は、製品によって異なります。丸っぽかったり、角ばっていたりアンテナがたくさんついていたりします。

Step2 ブロードバンドルーターを見る

Step1で見つかったブロードバンドルーターのつくりを見てみましょう。特に、LANケーブルを挿すポート（イーサネットインターフェイス）に注目してください。

例として、ここでも1つブロードバンドルーターのポートが並んだ面を挙げておきます。

このように、ブロードバンドルーターには2種類のポートが搭載されています。WANポート（またはインターネットポート）とLANポートです。WANポートはインターネット側のポートで、LANポートは自宅内の機器を接続するためのポートです（ブロードバンドルーターについては、8-1-1で詳しく解説します）。

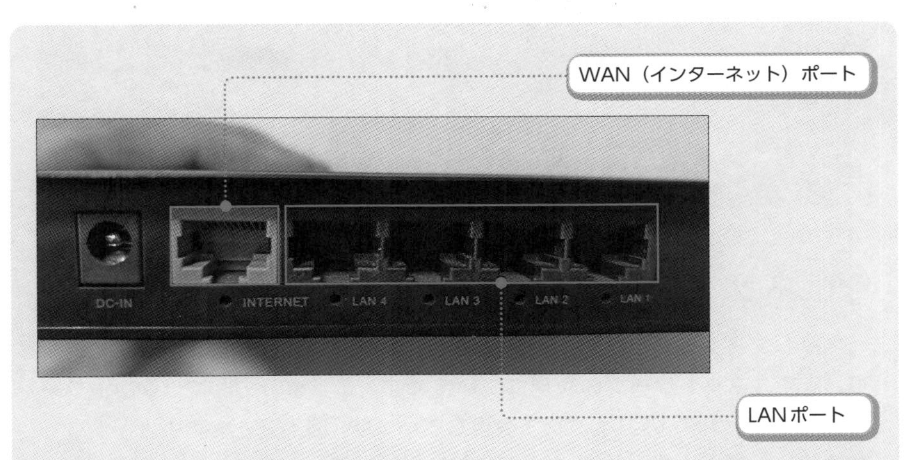

ブロードバンドルーター以外にも、レイヤー２スイッチ（スイッチングハブ）など、他にもネットワーク機器の種類があります。そして、ネットワーク機器同士をつなぐケーブルもネットワークの要素です。

こうしたネットワークがどのようなものであるかについて、詳しく見ていきましょう。

1-2-1 学ぼう！

データ転送の概要

ネットワークの表現

ネットワークを介したデータの転送について、もう少し掘り下げていきます。まず、ネットワークの表現についてです。ここまでの図ではネットワークを雲（クラウド）のアイコンで表現しています（図16）。実際のネットワークは、ケーブルやネットワーク機器で構成されていますが、一般のユーザーであれば詳しく知らなくても感覚的にわかれば十分です。そのため、具体的な構成を意識させない雲のアイコンでネットワークを抽象化しています。

ただし、前後の文脈で雲のアイコンが表現するネットワークの規模が異なってきます。個人ユーザーの家庭内ネットワークや部署ごとに分割された企業の社内ネットワーク、さらには何十億台もの機器がつながるインターネットを表現することもあります。そのため、前後の文脈から雲のアイコンが表現するネットワークの規模がどのくらいのものかを判断しましょう。

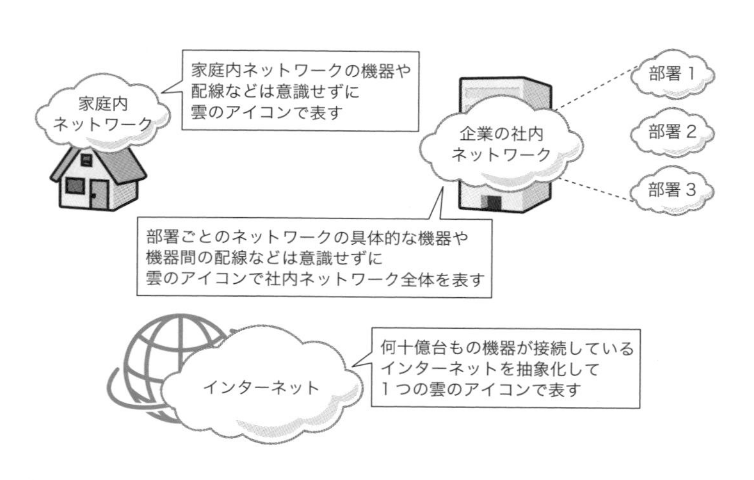

図16　ネットワークの表現

ネットワークの具体的な構成

前述の通り一ユーザーとしてネットワークを利用するだけなら、ネットワークは雲のアイコンレベルの認識で問題ありません。しかし、読者の皆さんのようにネットワークの仕組みを勉強して、ネットワークを設計したり、構築したり、運用したりするためには、具体的な構成を知っておく必要があります。早速、見ていきましょう。

まず、ネットワークはネットワーク機器によって構成されています。代表的なネットワーク機器には、主に次の3種類があります。

- **レイヤー2（L2）スイッチ**
- **ルーター**
- **レイヤー3（L3）スイッチ**

これらは、一般的に図17のようなアイコンで表されます。

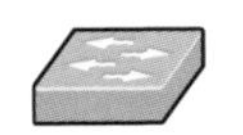

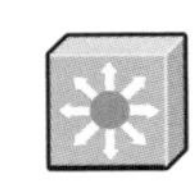

図17　主なネットワーク機器のアイコン

ネットワーク機器についての詳しい解説は8-1-1であらためて行います。ここでは、各ネットワーク機器の用途・役割の概要を表2にまとめます。

表2　各ネットワーク機器の用途・役割

ネットワーク機器	用途・役割
レイヤー2スイッチ	1つのイーサネットを利用したネットワークをつくる
ルーター	複数のネットワーク同士を相互接続する
レイヤー3スイッチ	レイヤー2スイッチ、ルーターのどちらの用途も可能。ほぼルーターと同じようにネットワーク同士を相互接続する

　このようなネットワーク機器で構成されているネットワークにPC／スマートフォンやサーバーなどの情報端末を接続します（図18）。ネットワーク機器や情報端末には機器間を接続するための**インターフェイス**が備わっています。「インターフェイス」とは境界の意味で、機器とネットワークの境界のことを指し、「ポート」と呼ぶことも多いです。このインターフェイス間のつながりのことを**リンク**と呼びます。無線の場合、機器の外からは見えませんが、無線インターフェイスがあります。また、無線のリンクも目に見えないもののため、図18では電波のように表現しています。

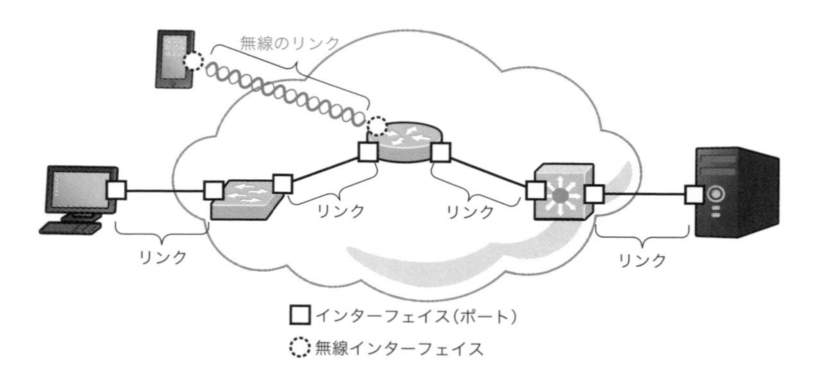

図18　ネットワークの具体的な構成例

　このようにネットワークは、ネットワーク機器によって構成されています。PC／スマートフォン／サーバーなどが送受信するデータは、このネットワーク機器により転送されるのです。

データの転送とは？

PCやサーバーなどで扱うデータは「0」「1」で表すデジタルデータです。前述の通り、コンピューターが扱うデジタルデータをネットワーク経由で転送するためには、物理的な信号に変換する必要があります。1-1-1で説明したように、この物理的な信号には次のようなものがありました。

- **電気信号**
- **光信号**
- **電波**

デジタルデータは、こうした物理的な信号に変換して伝えていきます（図19）。この物理的な信号を伝えるための媒体を**伝送媒体**といいます。伝送媒体の代表的な例はケーブルです。LANケーブルに電気信号（電流）を流したり、光ファイバーに光信号を流したりします。伝送媒体には有線のケーブルだけでなく、電波も含まれます。無線LANやスマートフォンの通信では、デジタルデータを電波に変換して空間中に送信しますが、その際、デジタルデータを変換した電波を搬送波という電波へさらに重ねあわせて送っています。

ネットワークの通信速度は高速化しています。「通信速度が高速」とは、物理信号自体が伝わる速度が速くなるわけではなく、「**時間あたりに転送できるデータ量が多い**」ということです。通信速度は**bps**（bit per second）という単位で表されますが、これは1秒あたりのビット数を意味します。例えば、1Gbpsなら「1秒あたり1Gビットのデータを転送できる」ということです。この通信速度には、デジタルデータを物理信号に変換する方法である**変換方式**が大きく影響します。変換方式がより高度になると、一度にたくさんのビットを1つの物理信号として伝えることができます。また、**より高い周波数に対応できる伝送媒体を利用すること**も通信速度の高速化に影響します。

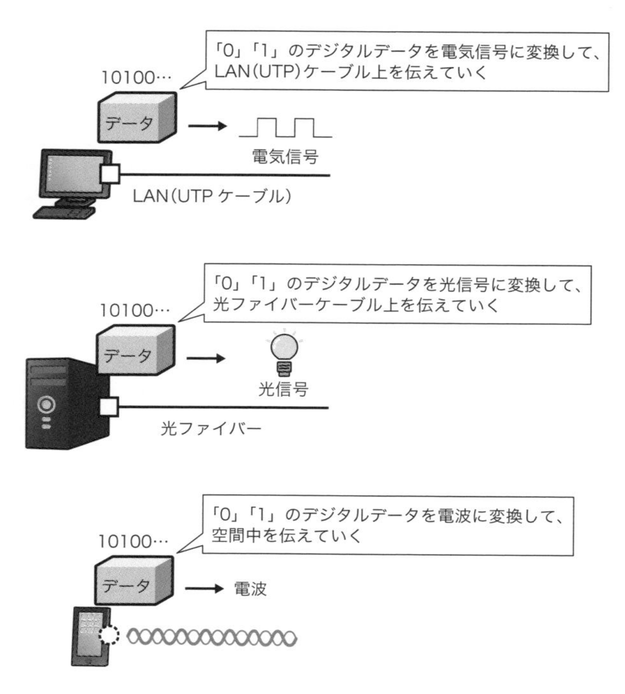

図19　デジタルデータと物理的な信号の変換

さて、「0」「1」のデジタルデータと物理的な信号の境界がインターフェイスで、物理的な信号を伝えていくための仕組みがネットワークです。つまり、ネットワークを介してデータを転送することは、**送信元の機器のインターフェイスから出力された物理的な信号を適切なインターフェイスまで送り届けること**といえます（図20）。そして、ネットワークを構築するとは、こうした転送の仕組みを実現できるように**適切なネットワーク機器を組み合わせて設定を行うこと**です。現在では、主にイーサネット／無線LANの機器を組み合わせた上で適切なTCP ／ IPの設定を行います。

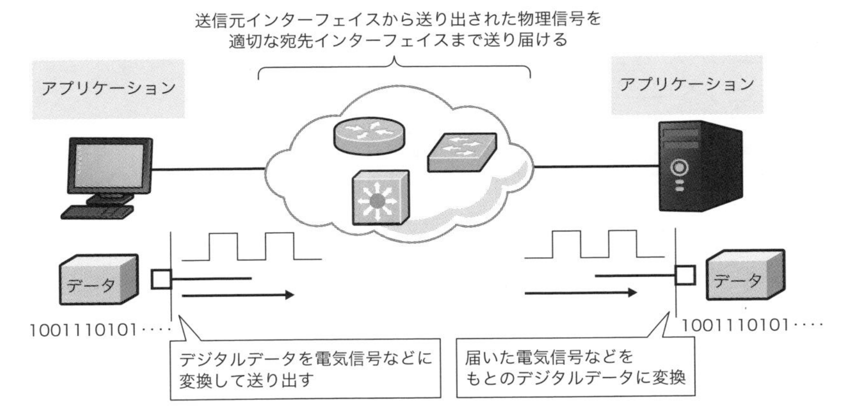

図20　ネットワークを介したデータの転送の概要*3

ネットワーク機器がデータを転送する基本の流れは次の通りです（**図21**）。

①インターフェイスで物理信号を受信してデジタルデータに復元する
②適切なヘッダーを参照して転送先を判断する
③出力インターフェイスから物理信号を送り出す

データ転送の手順で最も重要なのは、②です。1-1-1で確認したように、アプリケーションのデータには、目的の宛先までデータを正しく転送するために色々なプロトコルのヘッダーが付加されています。このように**送信元のアプリケーションのデータに適切なヘッダーをつけること**で目的の宛先まで正しく届けることができます。

*3　図では、送信元から送り出された物理的な信号がまったく同じ形で宛先まで届いているように描写していますが、必ずしも同じ物理信号が届くわけではありません。

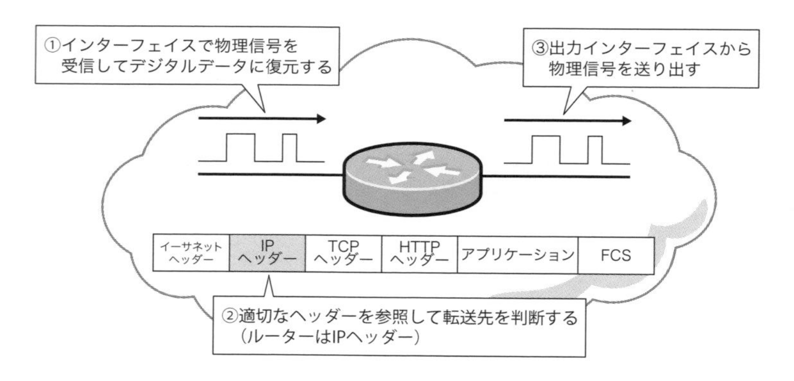

図21　データ転送の流れ

データ転送をネットワーク機器ごとに行うことで、送信元の機器のインターフェイスから送り出された物理信号は、適切な宛先インターフェイスまで届けられます。なお、代表的なネットワーク機器のレイヤー2スイッチ／ルーター／レイヤー3スイッチでのデータ転送の仕組みはChapter 8で解説します。それでは、次節からネットワークの分類について見ていきましょう。

1-3 やってみよう!

プライベートネットワーク内の通信とインターネットへの通信をしてみよう

本節でネットワークの2つの分類である、プライベートネットワークとインターネットについて見ていきます。まずは、プライベートネットワーク内の通信とインターネットへの通信を実践してみましょう。

Step1 Windows用クイック共有のダウンロードと設定

次のURLから、Windows用クイック共有をダウンロードしてインストールします（https://www.android.com/better-together/quick-share-app/）。検索ボックスに「クイック共有」と入力して、クイック共有を起動します*4。ここでは、Googleアカウントへのログインはせずに進めるため、[アカウントにログインせずに使用]をクリックします*5。クイック共有の設定では、[以下の名前で他のユーザーに公開]のボックスに自分のPCだとわかるような名前をつけます。また、受信設定は[全員]とします。

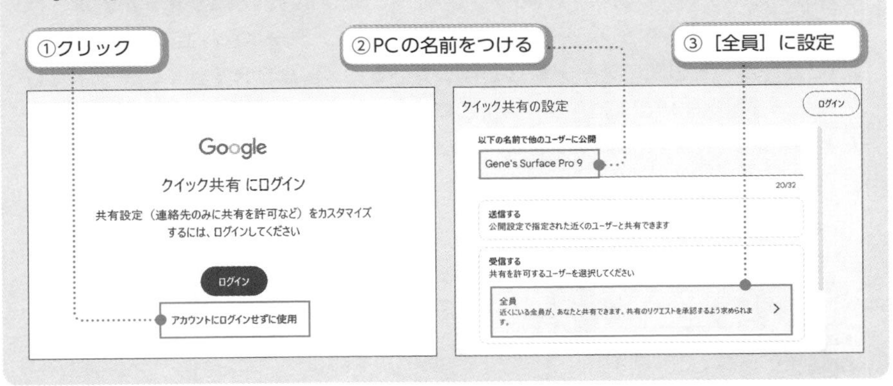

*4 クイック共有がうまく起動しないときは、PCを再起動してください。
*5 Googleアカウントにログインすれば、共有するユーザーを細かく制御できます。

Step2 スマートフォンからPCへファイルを共有する

スマートフォンにある共有したい画像ファイルを開きます。画面上部の共有アイコンをタップして、クイック共有の共有先のPCをタップします。共有先のPCで承認が求められたら[承認]をクリックしてください。すると、ファイル転送が開始されます。

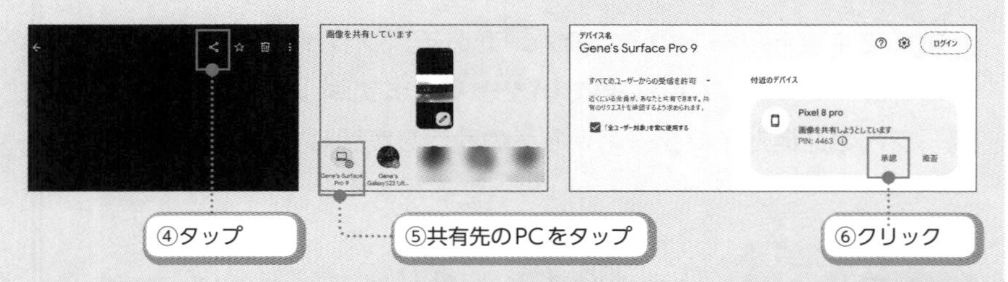

これでプライベートネットワーク内の通信の確認が完了しました。自宅のネットワーク（プライベートネットワーク）内で「自分の」PCと「自分の」スマートフォン間のクイック共有によるファイル転送を行った状態です。プライベートネットワーク内の通信は、自分（または自分たち）の機器間で行います。

Step3 インターネットのWebサイトを見る

次は、PCのWebブラウザーでGoogleのWebサイト（https://www.google.co.jp/）にアクセスします。WebブラウザーにGoogleのWebサイトが表示されます。プライベートネットワークの「自分の」PCとインターネット上の「Googleの」Webサーバーとの間でデータ転送を行っていることになります。インターネットの宛先の機器は先ほどと異なり、自分の機器ではなく、次の図のような通信を行ったといえます。この2つのネットワークの分類について詳しく見ていきましょう。

1-3-1 学ぼう！

ネットワークの分類

ネットワークのユーザーは誰？

ネットワークは様々な観点から分類できますが、利用するユーザーがいてはじめて価値をもつため、**誰が利用するためのネットワークなのか**が最も重要です。その観点からネットワークは次の2つに分類できます（図22）。

- **プライベートネットワーク**
- **インターネット**

プライベートネットワークとは、**利用するユーザーを限定しているネットワーク**です。ユーザーを限定しているので、当然ユーザー数はそれほど多くなりません。一方、インターネットは誰でも自由に利用できるネットワークです。正確には、**利用するユーザーを限定できないネットワーク**といえます。利用するユーザーを限定できないのでユーザー数はとても多くなり、世界中で何十億人という単位になります。また、割合は小さいものの悪意をもつユーザー（クラッカー）が存在するため、セキュリティ対策も重要です。それでは、この2つのネットワークについて掘り下げていきましょう。

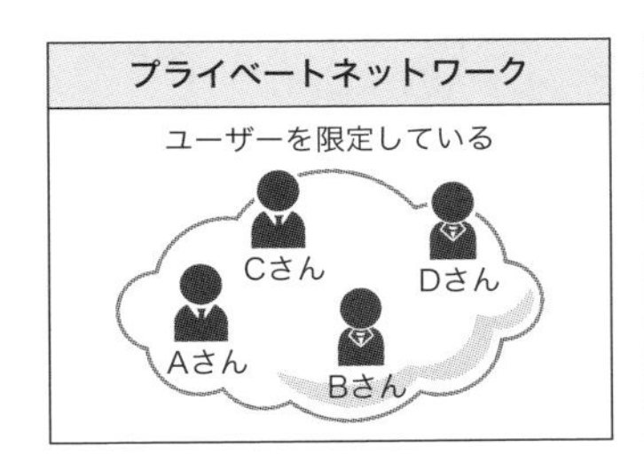

図22　プライベートネットワークとインターネットの違い

プライベートネットワークの具体例

プライベートネットワークとは、つくり上げたネットワークを限定されたユーザーだけが使えるようにするネットワークです。日常で使う「プライベート」がつく言葉も、すべての人が使えるのではなく、限られた人を対象としています。このネットワークも同じく限られたユーザーが対象のネットワークなのです。次の主な例2つについて、詳しく見ていきましょう。

- **企業の社内ネットワーク**
- **個人ユーザーの家庭内ネットワーク**

企業の社内ネットワーク

企業の社内ネットワークは、プライベートネットワークの最も典型的な例です（図23）。誰でも使えるものではなく、原則として**その企業の社員のみ**が使えます。社員のPCなどと社内のサーバー間でデータをやり取りして連絡や情報共有をしたり、業務システムを利用したりします。訪問客が接続する場合、アクセスできる範囲は社内ネットワークの一部に限定します。

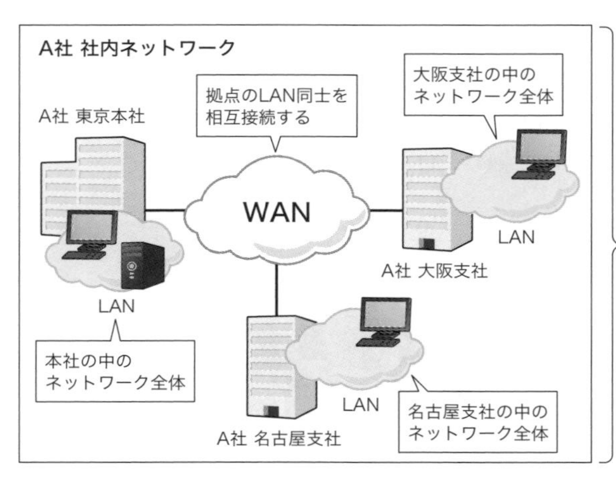

図23　社内ネットワークの例

図23のように複数の拠点間でも通信ができるよう、社内ネットワークを**LAN**（Local Area Network）と**WAN**（Wide Area Network）から構成します。LANとは**ある拠点のネットワーク全体**のこと、WANとは**離れた拠点間を接続するネットワーク**のことです。拠点が1カ所の場合はLANのみで、主にイーサネットと無線LANで構築します。WANは自前で構築できないため、通信事業者が提供するWANサービスを利用します。これには専用線やIP-VPN、広域イーサネットなど様々な種類があります。

個人ユーザーの家庭内ネットワーク

家庭内ネットワークも、企業の社内ネットワークと考え方は同じく、利用できるユーザー（機器）が**その家庭の家族に限定された**プライベートネットワークです（図24）。訪問客が接続する場合、家主の許可なしで自由に利用することはできず、家族や許可されたユーザーに限定されています。

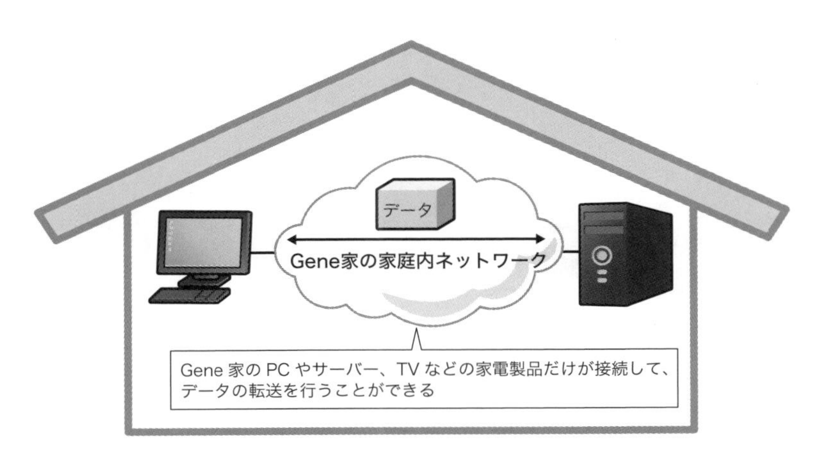

図24　家庭内ネットワークの例

プライベートネットワークだけでは利便性が限定される

しかし、プライベートネットワークは限定されたユーザー（機器）が使えるネットワークのため、通信できる範囲が限られています。社内ネットワークであれば社内の人だけ、家庭内ネットワークであれば家族だけと通信できる状態です。そこで、**他の色々なユーザーとも通信を行うためにインターネットへ接続**します。次は、インターネットについて詳しく見ていきましょう。

インターネットとは？

インターネットとは、**様々な組織のネットワークを相互接続したネットワーク**のことです。インターネットを構成する、ある組織のネットワークを**AS**（Autonomous System）：**自律システム**と呼び、世界中にあるASを相互接続したものがインターネットになります。

各ASは、個々の方針にもとづきながらネットワークを構築して運用します。AS同士は相互接続すると、通信できるように制御してAS間の通信を可能にします。AS間で通信できるように制御するとは、**お互いのネットワークの情報を通知しあうこと**です。通信するためには、宛先となるネットワークの情報を知らなければなりません。お互いのネットワークの情報を教えあうことで、**それぞれのネットワークへアクセスする許可を与える**ことになります。このAS間の通信の概要が図25です。

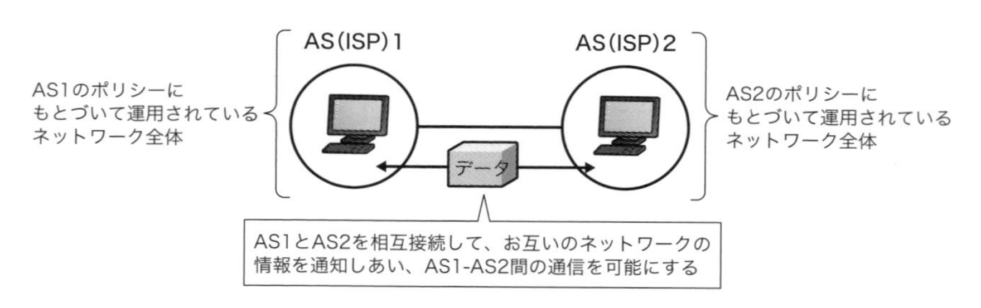

図25　AS間の通信の概要

ASの具体的な例に、**ISP**（Internet Service Provider）があります（図26）。ISPとは、**インターネット接続サービスを提供する事業者のこと**です。例えば、スマートフォンで直接インターネットへ接続することができますが、NTTドコモ／KDDI（au）／ソフトバンクといった携帯電話事業者もISPの一つです。ISP以外にも、Googleなどのインターネットを介して、様々なサービスを提供する企業や大学などの学術機関のネットワークもASです。

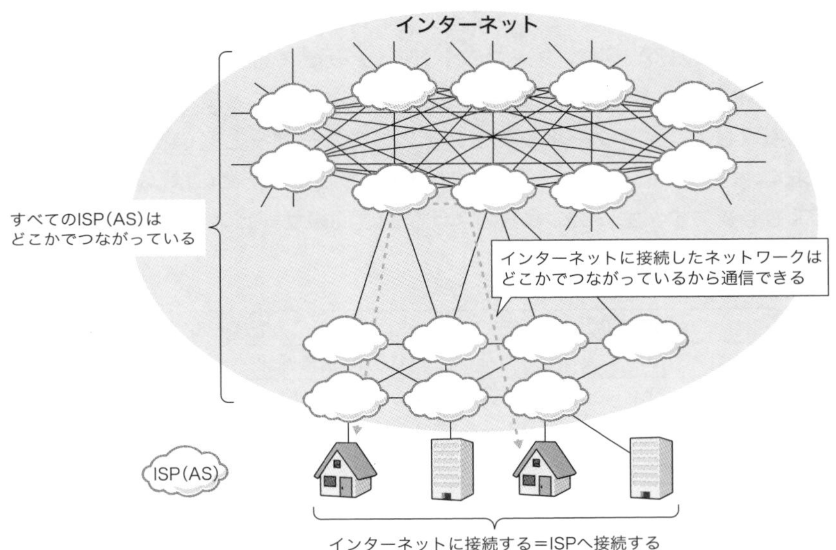

図26　ISPの概要

インターネットへの接続形態

インターネットへ接続するには、主に次の3つの形態があります。

①任意のISPとインターネット接続サービスを契約する
②すでにインターネットへ接続しているネットワークに相乗りする
③独立したASとしてその他のAS（ISP）と接続する

それぞれについて見ていきましょう。

任意のISPとインターネット接続サービスを契約する

企業の社内ネットワークや個人ユーザーの家庭内ネットワークといったプライベートネットワークをインターネットに接続する形態で、最も一般的なものが任意のISPとインターネット接続サービスを契約することです（図27）。ISPとインターネット接続サービスを契約することで、ISPのネットワークに所属して、インターネット上のその他のユーザーと通信できるようになります。ISPとプライベートネットワークを接続するためには、通信回線サービスも必要です。主に次の表3のような通信回線サービスが利用できます。

表3　主な通信回線サービス

固定回線	モバイル回線
専用線	4G/5G携帯回線
FTTH（Fiber To The Home）	WiMAX/WiMAX2
xDSL（Digital Subscriber Line）	
CATV回線	

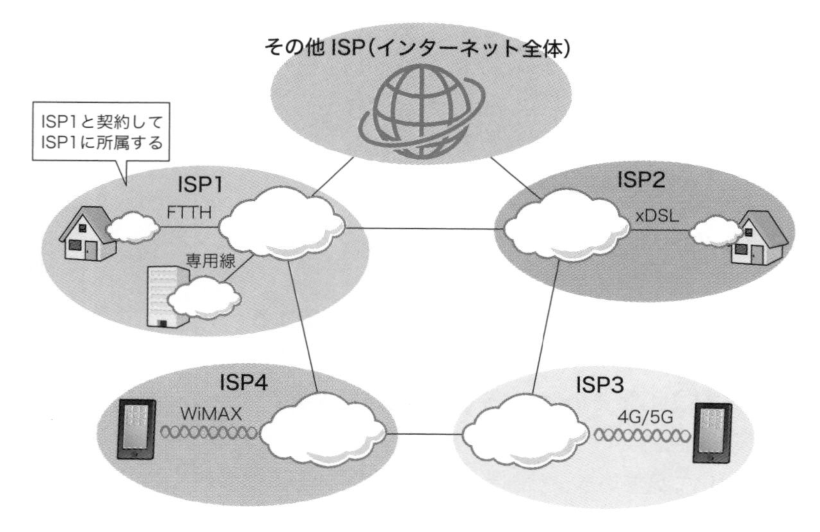

図27　任意のISPとインターネット接続サービスを契約する

すでにインターネットへ接続しているネットワークに相乗りする

コンビニやカフェなどでも、手軽にインターネットへ接続することができます。これは、店舗のネットワークがすでにインターネットに接続しているからです。図28のように、来店したユーザーはWi-Fiで店舗のネットワークに接続し、インターネット接続に相乗りすることでアクセスできます。

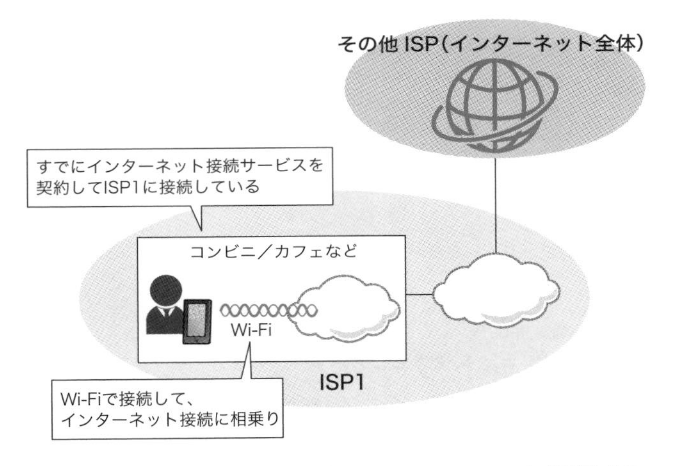

図28　すでにインターネットへ接続しているネットワークに相乗りする

インターネットが利用できるユーザーを限定できない主な理由は、この接続形態にあります。外へ出るとこうしたインターネットを使える環境がたくさんあるからです。

独立したASとしてその他のAS（ISP）と接続する

大企業がインターネット上の多くのユーザーに対して自社のサービスを提供するために、**独立したASを運用してその他のASと接続する形態**もあります（図29）。独立したASを運用するためには、AS番号を取得した上で他のASとの間で**BGP**（Border Gateway Protocol）というルーティングプロトコルの設定も必要になるため、難易度が高いインターネット接続の形態です。

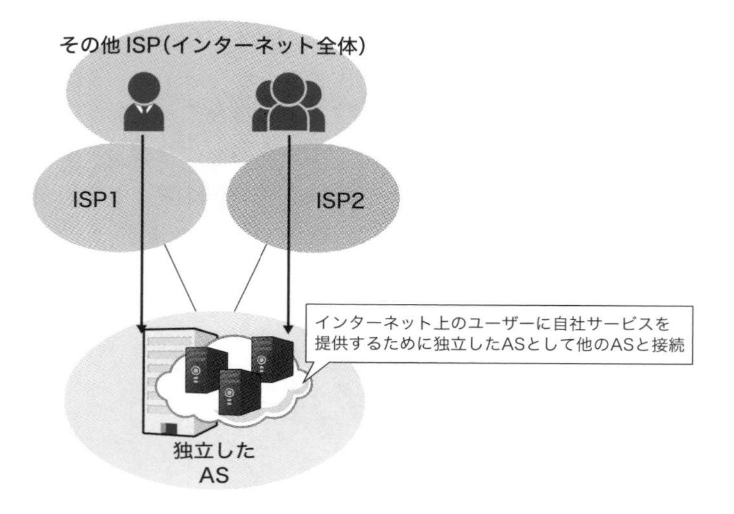

図29　独立したASとしてその他のAS（ISP）と接続する

プライベートネットワークとインターネット間の主な通信形態

ここまではプライベートネットワークとインターネットについて考えてきました。前述の通り、プライベートネットワークをインターネットに接続すると、より便利なサービスやアプリケーションが使えます。

ここで、プライベートネットワークとインターネット間の通信について考えてみましょう。主に次の3つの形態があります（図30）。

- **プライベートネットワークからインターネットへの通信**
- **インターネットからプライベートネットワークへの通信**
- **インターネットを経由するプライベートネットワーク間の通信（インターネットVPN）**

それぞれについて見ていきましょう。

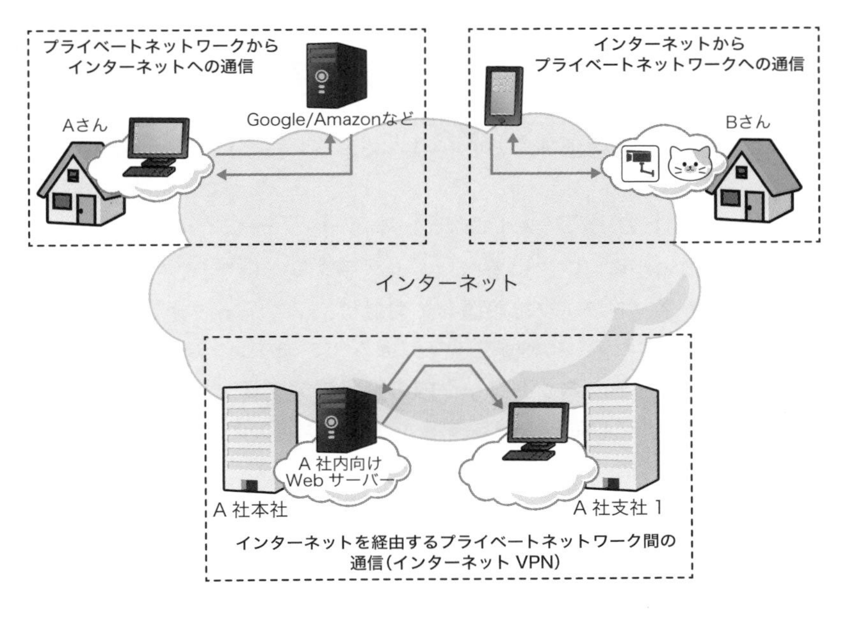

図30　プライベートネットワークとインターネット間の主な通信

プライベートネットワークからインターネットへの通信

Googleでの検索やAmazonでの買い物など、このようなプライベートネットワークからインターネットへ通信する形態が最も一般的です。具体的には、**プライベートネットワークのPC／スマートフォンからWebサーバーなどのインターネットのサーバーへ通信**をします。この通信形態を実現する主要な技術は次の2つです。

- **NAT**（Network Address Translation）/**NAPT**（Network Port Address Translation）
- **ファイアウォール**

プライベートネットワークのPC／スマートフォンは、そのままではインターネットのサーバーと通信できません。そこで、NAT/NAPTにより送信元IPアドレスを変換して、プライベートネットワークからでもインターネットにつながるようにします（3-5-1で解説します）。

ファイアウォールは、プライベートネットワークから開始した通信のリプライだけを許可する機能をもち、インターネットからプライベートネットワークへの不正アクセスを防止できます（9-1-1で解説します）。

インターネットからプライベートネットワークへの通信

例えば、外出先から自宅にいるペットの様子を見たい場合、ネットワークカメラを自宅のネットワークに設置しておけば、スマートフォンからネットワークカメラにアクセスして映像を見ることができます。このように**インターネットからプライベートネットワーク内の特定のアプリケーションを利用すること**は可能です。この通信を実現するポイントは次の2つです。

- **ファイアウォール**
- **ポート開放**

通常、ファイアウォールは不正アクセス防止のために、インターネットからプライベートネットワークへのアクセスをブロックします。そのため、ネットワークカメラなどへのアクセスは**例外として許可する**設定が必要です。

また、ポート開放の設定も行うことで、**宛先IPアドレスとポート番号を変換して、インターネットからのリクエストをプライベートネットワーク内の適切な機器とアプリケーションへ転送**できます（5-5-1で解説します）。

インターネットを経由するプライベートネットワーク間の通信（インターネットVPN）

複数の拠点をかまえる企業では、拠点間の通信が必要になります。例えば、支社の社員が本社のWebサーバーへアクセスして社内の連絡事項を確認するなどの場合です。こうしたインターネットを介する社内ネットワーク（プライベートネットワーク）の通信を実現するために**インターネットVPN**（Virtual Private Network）を構築します。この**インターネットVPNにより、インターネットをプライベートネットワークのように使える**のです。これも実現するポイントは2つあります。

- **カプセル化／暗号化**
- **VPNゲートウェイ**

カプセル化とは、ヘッダーを付加することです。VPNを実現するためにVPN用のヘッダーを新しく付加（カプセル化）します。そして、インターネット上には悪意をもつユーザーも存在するかもしれません。

そうした悪意をもつユーザーから、社内のネットワークを盗聴されたり、データを改ざんされたりしないように暗号化を行います。インターネットVPNを実現するカプセル化／暗号化は、主にVPNゲートウェイという機器で行われます（9-4で解説します）。

次節では、一般的に広く利用されるようになったクラウドサービスについて見ていきましょう。

1-4 やってみよう！

Google Driveを使ってみよう

Google Driveは、ユーザーに自分専用のストレージ（データの保管領域）を提供するクラウドサービスです。Googleアカウントがあれば無料で利用できます。ここでは、Google Driveを使ってみましょう。

Step1 Google Driveにアクセスする

Webブラウザーで次のURLのGoogle Driveへアクセスします（https://drive.google.com/）。[ドライブを開く]をクリックして、Googleアカウントでログインします。

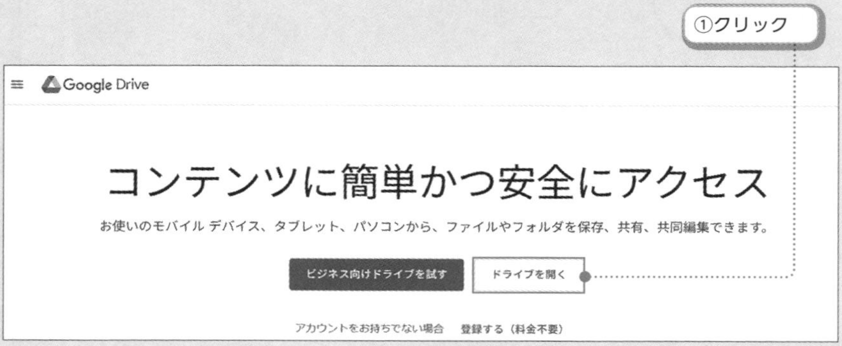

①クリック

Google Drive

コンテンツに簡単かつ安全にアクセス

お使いのモバイル デバイス、タブレット、パソコンから、ファイルやフォルダを保存、共有、共同編集できます。

ビジネス向けドライブを試す

ドライブを開く

アカウントをお持ちでない場合　登録する（料金不要）

Step2 Google Driveにファイルをアップロードする

Google Driveにログイン後、[新規]→[ファイルのアップロード]をクリックして、任意のファイルをアップロードしてみましょう。

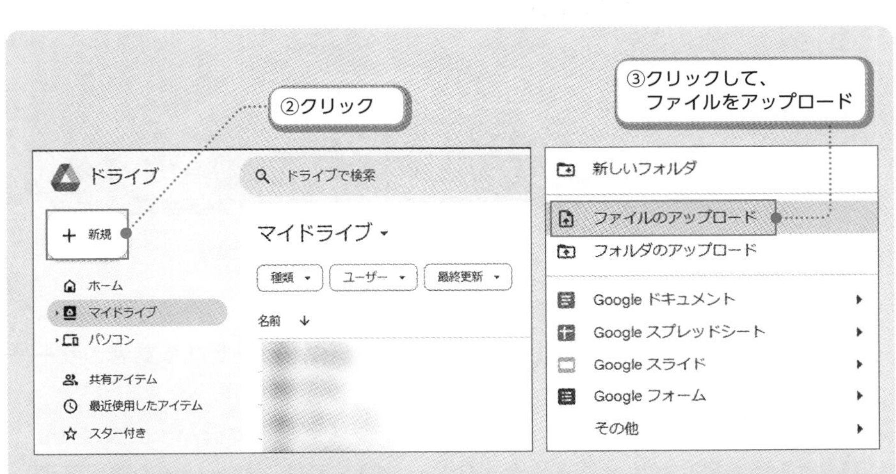

こうしてGoogle Driveにアップロードしたファイルは、インターネットに接続している環境であればどこからでも利用できるようになります。それでは、このようなクラウドサービスの特徴を見ていきましょう。

1-4-1 学ぼう！

サーバーは雲の向こうへ～クラウドサービス～

クラウドサービスとは？

クラウドサービスは、**ネットワーク経由でクラウドサービス事業者のサーバーの機能だけを利用するサービス**です。

現在普及しているアプリケーションは、クライアントサーバー型です（図31）。クライアントサーバー型アプリケーションでは、サーバーの運用管理が必要になります。サーバーの状態を監視して何か問題があればその対応を行ったり、重要なデータを扱うサーバーであればデータのバックアップを常にとっておいたりしなければいけません。必要に応じて、サーバーの処理能力の拡張やセキュリティ対策も重要です。このように、サーバーを運用管理することはとても大変な作業でコストもかかります。

そこで、サーバーを自前で運用管理する手間を省き、クラウドサービス事業者が提供するサーバーの機能だけを利用するクラウドサービスが広く普及しているのです。すると、**サーバーは雲（ネットワーク）の向こう側のクラウドサービス事業者内に存在する**ことになります。なお、クラウドサービスが普及する前のサーバーを自前で構築・運用管理する従来の形態のことを**オンプレミス**と呼びます。

図31はインターネット経由でクラウドサービス事業者へアクセスしている例を表現しています。インターネットではなくプライベートネットワーク経由でクラウドサービス事業者へアクセスすることもできます。

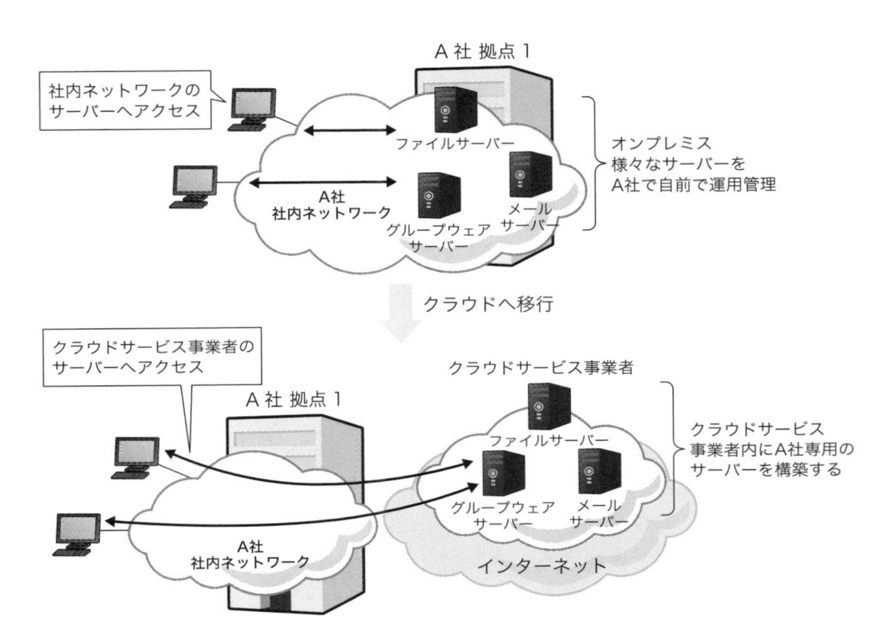

図31　クラウドサービスの概要

クラウドサービスのメリットと注意点

クラウドサービスを利用すると、主に次のようなメリットがあります。

- **すぐに使える**

オンプレミスで新しくサーバーを導入するよりも手間を大幅に省けます。オンプレミスでは、ハードウェアを選定して、OSやサーバーアプリケーションのインストール、テストをするなど、時間もコストもかかります。一方、クラウドサービスは、適切なサービスを契約するだけですぐに使えます。

- **ラクに使える**

サーバーの運用管理は、クラウドサービス事業者が行います。サーバーの冗長化やバックアップも事業者側で行ってくれるため、ユーザーはサーバーの運用管理を行う必要がなく、ラクに使うことができます。

- **使いたい分だけ使える**

サーバーの処理能力の拡張も、クラウドサービスのサービス内容を変更するだけなので簡単です。例えば、ファイルサーバーを利用する場合、ストレージ容量が足りなくなったら、ストレージ容量を増やせるサービス内容に変更します。使いたいときに使いたい分だけ使えます。

このように便利なクラウドサービスですが、次のような注意点もあります。

- **セキュリティ**

クラウドサービスを使うと、データそのものはクラウドサービス事業者内に存在することになります。クラウドサービス事業者がデータの改ざんなどの不正行為を働くことはまずないと考えられますが、自身の管理の及ばない範囲でデータが保持されてしまうことは認識しておきましょう。

- **可用性**

クラウドサービスは、クラウドサービス事業者と通信できることが大前提です。自身の管理の及ばない範囲の問題により、クラウドサービス事業者と通信できずサービスを利用できない可能性があります。また、クラウドサービス自体の障害で利用できない可能性もあります。

クラウドサービスには多くのメリットがあり、近年より幅広く利用されています。様々なサービスも提供されているため、セキュリティや可用性に気をつければ大変便利です。

次はクラウドサービスの分類を見ていきます。

クラウドサービスの分類

クラウドサービスは、ユーザーがサーバーのどの部分をネットワーク経由で使えるようにするかによって、次の3つに分類できます（図32）*6。

- **IaaS**（Infrastructure as a Service）アイアースまたはイアース
- **PaaS**（Platform as a Service）パース
- **SaaS**（Software as a Service）サース

IaaS

IaaSは、**ネットワーク経由でサーバーのCPUやメモリ、ストレージなどのハードウェア部分（仮想マシン）**を利用できるようにしています。

ユーザーはIaaSのサーバー上でさらにOSやOS上で動作するデータベース制御、プログラムの実行環境といったミドルウェア、アプリケーションを追加することで、クラウドサービス事業者のサーバー上で自由にシステムをつくり上げられるようになります。なお、IaaSは**HaaS**（Hardware as a Service）とも呼ばれます。

PaaS

PaaSは、**ネットワーク経由でサーバーのプラットフォーム**を利用できるようにしています。プラットフォームとは、OSとミドルウェアを含む部分のことです。ユーザーは、クラウドサービス事業者のプラットフォーム上で独自のアプリケーションを追加して自由に利用できるようになります。

SaaS

SaaSは、ネットワーク経由で**サーバーの特定のソフトウェア機能**を利用できるようにしています。一般の個人ユーザーが利用するクラウドサービスの大半がSaaSのため、最もイメージしやすいサービスです。

代表的なものに、オンラインストレージサービスがあります。オンライス

*6　これらの分類に当てはまらないクラウドサービスもあります。

トレージサービスでは、ユーザーにネットワーク経由でファイルサーバーの機能を提供しており、自由にファイルの保存や共有ができます。「やってみよう！」のGoogle Driveは、このオンラインストレージサービスの一種です。

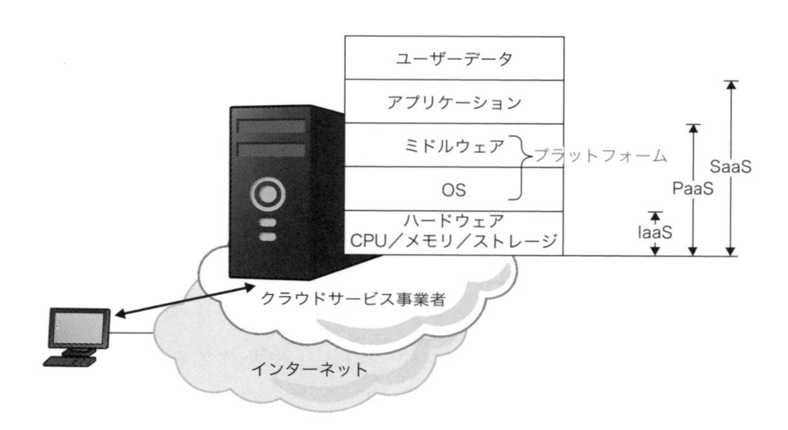

図32　クラウドサービスの分類

第1章のまとめ

- 通信するための色々なルールをプロトコルと呼び、複数のプロトコルを組み合わせてネットワークアーキテクチャとなる
- 最も一般的に利用しているネットワークアーキテクチャはTCP/IP
- データを送受信する主体はWebブラウザーなどのアプリケーション
- 適切な機器の適切なアプリケーションまでデータを転送するために、複数のプロトコルのヘッダー（制御情報）が付加される
- ネットワーク機器は、ヘッダーを参照して適切な宛先までデータを転送する
- ネットワークの分類は誰が利用するためのネットワークかという観点が重要
- 限られたユーザーのみが利用するネットワークはプライベートネットワーク。ユーザーを限定できず誰でも利用できるネットワークがインターネット
- クラウドサービスとは、ネットワークを介してクラウドサービス事業者のサーバーの機能を利用するサービス

練習問題

Q1 **TCP/IPの階層のうち、あるホストから別のホストまでデータを転送する役割をもつものはどれでしょうか。**

A アプリケーション層　**B** トランスポート層
C インターネット層　**D** ネットワークインターフェイス層

Q2 **IPヘッダーを付加したデータの呼び方で適切なものはどれでしょうか。**

A IPパケット　**B** IPメッセージ
C IPセグメント　**D** IPフレーム

Q3 **ネットワークを構成する基本的なネットワーク機器はどれでしょうか。次から3つ選択してください。**

A ルーター　**B** ファイアウォール
C VPNゲートウェイ　**D** レイヤー 2スイッチ
E レイヤー 3スイッチ　**F** ロードバランサー

Q4 **プライベートネットワークについて正しい記述はどれでしょうか。**

A 世界中のASが相互接続しているネットワーク
B 限られたユーザーのみが利用できるネットワーク
C ユーザーを限定できずに誰でも利用できるネットワーク
D インターネット接続サービスを提供するISPのネットワーク

Q5 **個人ユーザーや企業の社内ネットワークをインターネットに接続するためのサービスを提供する事業者を何というでしょうか。**

A クラウドサービス事業者　**B** SaaS
C IaaS　**D** ISP

Q6 **ユーザーに仮想マシンを提供するクラウドサービスの分類はどれでしょうか。**

A MaaS　**B** IaaS　**C** PaaS　**D** SaaS

解答　**A1.** C　**A2.** A　**A3.** A、D、E　**A4.** B　**A5.** D　**A6.** B

Chapter

02

イーサネット & Wi-Fi

～データは物理的な信号で流れる～

「0」「1」のデータは、ネットワークインターフェイス層のプロトコルにより、物理的な信号として伝えられていきます。ネットワークインターフェイス層プロトコルの代表が、イーサネットと無線LAN（Wi-Fi）です。ここでは、イーサネットと無線LANの仕組みについて解説します。

2-1 やってみよう！

MACアドレスを確認しよう

物理的な信号の送信元と宛先になるインターフェイスを、MACアドレスというアドレスで識別します。まずは、MACアドレスがどういうものなのかを確認してみましょう。

Step1 コマンドプロンプトを開く

ツールバーの検索ボックスに「cmd」と入力して、コマンドプロンプトを開きます。

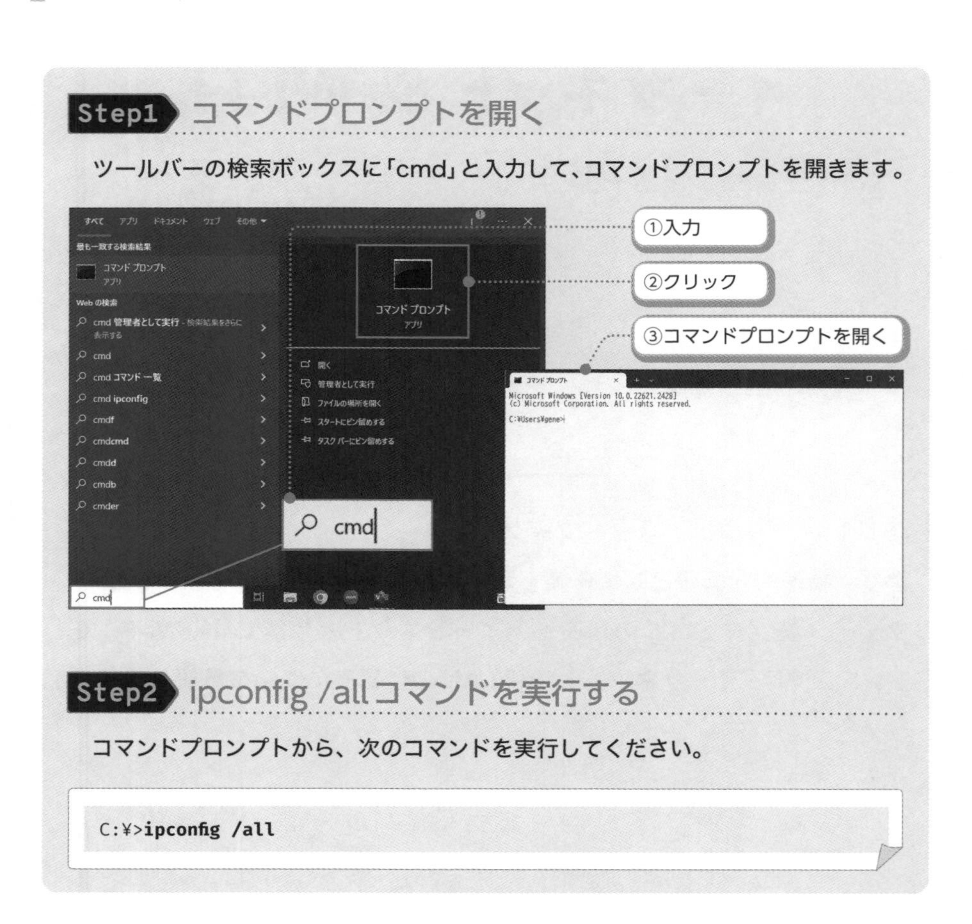

Step2 ipconfig /allコマンドを実行する

コマンドプロンプトから、次のコマンドを実行してください。

```
C:¥>ipconfig /all
```

Step3 MACアドレスを確認する

ipconfig /allコマンドの表示結果から、MACアドレスを確認します。以下のipconfig/allコマンドのサンプル内の「イーサネット アダプター イーサネット」と「Wireless LAN adapter Wi-Fi」の部分に注目してください[*1]。「物理アドレス」がMACアドレスのことです。

```
C:¥Users¥gene>ipconfig /all

Windows IP 構成

～省略～

イーサネット アダプター イーサネット：

    接続固有の DNS サフィックス.: lan
    説明 ..................: Realtek Gaming 2.5GbE Family Controller
    物理アドレス .............: 50-EB-F6-B4-25-85
    DHCP 有効 ..............: はい
    自動構成有効 .............: はい
～省略～
Wireless LAN adapter Wi-Fi:
接続固有の DNS サフィックス....: lan
    説明 ..................: Intel(R) Wi-Fi 6 AX201 160MHz
    物理アドレス .............: 98-43-FA-8D-48-DE
    DHCP 有効 ..............: はい
    自動構成有効 .............: はい
～省略～
```

*1　利用するPC環境によって表示が異なります。有線イーサネットは「イーサネットアダプター イーサネット」を、無線LANは「Wireless LAN adapter Wi-Fi」を見てください。

2-1-1 学ぼう！

イーサネット＆無線LANとMACアドレス

イーサネット&Wi-Fiでネットワークをつくる

1-1-1で解説した通り、ネットワークインターフェイス層のプロトコルで「0」「1」のデータは最終的に物理的な信号として伝えられます。そのため、ネットワークをつくる際は、物理的な信号が伝わるようにしなければなりません。

このネットワークインターフェイス層のプロトコルとして、非常によく使われるものが**イーサネット**と**無線LAN**（**Wi-Fi**）です。個人ユーザーの家庭内ネットワークや企業の社内ネットワークのほとんどは、このイーサネットと無線LANを組み合わせて構築します。イーサネットの場合は、イーサネットインターフェイス同士をイーサネットケーブルでつなぎ、無線LANの場合は、無線LANインターフェイス同士を接続（アソシエーション）することでネットワークを構築できます（図1）。なお、無線LANについては2-3-1で詳しく解説します。

しかし、イーサネットや無線LANのネットワークを構築して、物理信号が伝えられるようにするだけではまだ不十分です。さらに、IPで「0」「1」のデータを転送できるように各機器へ適切なTCP/IPの設定を行わなければなりません。そうすることで、TCP/IPを利用したWebブラウザーなどの様々なアプリケーションと通信できるようになります（TCP/IPの設定については6-1-1で詳しく解説します）。

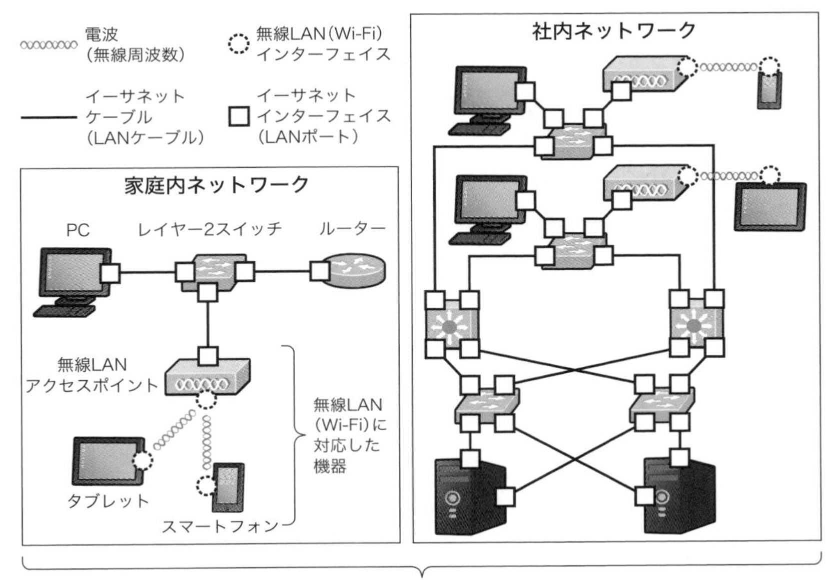

図1　イーサネット＆無線LANのネットワーク構築

MACアドレスとは？

MACアドレスとは、イーサネットインターフェイス、無線LANインターフェイスを識別するための情報で、ビット数は**48ビット**です。MACアドレスによって、物理信号の送信元と宛先インターフェイスを特定できるようになります。わかりやすくいうと、「このデータの物理信号はここ発信でここ宛てですよ！」と示すものがMACアドレスです。データを送る際は、イーサネットおよび無線LANヘッダーに送信元／宛先MACアドレスを指定します*2。

導入した初期のイーサネットは、1本のケーブルに複数の機器がぶら下がる形態（バス型）をとっているため、物理信号、すなわち電流が同じケーブルにつながるすべての機器に流れてしまいます。そのため、MACアドレスによ

*2　無線LANのヘッダーには送信元／宛先MACアドレス以外のMACアドレスも指定します。

り、電気信号を受信してほしい機器（インターフェイス）を表しています。なお、現在のイーサネットはレイヤー2スイッチを中心として構築します。その場合、物理信号は適切な機器のみに流れるようになっています（レイヤー2スイッチについては8-2-1で詳しく解説します）。

また、無線LANの電波は送信元の機器から拡散して空間に伝わっていくため、宛先ではない機器にも電波が届いてしまいます。そこで、MACアドレスで電波を受信してほしい機器（インターフェイス）を表します（図2）。

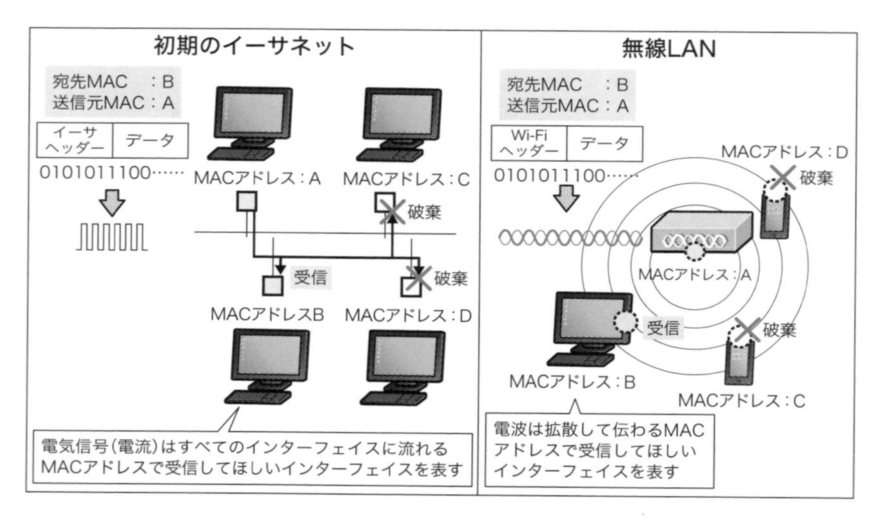

図2　MACアドレスの概要*3

MACアドレスの48ビットのうち先頭の24ビットが**OUI**（Organizationally Unique Identifier）、そのあとの24ビットが**シリアル番号**の構成です。OUIは**イーサネットインターフェイスを製造しているベンダー（メーカー）の識別コード**のことで、次のURLにまとめられています（http://standards.ieee.org/develop/regauth/oui/oui.txt ）。シリアル番号は**イーサネットインターフェイスを製造した各ベンダーが割り当てた番号**です。

*3　図中のMACアドレスの表記は簡略化しています。

MACアドレスは、イーサネットインターフェイスにあらかじめ割り当てられており、基本的に変更できないアドレスのため**物理アドレス**や**ハードウェアアドレス**と呼ぶこともあります。また、MACアドレスはプライバシー保護の観点から無作為に決める**ランダム化**もよく行われています。特に、無線LANインターフェイスのMACアドレスはランダム化されることが多いです。「ランダムなMACアドレスだと重複する可能性もあるのでは？」と思うかもしれませんが、その確率は極めて小さく、同じネットワーク内のみで利用するため、MACアドレス重複について特に気にする必要はありません。

また、MACアドレスは「0」～「9」および「A」～「F」の組み合わせによる16進数で表記します。表記フォーマットは､利用するプラットフォームによって次のように色々な違いがあるので注意しましょう（図3)。

- **1バイトずつ16進数に変換して「-」で区切る**（**Windows**）
- **1バイトずつ16進数に変換して「:」で区切る**（**Linuxなど**）
- **2バイトずつ16進数に変換して「.」で区切る**（**Cisco**）

上記のように、表記フォーマットは違っていても、MACアドレスとしては同じものです。また、この表記フォーマットはプラットフォームごとに厳密に使い分けられているわけではないので、ここでは**MACアドレスの表記フォーマットは統一されていない**ことを知っておくだけで十分です。

MACアドレス

OUI	シリアル番号
←24ビット→	←24ビット→

MACアドレスの表記

00-00-01-02-03-04　(1バイトずつ「-」で区切る)
00:00:01:02:03:04　(1バイトずつ「:」で区切る)
0000.0102.0304　(2バイトずつ「.」で区切る)

図3　MACアドレスの表記の例

ここで、「やってみよう！」で見たMACアドレス（物理アドレス）を確認しましょう。サンプルは、Windows 11でipconfig /allコマンドを実行したものです。Windowsプラットフォームなので MACアドレスは、「-」区切りの表記フォーマットとなっています。

```
C:¥Users¥gene>ipconfig /all
Windows IP 構成
～省略～
イーサネットアダプターイーサネット :
  接続固有の DNS サフィックス...: lan
  説明......................: Realtek Gaming 2.5GbE Family Controller
  物理アドレス ...............: 50-EB-F6-B4-25-85
  DHCP 有効.................: はい
  自動構成有効 ...............: はい
  IPv6 アドレス .............: fda4:6d8e:4537:97a4:8843:ba67:6ded:7962(優先)
  一時 IPv6 アドレス .........: fda4:6d8e:4537:97a4:3804:3466:6db8:21ba(優先)
  リンクローカル IPv6 アドレス..: fe80::e3be:e39b:c799:e58f%19(優先)
```

特別な用途のMACアドレス

MACアドレスには、各イーサネット／無線LANインターフェイスに割り当てられているもの以外の特別な用途で利用する次の2つがあります。

- **ブロードキャストMACアドレス**
- **マルチキャストMACアドレス**

これらのMACアドレスは、宛先インターフェイスが複数になる1対多の転送に使います。それぞれのアドレスについて詳しく見ていきます。

ブロードキャストMACアドレス

ブロードキャストMACアドレスとは、**同じネットワーク上のすべてのイーサネットインターフェイスへイーサネットフレームを送信したいとき**に使うMACアドレスです。48ビットすべて「1」と表記し、16進数では「FF-FF-FF-FF-FF-FF」と表記します。ブロードキャストMACアドレスを宛先MACアドレスとすると、イーサネットフレームは同じネットワーク上のすべてのイーサネットインターフェイスで受信されるようになります。

具体的な仕組みは、ブロードキャストMACアドレスを宛先MACアドレスに指定してイーサネットフレームを送信すると、図4のように適宜コピーされながら同じネットワーク上全体に転送されていきます。そのあと、ネットワーク上のすべてのホストのイーサネットインターフェイスで受信されて、上位のプロトコルの処理が行われます。

また、図中ではクラウドで表現していますが、実際にはレイヤー2スイッチの**フラッディング**と呼ばれる転送の動作で、イーサネットフレームをコピーして同一ネットワーク全体へと転送しています。

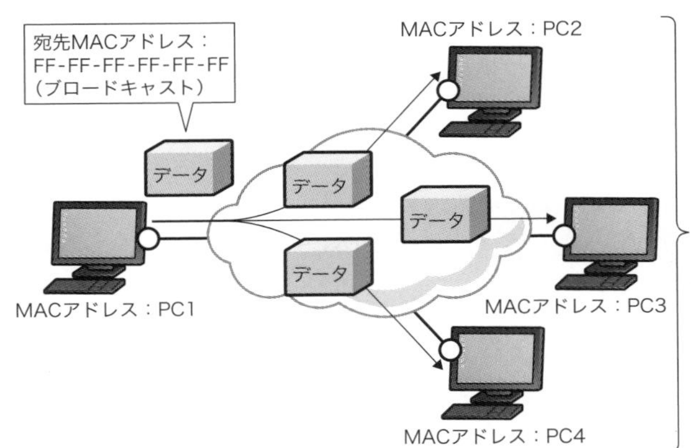

図4　ブロードキャストMACアドレスの仕組み

マルチキャストMACアドレス

マルチキャストMACアドレスは、**同一ネットワーク内の特定のグループ宛てにイーサネットフレームを送信したいとき**に使います。MACアドレスの最初の1バイト目の最下位ビットを**I/G**（Individual/Group）ビットと呼び、I/Gビットが「1」のMACアドレスがマルチキャストのMACアドレスです（図5）*4。

*4　マルチキャストMACアドレスの具体的なアドレス例は本書では触れません。

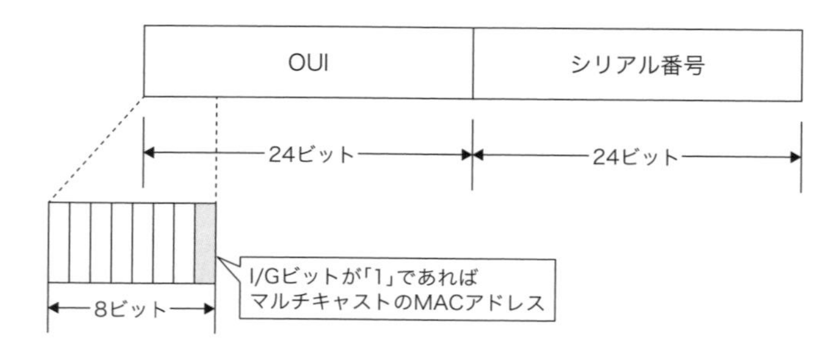

図5　マルチキャストMACアドレスの仕組み

マルチキャストの特定のグループには色々なケースがあり、具体的には次のような例が挙げられます。

- 同じアプリケーションが動作しているホストのグループ
- 同じルーティングプロトコルが動作しているルーターのグループ

マルチキャストMACアドレスが宛先MACアドレスに指定されたイーサネットフレームは、同じネットワーク内全体に転送されます（図6）。ただし、このイーサネットフレームを受信するのは、**マルチキャストグループに所属しているイーサネットインターフェイスだけ**です。マルチキャストグループに参加していない場合は、転送されたマルチキャストのイーサネットフレームを破棄して、上位のプロトコルの処理を行いません。

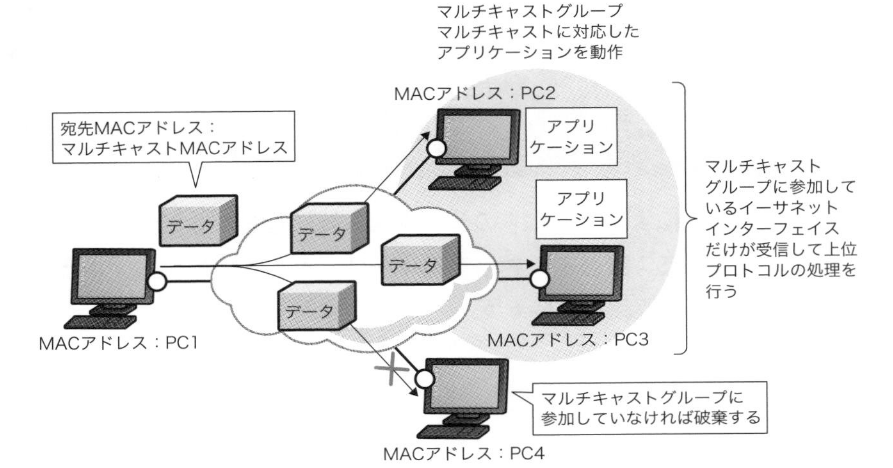

図6　マルチキャストの転送の仕組み

次節からは、「0」「1」のデータを電気信号／光信号として伝えるイーサネットについて解説していきます。

2-2 やってみよう！

LANケーブルとLANポートを見てみよう

イーサネットにより「0」「1」のデータを電気信号または光信号として伝えます。ここで、最もよく利用するイーサネット規格のケーブルとインターフェイスを確認しましょう。

Step1 LANケーブルを見てみよう

LANケーブルの両端、コネクタの様子を観察してみてください。

● LANケーブルの写真

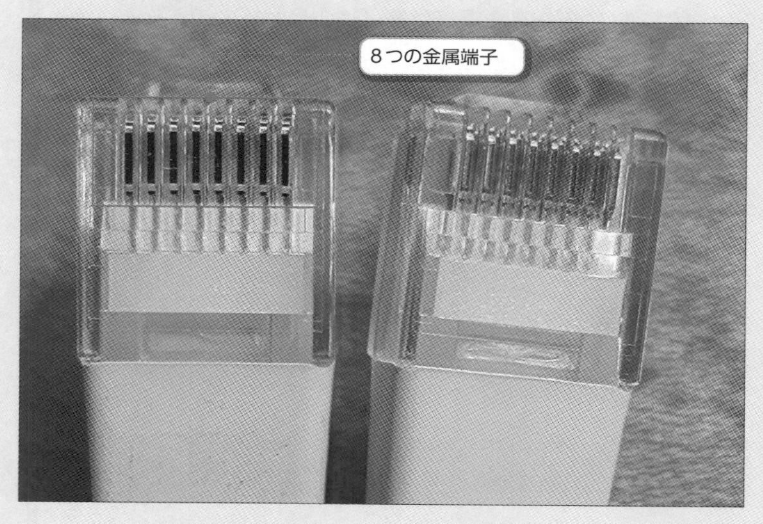

コネクタの中に金属端子が8つあります。そして、そこにそれぞれケーブルがつながっていることがわかります。

Step2 イーサネットインターフェイス（LANポート）を見てみよう

次は、LANケーブルを挿すイーサネットインターフェイス（LANポート）を観察してみてください。

● イーサネットインターフェイス(RJ-45)

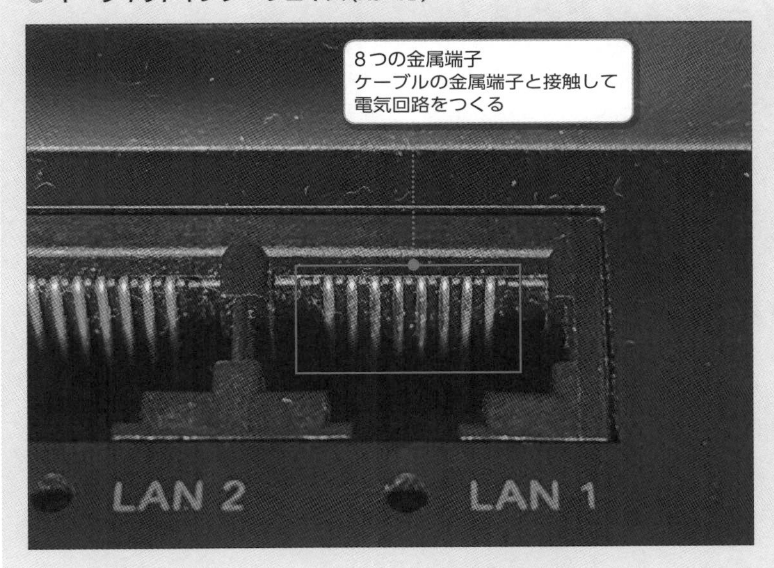

イーサネットインターフェイスにも、金属端子が8つあることがわかります。この8つの金属端子がLANケーブルでつながり、2つのイーサネットインターフェイス間で電気信号（電流）が流れる電気回路が4組できあがります。

2-2-1 学ぼう！

「有線のネットワーク」イーサネット

イーサネットとは？

イーサネットは、**データを「物理的に転送する」ためのプロトコル**です。このイーサネットによって、同じネットワーク内のイーサネットインターフェイス間でデータを物理的に転送することができます。

では、「物理的に転送する」とは、具体的にどういうことでしょうか。これまでにも述べていることですが、あらためて振り返っておきます。

PC／スマートフォン／サーバーなどの内部では、データは「0」「1」のビットからなるデジタルデータの状態です。この「0」「1」のデジタルデータはそのままネットワークに送り出すことができず、電気信号や光信号、電波といった物理的な信号に変換しなければなりません。「物理的に転送する」とは、つまり**「0」「1」のデジタルデータを物理的な信号に変換して送り届けること**といえます。図7は、そのイーサネットのデータ転送の概要を表したものです。

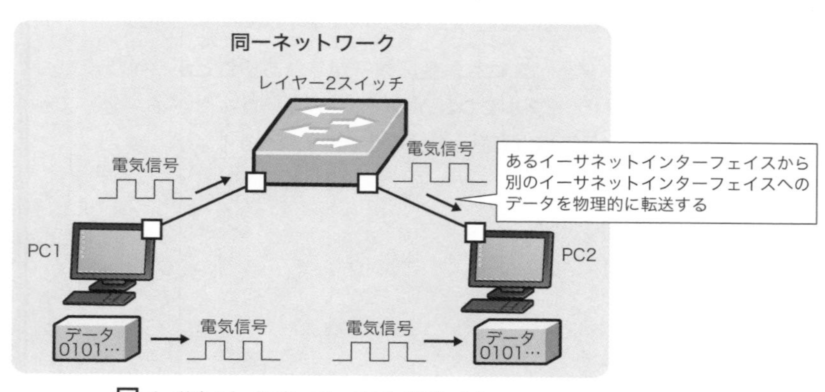

図7　イーサネットのデータ転送の概要

レイヤー２スイッチは、イーサネットにより１つのネットワークを構築するために使われるネットワーク機器です[*5]。図7でPC1とPC2は同じレイヤー２スイッチに接続されているため、同一ネットワークに接続されていることになります。この**同一ネットワークに接続されたPC1のイーサネットインターフェイスからPC2のイーサネットインターフェイスまで、「0」「1」のデータを電気信号などの物理信号に変換して伝えていくこと**がイーサネットのデータ転送なのです。

レイヤー２スイッチには、たくさんのイーサネットインターフェイスが搭載されています。図7では２台のPCのみしかつながっていませんが、実際にはこれよりも多くのPCがレイヤー２スイッチにつながります。また、レイヤー２「スイッチ」は、送信元のイーサネットインターフェイスから受信した物理信号を流すイーサネットインターフェイスを切り替え（スイッチし）て、適切な宛先イーサネットインターフェイスへ物理信号を送り届けます。このとき、レイヤー２スイッチは「0」「1」のデータそのものには変更を加えません。なお、レイヤー２スイッチの転送の仕組みは8-2-1で解説します。

主なイーサネットの規格

イーサネットの規格はIEEE802.3ワーキンググループで定められています。イーサネットの規格名称には「**IEEE802.3**」で始まるものと、「**1000BASE-T**」などの伝送速度と伝送媒体の特徴を組み合わせたものがあります。目にする機会が多いのは、判別しやすい後者の「1000BASE-T」のような規格名称です。それでは、「1000BASE-T」の表記に注目してみましょう。

まず、最初の数字は**伝送速度**を表します（図8）。基本的にMbps単位のため、「1000」の場合は1000Mbps、すなわち1Gbpsの伝送速度のイーサネット規格になります。「BASE」は**ベースバンド方式**という意味です。前述の通り、「0」「1」のデジタルデータは物理的な信号に変換されますが、この物理的な信号には**アナログ信号**と**デジタル信号**の２種類があります。ベースバンド方式は後者のデジタル信号を利用する方式で、現在ではベースバンド方式以外は利

*5　個人ユーザー向けの製品は「スイッチングハブ」と呼ぶことが多いですが、本書では「レイヤー２スイッチ」、または単に「スイッチ」という言葉で統一します。

用しません。「-」以降は、**伝送媒体**（ケーブル）や**物理信号の変換の特徴**を表しています。色々に表記される部分なので、**「T」は伝送媒体にUTPケーブルを利用している**ことを知っておけばよいでしょう。UTPケーブルは、いわゆるLANケーブルで最もよく利用される伝送媒体です。

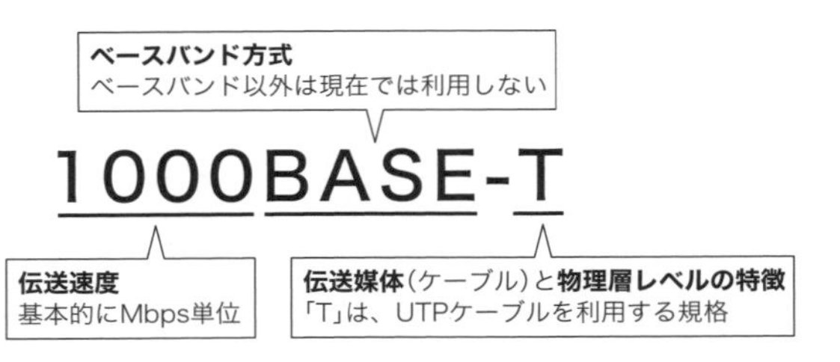

図8　イーサネットの規格名称のルール

表1は、主なイーサネット規格をまとめたものです[*6]。

表1　主なイーサネット規格

規格名称		伝送速度	伝送媒体
IEEE802.3	10BASE5	10Mbps	同軸ケーブル
IEEE802.3a	10BASE2	10Mbps	同軸ケーブル
IEEE802.3i	10BASE-T	10Mbps	UTPケーブル（CAT3）
IEEE802.3u	100BASE-TX	100Mbps	UTPケーブル（CAT5）
	100BASE-FX	100Mbps	光ファイバーケーブル
IEEE802.3z	1000BASE-SX	1000Mbps	光ファイバーケーブル
	1000BASE-LX	1000Mbps	光ファイバーケーブル
IEEE802.3ab	1000BASE-T	1000Mbps	UTPケーブル（CAT5e）
IEEE802.3bz	2.5GBASE-T	2.5Gbps	UTPケーブル（CAT5e）
	5GBASE-T	5Gbps	UTPケーブル（CAT6）
IEEE802.3an	10GBASE-T	10Gbps	UTPケーブル（CAT6A）
IEEE802.3ba	40GBASE-SR4	40Gbps	光ファイバーケーブル
	40GBASE-LR4	40Gbps	光ファイバーケーブル

*6　表に挙げている他にもイーサネット規格はたくさんあります。

表を見ると、様々なイーサネット規格があることがわかります。2024年4月現在、最もよく使われているイーサネット規格は1000BASE-Tで、たいていのPCのイーサネットインターフェイスはこの規格です。1000Mbps、つまり1Gbpsの速度なので、**ギガビットイーサネット**（Gigabit Ethernet）と呼ばれることが多いです。

UTPケーブルとRJ-45インターフェイス

前述の通り、1000BASE-Tのイーサネット規格で利用する伝送媒体はUTPケーブルで、いわゆるLANケーブルです。このUTPケーブルで配線するイーサネットインターフェイスが**RJ-45**で、いわゆるLANポートと呼ばれるものです。それぞれについて詳しく見てみましょう。

■ UTPケーブル

UTPケーブルは、絶縁体の皮膜で覆われている8本の銅線を、ノイズの影響を抑えるために2本ずつよりあわせ4対にしてつくられたケーブルです。このケーブルは、表2のように品質によってカテゴリー分けされています。UTPケーブルの品質とは、**対応できる電気信号の最大周波数のこと**で、周波数が高ければ高いほどより伝送速度の高速な規格に対応できます。

表2　主なUTPケーブルのカテゴリー

カテゴリー	最大周波数	主な用途
カテゴリー 5	100MHz	100BASE-TX
カテゴリー 5e	100MHz	1000BASE-T/2.5GBASE-T
カテゴリー 6	250MHz	5GBASE-T
カテゴリー 6A	500MHz	10GBASE-T
カテゴリー 7	600MHz	10GBASE-T
カテゴリー 7A	1000MHz	10GBASE-T

UTPケーブルには、ストレートケーブルとクロスケーブルの分類もありますが、今ではストレートケーブルを利用することがほとんどのため、それぞれの違いについて気にする必要はありません。こうしたUTPケーブルで、イーサネットインターフェイス同士をつなぐのですが、ケーブルの長さには制約があり、**UTPケーブルは100mまでしかつなげません**。この最大長の制約を守って配線を考えなくてはいけません。どうしても100m以上の長距離の配線が必要になる場合は、光ファイバーケーブルを使うイーサネット規格の利用を検討する必要があります。

RJ-45インターフェイス

UTPケーブルを伝送媒体として使う、最も一般的なイーサネット規格のインターフェイスの形状がRJ-45です。UTPケーブルにあわせて、8本の金属端子（ピン）があり、電気信号（電流）を流す回路を最大で4対つくれます。

RJ-45のイーサネットインターフェイスは、**MDI**と**MDI-X**の2種類に分かれます。PCやサーバーなどのRJ-45イーサネットインターフェイスはMDIで、レイヤー2スイッチやレイヤー3スイッチなどはMDI-Xです。

PCのMDIとレイヤー2／レイヤー3スイッチのMDI-XをUTPケーブル（ストレート）で配線します[*7]。すると、MDIとMDI-Xの間で4組の電気信号（電流）が流れる電気回路ができあがります。外観上はUTPケーブル1本でつながっているように見えますが、実質的には**4本でつながっている**のです（図9）。

この4組の電気回路をどのように使って、電気信号を流しているかはイーサネットの規格によって異なります。1000BASE-Tでは、1組あたり250Mbps分の送信と受信信号を重ねあわせて、合計で1000Mbpsの送信と受信信号を同時に伝送できるようにしています。この送信と受信を同時に行うことを**全二重通信**と呼びます。

*7　MDI同士またはMDI-X同士を配線するときにはクロスケーブルを使います。

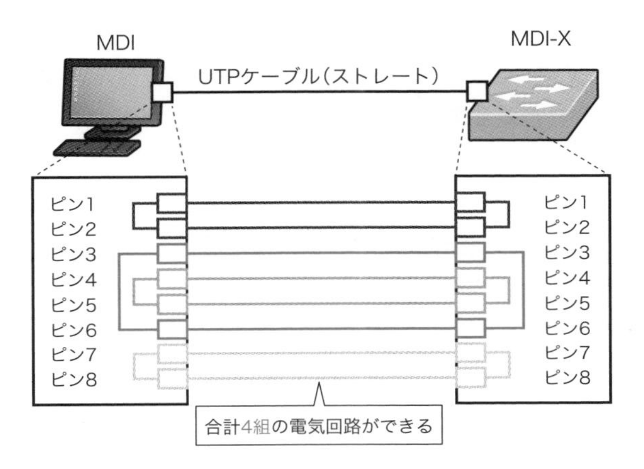

図9 MDIとMDI-Xの配線

イーサネットのフレームフォーマット

イーサネットでデータを転送するためには、イーサネットヘッダーを付加してイーサネットフレームにする必要があります。そのあと、電気や光などの物理的な信号に変換してイーサネットインターフェイスから送り出します。このときのイーサネットフレームのフォーマットは図10の通りです。

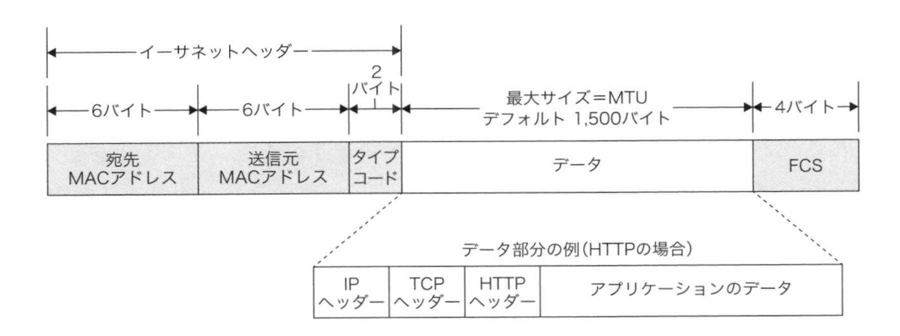

図10 イーサネットのフレームフォーマット

イーサネットヘッダーは、**宛先MACアドレス**、**送信元MACアドレス**、**タイプコード**から構成されます。このイーサネットヘッダーの宛先MACアドレスや送信元MACアドレスを参照して、レイヤー2スイッチはイーサネットフレームの転送処理を行っています。イーサネットフレームを送信するとき、送信元MACアドレスは自分のアドレスのため簡単にわかりますが、宛先MACアドレスはそうはいきません。この**宛先MACアドレスをどのように決めるか**が、イーサネットの通信を考える上で重要です。IPパケットをイーサネットフレームにするときは、宛先MACアドレスを**ARP**（Address Resolution Protocol）で解決します（ARPについては3-3-1で解説します）。ARPとは、**IPアドレスから適切なMACアドレスを求めるためのプロトコル**のことです。

次に、タイプコードは**イーサネットの上位プロトコルを表す数値**です。例えば、上位プロトコルがIPv4のときはタイプコードは「0x0800」で、IPv6のときは「0x86DD」となります。

イーサネットにとってのデータは、そのほとんどがIPパケットです。つまり、図10ではWebブラウザーがHTTPの場合を例にしていますが、アプリケーションのデータにアプリケーションプロトコルのヘッダーが付加され、TCPヘッダーやUDPヘッダー、IPヘッダーが付加されたものが相当します。

このイーサネットフレームのデータ部分の最大サイズを**MTU**（Maximum Transmission Unit）と呼びます。イーサネットのMTUのデフォルトは1,500バイトのため、1つのイーサネットフレームでは1,500バイト分のデータしか転送できません。そのため、大きなサイズのデータは複数に分割する必要がありますが、イーサネット自体にデータを分割する機能はありません。

したがって、多くの場合、イーサネットのMTUサイズである1,500バイト内に収まるように**TCPでデータの分割**が行われます。また、逆にデータ部分の最小サイズも46バイトと決められているので、データ部分のサイズが46～1,500バイト、イーサネットヘッダーとFCSで18バイトのため、イーサネットフレーム全体では64～1,518バイトの可変長のサイズとなります。

次節では、イーサネットと一緒にLANを構築するためのネットワークインターフェイス層プロトコルの無線LAN（Wi-Fi）を見てみましょう。

2-3 やってみよう！

つながっている無線LANのSSIDを見てみよう

無線LANを利用するには、アクセスポイントに接続して、無線LANのグループに参加しなければなりません。このとき、無線LANのグループを識別するのがSSIDです。まずは、このSSIDを確認してみましょう。

Step1 「Wi-Fi設定」を開く

検索ボックスに「Wi-Fi 設定」と入力して、「Wi-Fi 設定」のウィンドウを開きます。

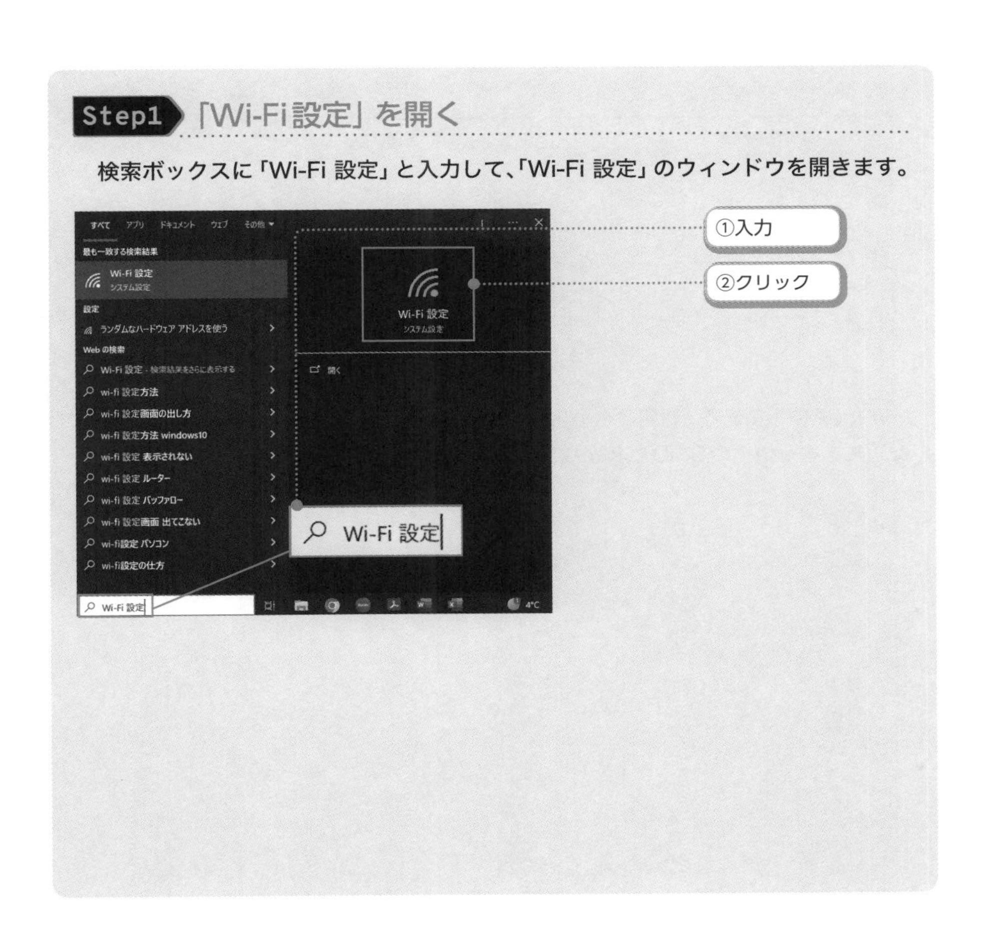

Step2 SSIDを確認する

「Wi-Fi設定」のウィンドウから、PCが接続している無線LANのグループのSSIDがわかります。

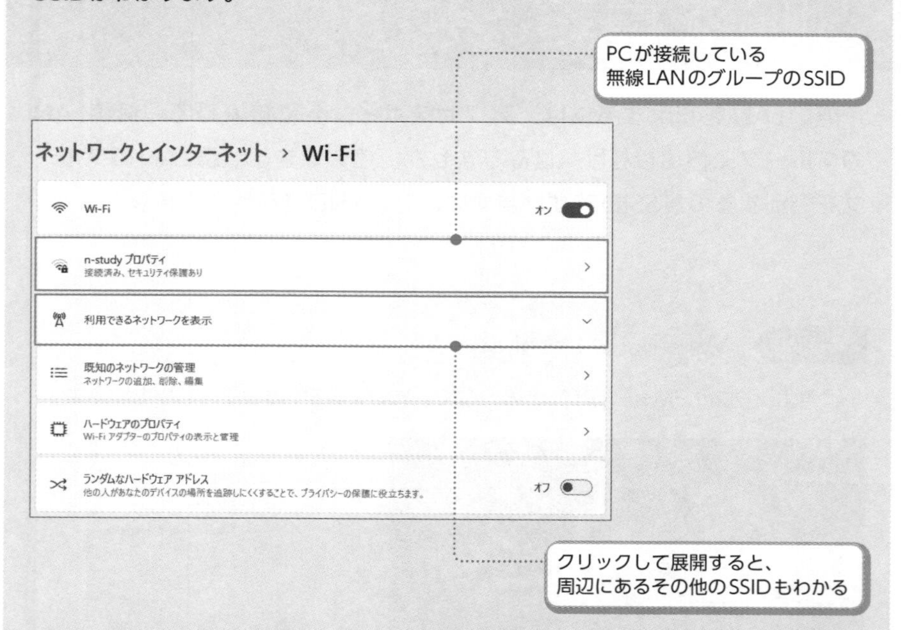

また、その下にある「利用できるネットワークを表示」をクリックして展開すると、周辺にあるその他のSSIDもわかります。

2-3-1 学ぼう！

「無線のネットワーク」無線LAN（Wi-Fi）

無線LAN（Wi-Fi）とは？

無線LANとは、**同一ネットワーク内の無線LANインターフェイス間で「0」「1」のデータを電波として伝えるためのプロトコル**です。無線LANはケーブルが不要なので、非常に簡単に企業の社内や個人ユーザーの家庭内のLANを構築できることが大きなメリットです。スマートフォンの普及に伴って、多くのユーザーがこの無線LANを利用しています。

ただし、電波を使ったデータ転送は、無線LAN以外の他の電波と干渉してしまったり、遮蔽（しゃへい）物によって電波が届かなくなったりするので、不安定になることがあります。そのため、多くのユーザーがいる企業の社内LANでは、無線LANの通信速度を確保できるように適切な機器の配置を考えなくてはいけません。また、有線のイーサネットに比べるとセキュリティリスクが大きくなるので、セキュリティ対策も考える必要があります。

無線LANの仕組みのキーワード

まずは、無線LANの仕組みをざっくりと理解するために、次のキーワードを理解しておきましょう（図11）。

- **アクセスポイント**
- **クライアント**
- **SSID**（Service Set IDentifier）
- **アソシエーション**

アクセスポイントは、**無線LANで通信するためのグループを決める機器**です。親機と呼ぶこともあります。以前は、アクセスポイント単体を購入して無線LANを利用することが多かったですが、今ではルーターにアクセスポイントの機能が備わっている（無線LANルーター）ことも珍しくありません。

クライアントは、PCやスマートフォン／タブレットなどの**無線LANを利用してデータを送受信する機器**です。子機とも呼びます。アクセスポイントやクライアントはMACアドレスで識別します。つまり、アクセスポイントやクライアントとは、正確には**無線LANのインターフェイス**のことです。

さて、アクセスポイントで決めた無線LANのグループのことを、**ESS**（Extended Service Set）と呼びます。このESSを識別するためのSSIDという文字列もアクセスポイントで設定します。同じSSIDのアクセスポイントとクライアントの間で、「0」「1」のデータを電波として伝えます。「やってみよう！」で確認したものがこのSSIDです。アクセスポイントの電波は拡散して伝わるため、PCが接続しているアクセスポイントのSSIDだけでなく、周辺のアクセスポイントのSSIDも見えてしまいます[*8]。また、1台のアクセスポイントに複数のSSIDを設定することもできます。

アクセスポイントでは、利用する電波の周波数（チャネル）も設定します。個人ユーザー向けのアクセスポイントであれば、SSIDもチャネルもあらかじめ設定されていますが、必要があれば変更することも可能です。その場合、SSIDは自分で見つけやすい文字列を設定したほうがよいでしょう。チャネルは利用可能なものを自動的に検出して設定されていることがほとんどです。

クライアントは無線LANを利用するために、アクセスポイントへ接続する必要があります。アクセスポイントへ接続することを**アソシエーション**と呼び、有線イーサネットのケーブル接続に相当します。まず、SSIDを指定してアクセスポイントへアソシエーションします。アソシエーションすることでアクセスポイントとクライアントは、**電波を送受信する相手となるMACアドレスを正しく認識できる**ようになります。また、アソシエーション時に、**接続しようとしているクライアントを認証すること**もできます。認証することで、第三者が勝手にアクセスポイントにつなげられないようにしているため、現在では必ず認証するものと考えてください。

1台のアクセスポイントだけでは、広い範囲をカバーする無線LANをつくることはできません。1台のアクセスポイントでカバーできる範囲は、周囲

*8　アクセスポイントによっては、SSIDを見せないようにしています。

の環境にもよりますが数十～最大100メートル程度です。そこで、必要に応じて複数のアクセスポイントを連携させる必要があります。

この複数のアクセスポイントを相互接続する仕組みを**ディストリビューションシステム**と呼びます。ディストリビューションシステムでは、多くの場合、有線イーサネットを利用するため、アクセスポイントは有線イーサネットと接続することになります*9。したがって、複数のアクセスポイントを適切に配置すれば、移動していても途切れずに無線LANの通信を継続できます。

以上のように、無線LANはアクセスポイントを中心として成り立っています。クライアントと他のクライアントとの間のデータ転送も、クライアントと有線イーサネットとの間のデータ転送もアクセスポイントが中継します。こうしたアクセスポイントを中心とする無線LANの形態がESS*10で、インフラストラクチャーモードとも呼びます*11。

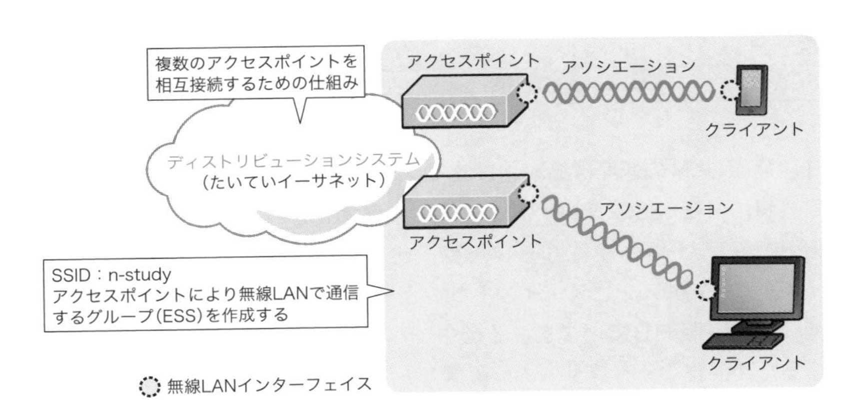

図11　無線LANのキーワード

*9　ディストリビューションシステムとして、無線LANを利用できるようにするのが「メッシュ」です。本書でメッシュについては詳しく触れません。

*10　1台のアクセスポイントを中心とした形態をBSS（Basic Service Set）と呼びます。

*11　アクセスポイントがない無線LANの形態をIBSS（Independent Basic Service Set）、またはアドホックモードと呼びます。

主な無線LAN規格

無線LAN規格は、IEEE802.11ワーキンググループが標準化しており、規格名称は「IEEE802.11」で始まります。多くの規格が定められているのですが、その中でも、無線LANのデータの送受信に関わる規格を表3にまとめています。

表3　主な無線LAN規格

規格名称	周波数帯域	最大伝送速度	標準化年
IEEE802.11	2.4GHz帯	2Mbps	1997年
IEEE802.11a	5GHz帯	54Mbps	1999年
IEEE802.11b	2.4GHz帯	11Mbps	1999年
IEEE802.11g	2.4GHz帯	54Mbps	2003年
IEEE802.11n	2.4/5GHz帯	600Mbps	2009年
IEEE802.11ac	5GHz帯	6.93Gbps	2013年
IEEE802.11ax	2.4/5/6GHz帯	9.6Gbps	2021年

現在、無線LANの速度は高速化されて、有線イーサネットと遜色ないレベルです。特に、IEEE802.11n以降から著しく高速化されています[*12]。

IEEE802.11ワーキンググループで標準化した規格に沿って、様々なベンダー（メーカー）がアクセスポイントやクライアントといった無線LAN製品を開発、製造、販売しています。その中でベンダーごとに規格の解釈に相違が起こるため、異なるベンダーの製品間だとつながらないこともあります。

そこで、Wi-Fi Allianceという業界団体が立ち上がり、無線LAN製品の相互接続を認証するようになりました。相互接続性を確認できた製品には、**Wi-Fi認証**が与えられ、図12のようなロゴを製品につけて販売することが認められます。そのため、このWi-Fiロゴがついて

図12　Wi-Fi認証の与えられた製品につくWi-Fiロゴ

*12　IEEE802.11nで複数のアンテナを組み合わせるMIMO（Multiple Input Multiple Output）が導入されて、無線LANの高速化に大きく寄与しています。

いる製品であれば、**ベンダーが違っていても相互接続できる**ことになるのです。

表4　Wi-Fi AllianceによるWi-Fi規格の表現

IEEE規格	Wi-Fi
IEEE802.11n	Wi-Fi4
IEEE802.11ac	Wi-Fi5
IEEE802.11ax	Wi-Fi6/6E

さて、この「IEEE802.11」で始まる無線LAN規格はこのままでは判別しにくいものです。例えば、「IEEE802.11n」と「IEEE802.11ax」を挙げたときに、「新しくて高速なものはこっち！」だとわかる人はあまり多くありません。そのため、Wi-Fi Allianceでは無線LANの規格をよりわかりやすくするために「Wi-Fi」と表現するようにしています。IEEE802.11n以降の規格を表4のように表して、新しい規格であることが一目でわかるようにしています。

このように表現されると、「Wi-Fi4」よりも「Wi-Fi5」「Wi-Fi6」のほうがより新しい規格で速度も高速になっていることが一目瞭然です。今では「Wi-Fi」という言葉は無線LANの代名詞となっています。

無線LANのセキュリティ

有線イーサネットよりもセキュリティリスクが大きいため、無線LANの通信では特にセキュリティを確保することが重要です。無線LANのセキュリティリスクには、次のようなことが考えられます（図13）。

- **不正な第三者がデータを盗聴／改ざんするかもしれない**
- **不正な第三者がアクセスポイントに勝手につなげるかもしれない**
- **不正な第三者が立てた偽のアクセスポイントにつないでしまうかもしれない**

無線LANの電波は、送信元の機器のそばにいれば受信できます。不正な第三者が電波を傍受して盗聴したり、データを改ざんできたり、アクセスポイントの電波が届く範囲であれば接続できてしまうかもしれません。

また、スマートフォンがアクセスポイントになるように、アクセスポイントを立てることはとても簡単です。不正な第三者が立てた偽のアクセスポイントにつなげると、盗聴やデータの改ざんをされるだけでなく、ユーザーが使うSNSなどのアカウント情報までもが盗まれる危険性があります[*13]。

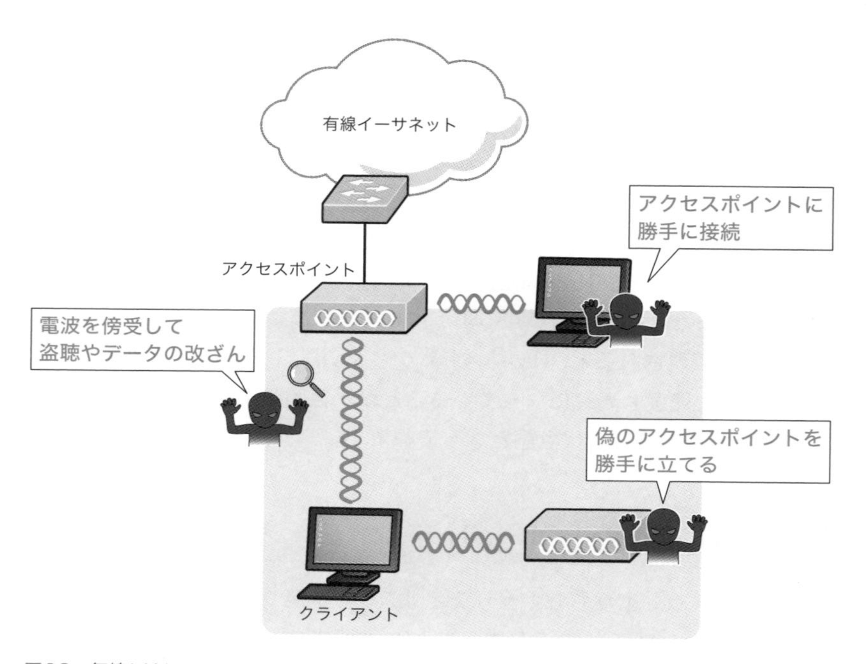

図13 無線LANのリスク

こうした無線LANのリスクに対しては、主に次のセキュリティ対策ができます（図14）。

*13 偽のアクセスポイントに接続するだけで、すぐにアカウント情報が盗まれるわけではありませんが、非常に危険です。

- **暗号化**
- **認証**
- **IDS**（Intrusion Detection System）

1つ目の対策は**無線LANで転送するデータの暗号化**です。暗号化するときは、改ざんチェック用のデータも付加します。暗号化すれば、たとえ電波を傍受されたとしてもデータの中身は不正な第三者にはわかりません。また、改ざんされたとしても、改ざんチェックで発見して改ざんされたかもしれないデータを破棄することができます。

2つ目の対策ですが、無線LANでデータを転送するには、クライアントはまずアクセスポイントへアソシエーションする必要があります。このとき、**アクセスポイントで認証を行うと、不正なクライアントがアソシエーションできなくなります**。また、クライアントにとって認証が有効なものは、勝手に立てられた不正なアクセスポイントではないことの目安にもなります[*14]。

3つ目の対策のIDSは、**勝手に立てられた不正なアクセスポイントを検出すると管理者へ通知してくれるシステム**です。ただし、IDSの不正アクセスポイントの検出には別途ネットワーク管理システムなども必要で、個人ユーザーや規模が小さい社内ネットワークへ導入するにはハードルが高くなるため、**無線LANのセキュリティ対策は暗号化と認証が中心**となります。

*14 認証が有効だったとしても、不正な第三者が立てた偽のアクセスポイントの可能性はあります。

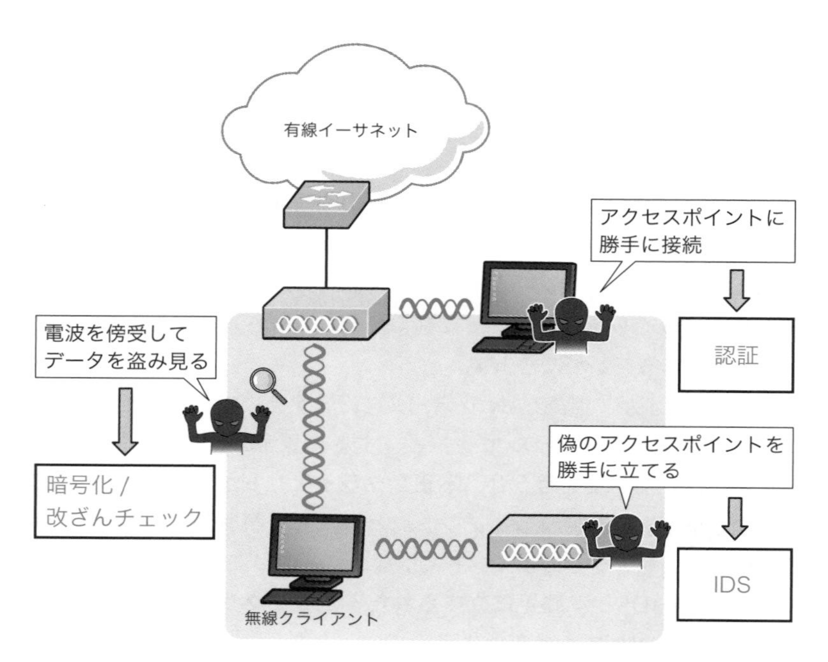

図14　主な無線LANのセキュリティ対策

無線LANのセキュリティ規格

無線LANのセキュリティ規格は、IEEE802.11iで標準化されています。そして、Wi-Fi AllianceはIEEE802.11iの標準規格にもとづいて、製品に実装しているセキュリティ規格を**WPA**（Wi-Fi Protected Access）**規格**と呼んでいます。2024年4月現在、よく利用されているWPA規格は**WPA2**と**WPA3**です。WPA2の問題点を改善したものがWPA3となります。

WPA2/WPA3には、認証の仕組みをどのように実現するかによってパーソナルかエンタープライズという言葉がつきます。WPA2/WPA3の暗号化と認証の仕組みを表5でまとめています。

表5　WPA2/WPA3の暗号化と認証の仕組み

規　格	暗号化方式	認証方式
WPA2パーソナル	CCMP	PSK認証
WPA2エンタープライズ	CCMP	IEEE802.1x認証
WPA3パーソナル	GCMP-256	SAE認証
WPA3エンタープライズ	GCMP-256 （CNSA準拠）	IEEE802.1x認証

また、図15はWindows OSでの無線LANセキュリティの設定オプション画面です。いくつかのセキュリティ設定を選択できることがわかります。

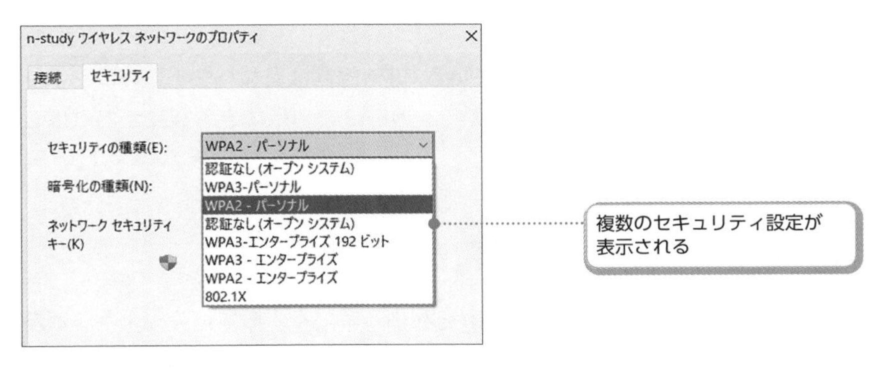

図15　Windows OSでの無線LANセキュリティの設定オプション

さて、再び表5を見てみましょう。中央の列にまとめている暗号化方式とは、データを暗号データにするための暗号化アルゴリズムと改ざんを検出する完全性チェックの仕組みです。**CCMP**（Counter mode with CBC-MAC Protocol）や**GCMP**（Galois/Counter Mode Protocol）では、暗号化アルゴリズムに**AES**（Advanced Encryption Standard）を採用しています。同じアルゴリズムを使っていますが、CCMP/GCMPでは暗号化に用いる暗号鍵のビット長などのパラメーターや完全性チェックの仕組みが異なります。

次に、右の列にまとめている認証方式を見ていきます。**PSK**（Pre Shared Key）**認証**とは共通パスワードを利用する認証のことで、**SAE**（Simultaneous Authentication of Equals）**認証**も同様に共通パスワードを利用します。あらかじめアクセスポイントとクライアントで同じパスワードを設定しておくことで、正規のユーザーかどうかを確認します。IEEE802.1x認証は認証サーバーを利用する認証のことで、認証サーバーにユーザーのアカウント情報を一元管理します。ユーザーの認証要求はアクセスポイントから認証サーバーへ転送されて、認証サーバーで正規のユーザーであることを確認します。

このことから「パーソナル」とは**手軽なパスワード認証を行う方式**のもので、個人ユーザーや中小規模の企業ネットワークでの利用を想定していることがわかります。一方、「エンタープライズ」は認証サーバーを追加で導入する必要があるためハードルが高いものの、**より強固で柔軟なユーザー認証ができます**。したがって、エンタープライズ、すなわち、規模が大きい企業ネットワークでの利用を想定しています。

なお、製品によってサポートしているWPA規格は異なります。WPA2よりもWPA3のほうがよりセキュアなので、WPA3を利用できる製品があればこちらを利用しましょう。

Bluetoothと携帯電話回線

無線LANだけでなく、**Bluetooth**を利用している人も多いでしょう。どちらも身近な無線通信技術ですが、用途や範囲が異なります。Bluetoothの主な用途と通信できる範囲は次のようになります（図16）。

用途：**主に周辺機器の接続、IoT機器のネットワーク接続**
通信範囲：**10メートル程度**

Webブラウザーなどの一般的なTCP/IPのアプリケーションのデータを、電波として転送する用途でBluetoothを利用することはほとんどありません。主にワイヤレスイヤホンやワイヤレスキーボード／マウス、ゲーム機のコントローラーなどで利用します。10メートル程度のとても狭い範囲にある、ユーザーの周辺機器を電波で接続して利用することから、Bluetoothのネットワークは**PAN**（Personal Area Network）とも呼ばれています。また、Bluetoothの機器は消費電力が少ないという特徴もあります。一方、無線

LANに比べると通信速度はずっと低速です。Bluetoothには表6のようにいくつかのバージョンがあり、バージョンごとに通信速度が異なります。

表6 Bluetoothのバージョンごとの通信速度

バージョン	通信速度
Bluetooth1.x	1Mbps
Bluetooth2.x	3Mbps（＋EDR）
Bluetooth3.x	24Mbps
Bluetooth4.x （BLE：Bluetooth Low Energy）	1Mbps
Bluetooth5.x	2Mbps

また、Bluetoothは**IoT**（Internet of Thins）**機器**にも利用します。PC／スマートフォン／サーバーだけでなく、あらゆるモノをネットワーク（インターネット）に接続して制御できるようにするのがIoTです。

例えば、温度計や湿度計などのセンサー機器をネットワークに接続して、リアルタイムで気象の変化に応じた制御ができるようにします。センサーで検知する情報のサイズはそれほど大きくありませんが、電力の確保が難しいという問題があります。そのため、無線LANのように高速な通信ができるよりも、消費電力が小さいBluetoothのほうが向いているのです。特に、Bluetooth4.x BLEは消費電力が小さくIoT機器向けのバージョンです。

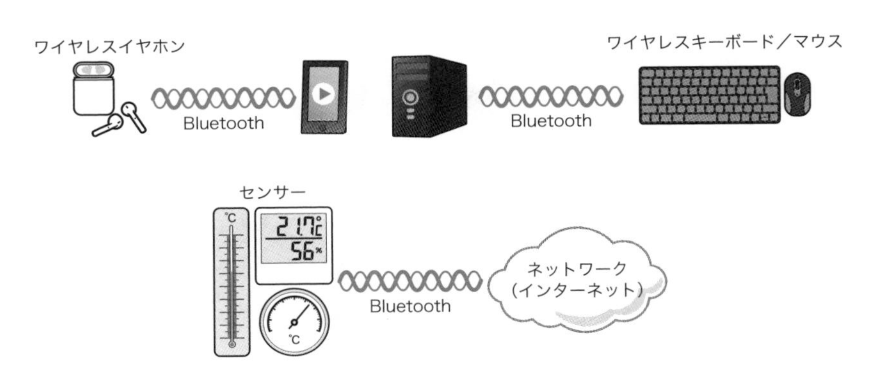

図16 Bluetoothを利用する主な機器

携帯電話回線の主な用途と通信範囲

無線LANやBluetoothに加えて、携帯電話回線（4G LTE/5G）もよく利用する無線通信技術です。主に次の用途と通信範囲で利用します（図17）。

用途：**音声通話サービス、インターネットアクセス**
通信範囲：**数キロメートル程度**

携帯電話回線の主な用途は、音声通話サービスとインターネットアクセスです。どちらも携帯電話回線上でTCP/IPを利用しており、基地局から数キロメートル程度の範囲で通信ができます。

音声通話サービスとは、特定の相手と電話するサービスのことです。携帯電話事業者の携帯電話網は相互接続しており、異なる携帯電話事業者間のユーザーでも音声通話ができます。固定電話網との音声通話も可能です。

インターネットアクセスとは、文字通りインターネットへアクセスして検索することやSNSなどを利用することです。今では音声通話サービスよりも、インターネットアクセスの用途で利用するほうが多いでしょう。携帯電話事業者は**ISP**（Internet Service Provider）でもあるため、ユーザーはスマートフォンのみで直接インターネットへ接続できます。

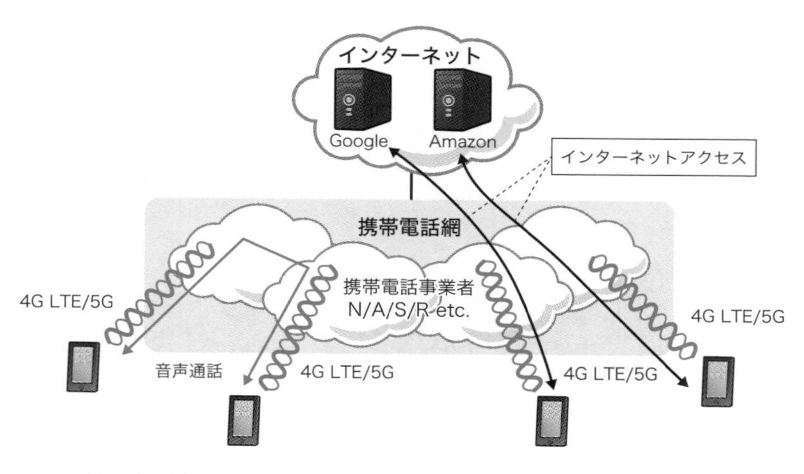

図17 携帯電話回線の用途（4G LTE/5G）

ギガが減る？ 減らない？

スマートフォンでインターネットに接続するときに、「ギガが減る」という表現を耳にすることがよくあります*15。「ギガが減る」とは、「契約上通信可能なデータ量を消費した」ことを意味します。スマートフォンの料金プランによって、月々に通信可能なデータ量が決まっており、例えば「月額980円で3ギガバイト」などです。2024年4月現在の一般的な料金プランでは通信可能なデータ量は、ギガバイト単位になっています。

上記の例であれば、3ギガバイトを超えるデータ量の通信を行うと、通信速度が制限されてしまいます。これが「ギガがない」という状態です。すると、ゲームどころかWebサイトを見ることすらままならないようになります。ギガがなくなってしまったら、ギガを増やす（追加で通信可能なデータ量を購入する）か、月が変わるまで我慢しなければなりません。Wi-Fiか4G/5Gの携帯電話回線かによって、ギガの消費は次のように異なります。

- Wi-Fi = ギガが減らない
- 4G/5G = ギガが減る

ギガが減るかどうかは、結局、通信に料金がかかっているかどうかの違いです。**Wi-Fiの通信には料金がかからないのでギガは減らず、4G/5Gの携帯電話回線の通信には料金がかかるためギガは減ります。**

Wi-Fiでのインターネット接続は、**すでにインターネットに接続しているネットワークに相乗りすること**になります（図18）。例えばWi-Fiでインターネット接続する場面に多い、自宅の場合で考えてみます。自宅でスマートフォンからWi-Fiをオンにしてインターネットに接続できたとします。これは、自宅のルーターまたはWi-Fiアクセスポイントといった機器と電波を送受信している状態です。Wi-Fiでルーターを介して自宅のネットワークに接続し、自宅で契約しているインターネット回線に相乗りしている状態となります。自宅のインターネット回線には通信料金がかかりますが、ルーターまでのWi-Fiの通信には料金がかかりません。ルーターは基本的に自前で購入する

---

*15 よく使われる「ギガが減る」という表現は本来のギガの意味から少し外れた言い回しです。ギガとは、本来基礎となる単位の10^9（10億）倍を示す接頭辞にすぎないからです。

ものであり、Wi-Fiの電波はライセンスフリーで利用できるからです。したがって、Wi-Fiの通信には料金がかからず、「ギガが減らない」のです。

一方、4G/5Gの携帯電話回線は無料で利用できません。携帯電話事業者が膨大な投資をして携帯電話基地局を設置してつくり上げた、携帯電話サービスのネットワークだからです。また、携帯電話の通信で利用する電波はライセンス制で誰でも利用できるわけではありません。

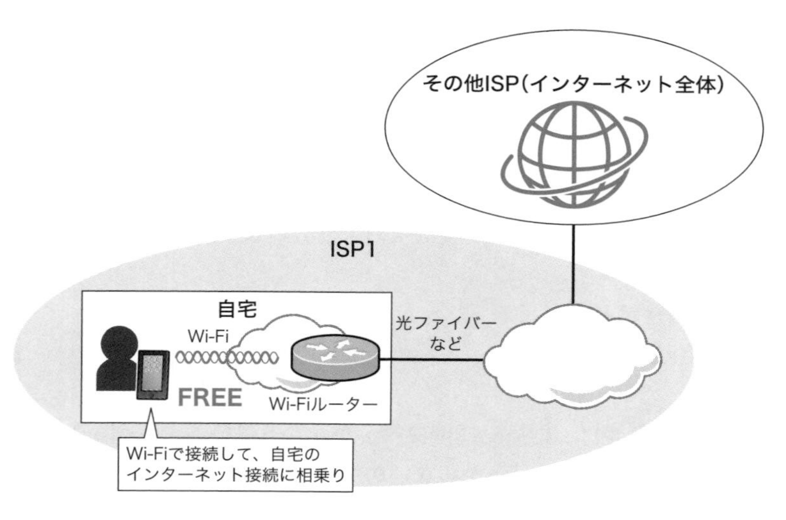

図18 Wi-Fiでのインターネット接続

4G/5Gでインターネット接続を行うとき、スマートフォンが電波を送受信する機器は携帯電話基地局です（図19）。この基地局を通じて携帯電話事業者のネットワークに所属することで、インターネットへアクセスできるようになります。また、携帯電話事業者は全国で携帯電話サービスを提供しているので、どこにいても4G/5Gの携帯電話回線を利用してインターネットへアクセスすることができます。

このような携帯電話事業者が膨大な投資をしている携帯電話サービスのネットワークを利用するために、ユーザーは適切な料金を支払わなければなりません。つまり、4G/5Gの携帯電話回線を利用したインターネット接続の場合は料金がかかるため、「ギガが減る」ことになります。

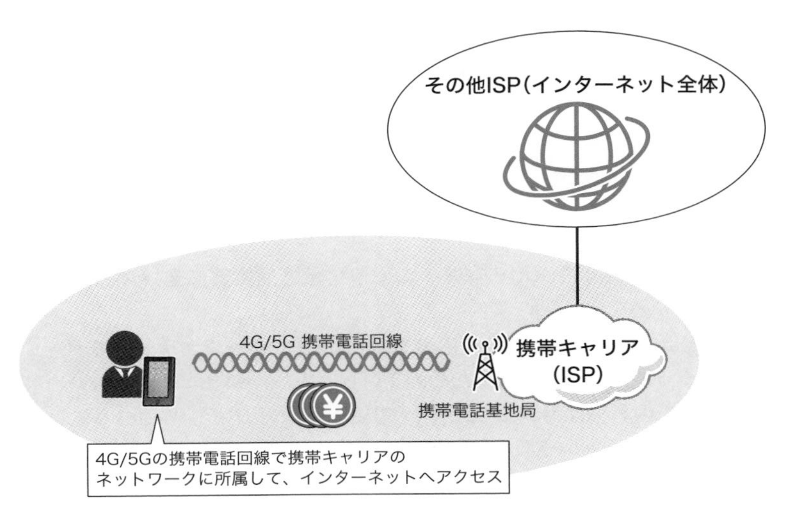

図19 4G/5Gの携帯電話回線でのインターネット接続

無線LAN（Wi-Fi）/Bluetooth ／携帯電話回線のまとめ

ここまで無線LAN（Wi-Fi）に加えて、身近な無線通信技術としてBluetoothと携帯電話回線の概要を解説してきました。これら3つの特徴を表7にまとめたので、あらためておさらいしておきましょう。

表7 Wi-Fi/Bluetooth ／携帯電話回線の概要

無線通信技術	用 途	範 囲	通信料金
Wi-Fi	無線でのLAN構築 （個人の家庭内ネットワーク／企業の社内ネットワーク）	数十～100メートル程度	無料
Bluetooth	周辺機器の接続 IoT機器のネットワーク接続	10メートル程度	無料
携帯電話回線	音声通話サービス インターネットアクセス	数キロメートル程度	有料

第2章のまとめ

- 企業の社内ネットワークや個人ユーザーの家庭内ネットワークは、イーサネットと無線LAN（Wi-Fi）を組み合わせて構築する
- イーサネットと無線LANは、「0」「1」の論理的なデータを物理的な信号として伝えるためのプロトコル。物理的な信号の送信元と宛先インターフェイスを識別するためにMACアドレスを利用する
- イーサネットとは、同じネットワーク内のイーサネットインターフェイス間でデータを物理的に転送する
- イーサネットの規格は1000BASE-Tのように伝送速度と伝送媒体がわかるようにしている
- 無線LANとは、同一ネットワーク内の無線LANインターフェイス間で「0」「1」のデータを電波として伝えるためのプロトコル
- 無線LANの規格名称は「IEEE802.11」で始まるが、Wi-Fi Allianceはわかりやすく「Wi-Fi」という名称を利用している
- 無線LANの通信を行うためには、アクセスポイントへアソシエーションする。アクセスポイントで設定している無線LANのグループをSSIDと呼ぶ

練習問題

Q1 個人ユーザーや企業の社内ネットワークでデータを物理的な信号で伝えるためのプロトコルはどれですか。次から2つ選択してください。

A HTTPS　**B** FTP　**C** イーサネット　**D** 無線LAN

Q2 MACアドレスのビット数はいくつですか。

A 32ビット　**B** 48ビット　**C** 64ビット　**D** 128ビット

Q3 UTPケーブルを挿すイーサネットインターフェイスの形状はどれですか。

A RJ-45　**B** RJ-15　**C** RS-232C　**D** ISDN

Q4 イーサネットフレームのMTUはいくつですか。

A 500バイト　**B** 1000バイト
C 1500バイト　**D** 2000バイト

Q5 無線LANで通信するためのグループを決める機器はどれですか。

A SSID　**B** WPA
C クライアントステーション　**D** アクセスポイント

Q6 無線LANのセキュリティの標準規格はどれですか。

A IEEE802.11　**B** WEP
C CCMP　**D** AES

解答　**A1.** C、D　**A2.** B　**A3.** A　**A4.** C　**A5.** D　**A6.** A

Chapter

03

IPアドレスについて学ぼう

～データはどこからどこへ？～

IPアドレスで「0」「1」のデータの宛先と送信元を特定するため、ネットワークの仕組みを理解する上で、IPアドレスはとても重要です。本章では、IPアドレスについて詳しく見ていきましょう。IPv4アドレスを中心にIPv6アドレスについても触れていきます。

3-1 やってみよう！

PCのIPアドレスを確認してみよう

IPでデータを転送するためには、必ずIPアドレスが必要です。ここでは、PCのIPアドレスを確認しましょう。

Step1 コマンドプロンプトを開く

ツールバーの検索ボックスに「cmd」と入力して、コマンドプロンプトを開きます。

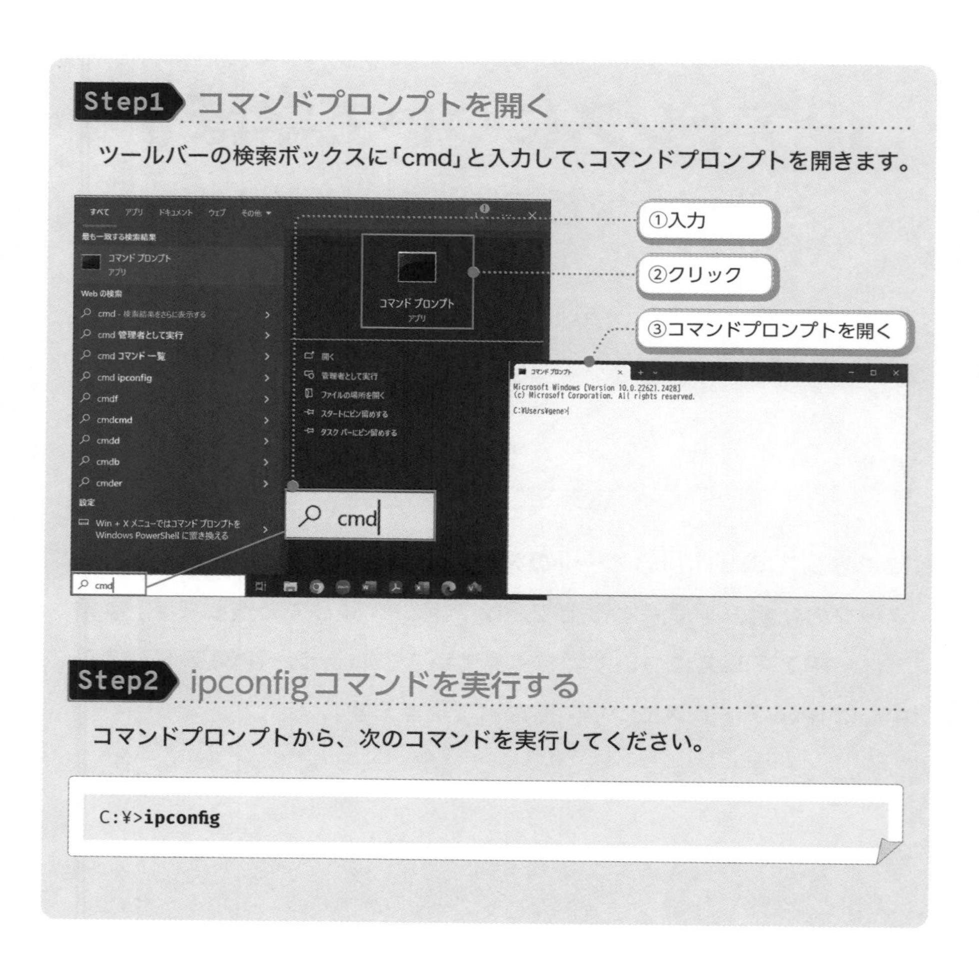

Step2 ipconfigコマンドを実行する

コマンドプロンプトから、次のコマンドを実行してください。

```
C:¥>ipconfig
```

Step3 IPアドレスを確認する

ipconfig コマンドの表示結果から、IPアドレスを確認します。次のipconfigコマンドのサンプル内の「イーサネット アダプター イーサネット」または「Wireless LAN adapter Wi-Fi」の部分に注目します[*1]。「IPv4アドレス」がPCのインターフェイスに設定されているIPアドレスです。

```
C:¥Users¥gene>ipconfig
Windows IP 構成
イーサネット アダプター イーサネット:
   接続固有の DNS サフィックス.: lan
   IPv6 アドレス    : fda4:6d8e:4537:97a4:8843:ba67:6ded:7962
   一時 IPv6 アドレス .......: fda4:6d8e:4537:97a4:4daf:2737:cf10:a6b1
   リンクローカル IPv6 アドレス: fe80::e3be:e39b:c799:e58f%19
   IPv4 アドレス ...........: 192.168.1.215
   サブネット マスク .........: 255.255.255.0
   デフォルト ゲートウェイ.....: 192.168.1.1
～省略～
Wireless LAN adapter Wi-Fi:
   接続固有の DNS サフィックス.: lan
   IPv6 アドレス ...........: fda4:6d8e:4537:97a4:4a9f:45f4:f2b4:7e36
   一時 IPv6 アドレス .......: fda4:6d8e:4537:97a4:50e3:f504:ff7d:4d03
   リンクローカル IPv6 アドレス: fe80::d449:4cb3:ec6e:9278%18
   IPv4 アドレス ...........: 192.168.1.232
   サブネット マスク .........: 255.255.255.0
   デフォルト ゲートウェイ.....: 192.168.1.1
～省略～
```

*1 利用しているPC環境によって表示が異なります。有線イーサネットのみであれば「イーサネットアダプター イーサネット」だけを見てください。無線LANのみであれば「Wireless LAN adapter Wi-Fi」だけを見てください。

3-1-1 学ぼう！

IP (Internet Protocol) とは何か？

IPアドレスについて考える前に、そもそもIP（Internet Protocol）とは何かを考えましょう。IPは、**「0」「1」のデータを転送するためのプロトコル**です。IPを利用すると物理的にどんなに離れていても、「0」「1」のデータを適切な宛先まで送り届けることができます。IPによって、送信元から最終的な宛先までデータを送ることを**エンドツーエンド通信**と呼びます。

IPによるデータの転送はとてもシンプルです。データにIPヘッダーを付加しIPパケットにして、ネットワークに送り出すだけです。すると、宛先までの経路上にあるルーター／レイヤー3スイッチがIPヘッダーを確認して、適切な宛先まで転送（ルーティング）してくれます*2。**図1**は、PC1からサーバー1へIPでデータを転送する様子を簡単に示しています。PC1は、データに宛先IP（DIP）と送信元IP（SIP）を指定したIPヘッダーを付加して、ネットワークに送り出します。

ここで注意したいのが、IPだけでは実際にデータが届かない点です。「0」「1」のデータは最終的に電気信号や電波などの物理信号として伝えなければいけません。ところが、IPには「0」「1」のデータを物理信号に変換して伝える機能はありません。そのため、**IPだけでなくイーサネット／無線LAN（Wi-Fi）といったネットワークインターフェイス層プロトコルを組み合わせる**必要があります*3。また、IPでのデータの転送は論理的なものなので、物理的な距離の制約はありません。どんなに物理的に距離が離れていても、IPでのデータの転送ができます。ただし、そのための前提としてネットワークインターフェイス層のプロトコルによって、物理的な信号が伝えられるようになっていることと、経路上のルーターのルーティングが正しく行われている必要があります。

---

*2 ルーターやレイヤー3スイッチがIPパケットを転送することを「ルーティング」と呼びます。ルーティングについては8-3-1で詳しく解説します。

*3 図1では、IPとイーサネット／無線LANを組み合わせている様子を省略しています。

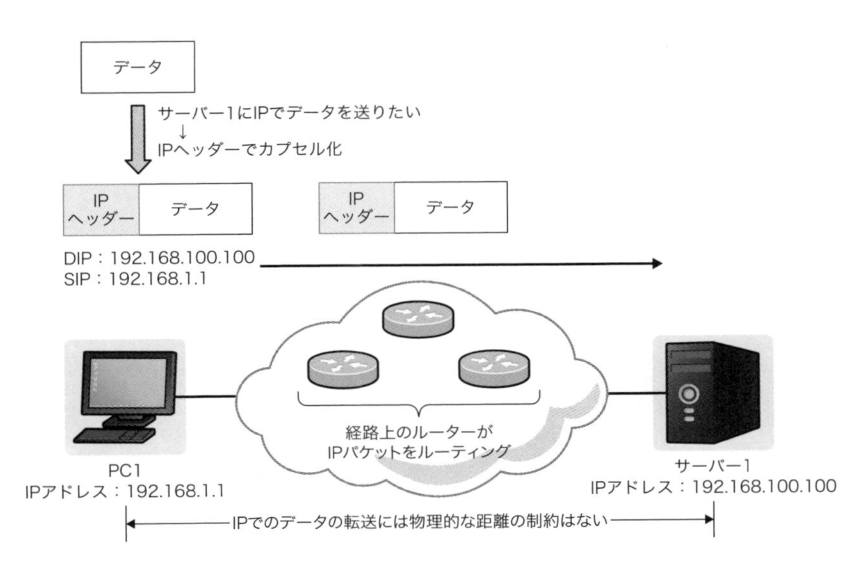

図1　IPによるデータの転送

IPv4ヘッダーのフォーマット

IPでデータを転送するために付加するIPv4ヘッダーのフォーマットは図2のようになります。

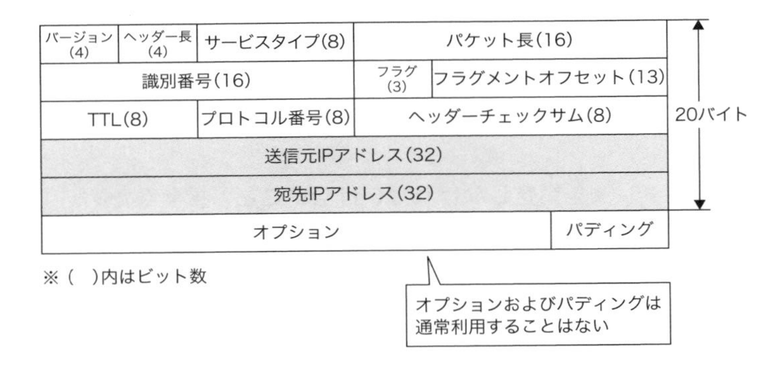

バージョン(4)	ヘッダー長(4)	サービスタイプ(8)	パケット長(16)	
識別番号(16)			フラグ(3)	フラグメントオフセット(13)
TTL(8)		プロトコル番号(8)	ヘッダーチェックサム(8)	
送信元IPアドレス(32)				
宛先IPアドレス(32)				
オプション				パディング

図2　IPv4ヘッダーのフォーマット

IPヘッダーには色々な情報が含まれていますが、本書ではこれらすべての詳細について触れません。次の表1に、IPヘッダー内の情報について概要をまとめています。

表1 IPヘッダーに含まれる情報の概要

IPヘッダー内の情報	概要
バージョン	「4」で固定
ヘッダー長	4バイト単位のIPヘッダー長を示す。通常、ヘッダーサイズは20バイトのため「5」になる
サービスタイプ	IPパケットの優先度を示す。8ビットのうち6ビットをDSCP(Differential Service Code Point)として、0～63の64通りの優先度を決められる
パケット長	IPヘッダーを含めたIPパケットの全体の長さを示す
識別番号	IPにはデータの分割機能があり、IPで分割したとき、どのように分割しているかを示す
フラグ	
フラグメントオフセット	
TTL	IPパケットが経由できる最大のルーター台数。ルーターがIPパケットを転送するたびに1ずつ減らして、TTLが0になると破棄する
プロトコル番号	IPにとっての上位プロトコルの種類を示す数値。TCPであれば「6」、UDPであれば「17」
ヘッダーチェックサム	IPヘッダーのエラーチェックを行うための情報
送信元IPアドレス	送信元のIPアドレス
宛先IPアドレス	宛先のIPアドレス
オプション	データ転送以外の付加機能のためのフィールドだが、現在ではオプションを付加することはほとんどない
パディング	IPヘッダーのサイズを4バイト単位にするための意味のない情報

宛先/送信元IPアドレスを指定しなければいけないことが重要なため、この点を詳しく掘り下げていきます。

まず、IPを利用すると必ずIPヘッダーを付加することになります。そして、そのIPヘッダーにはIPアドレスを必ず指定しなければいけません。一般のユーザーには意識させないようにしていますが、Webブラウザーなどのアプリケーションを利用するときは必ずIPアドレスを指定しています。

3-1-2 学ぼう！

IPアドレスとは何か？

それでは、IPでデータを転送するために重要なIPアドレスを見ていきます。IPアドレスとは、**TCP/IPにおいて通信相手となるホストを識別するための32ビットの識別情報**です。ここでいう「ホスト」とは、TCP/IPを使いデータを送受信する機器を意味するTCP/IPの用語です。具体的には、PC／スマートフォン／サーバー、ルーター、レイヤー3スイッチなどです。

IPアドレスは32ビットなので、図3のように「0」と「1」が32個並ぶことになります。ビットが羅列してあると、パッと見たときにわかりにくいため、8ビットずつ10進数に変換して「.」で区切って表記します。8ビットの10進数は0～255なので、0～255の数字を「.」で区切り4つ並べたものがIPアドレスの一般的な表記です。この表記は**ドット付き10進数表記**と呼びます。

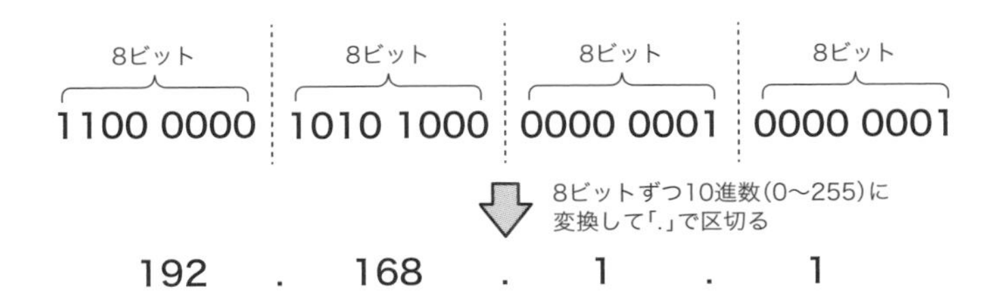

図3　IPアドレスの表記

IPアドレスはホストを識別するための情報です。設定するときにはイーサネットなどのインターフェイスに関連付けて設定しています。そのため正確にはホスト、つまりPCやスマートフォンそのものを識別しているのではなく、「ホストのインターフェイス」をIPアドレスで識別しているのです。例えば、ノートPCに有線イーサネットインターフェイスと無線LANインターフェイスがあれば、それぞれにIPアドレスを設定でき、ノートPCのイーサネットインターフェイスと無線LANインターフェイスをIPアドレスで識別します。

また、MACアドレスをもつイーサネットやWi-FiのインターフェイスにIPアドレスを設定すると、IPアドレスとMACアドレスを関連付けられます。これにより、IPから「0」と「1」の論理的なデータを送り届けるとき、どのインターフェイスに物理的な信号が伝わればよいかがわかります。図4は、有線イーサネットインターフェイスにIPアドレスを設定するときの例です。

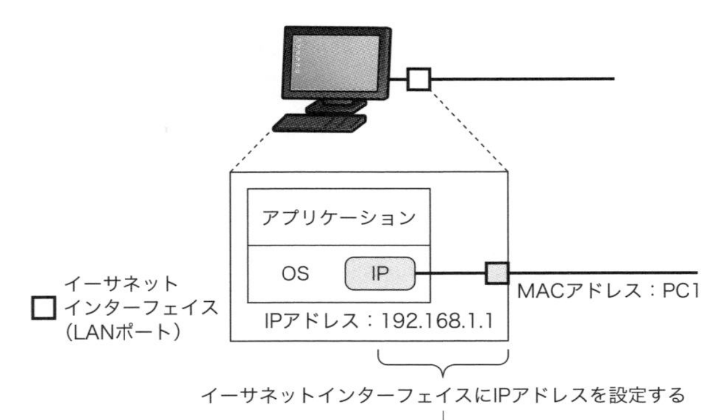

図4　IPアドレス設定の例

図4では、MACアドレス「PC1」のイーサネットインターフェイスに IPアドレス「192.168.1.1」を設定しています。つまり、IPアドレス「192.168.1.1」へ「論理的なデータ」を送り届けるためには、MACアドレス「PC1」のイーサネットインターフェイスに、イーサネットの「物理的な信号」が伝わればよいことを示しています。

IPアドレスは、イーサネットやWi-Fiのインターフェイスに設定して、IPアドレスとMACアドレスを関連付けます。そのため、IPアドレスとMACアドレスの対応は常に一定ではなく、変わる可能性があります。

そこで、IPアドレスとMACアドレスが「今」どのような対応になっているかをきちんとわかっておかなければいけません。特に、宛先IPアドレスとMACアドレスの対応を把握しておく必要があります。このIPアドレスとMACアドレスの対応を調べることを**アドレス解決**と呼びます。そして、アドレス解決を行うためのプロトコルが**ARP**（Address Resolution Protocol）です。ARPによって、**同じネットワーク内のIPv4アドレスに対応するMACアドレスを求めること**ができます（ARPの詳細は、3-3-1で解説します）。

データの宛先は1つ？　それとも複数？

IPアドレスは様々な観点から分類することができます。その観点の1つが**通信の用途**です。具体的には、データの宛先が1つか、それとも複数であるかの違いがあり、主に次の3つの用途があります。

- **ユニキャスト**
- **ブロードキャスト**
- **マルチキャスト**

ユニキャストとは**1対1の通信**です。ブロードキャストは、**同一ネットワーク上のすべてのホストへ一括してデータを送信する通信**です。そして、マルチキャストは**特定のグループに含まれる複数のホストへ一括してデータを送信する通信**です。特定のグループとは、例えば、同じアプリケーションを動作させているホストなどです。

それぞれの通信の仕組みを詳しく見ていきましょう。まず、PC／スマートフォンやサーバー、ルーターなどホストに設定するIPアドレスはすべてユニキャストIPアドレスです。図5のようにユニキャストの通信をする、つまり特定のホストだけにデータを送信するときには、宛先ホストのユニキャストIPアドレスを宛先IPアドレスに指定します。

宛先IPアドレスにブロードキャストIPアドレスを指定すると、次はブロードキャストの通信を行います（図6）。同じネットワーク内のすべてのホストにデータを一括で送信したいときに、ブロードキャストを利用します。後ほど詳しく解説するARPは、ブロードキャストを利用するプロトコルの代表的な例です。

同様に、マルチキャストIPアドレスを宛先IPアドレスにするとマルチキャストの通信を行います（図7）。マルチキャストを行うためには、マルチキャストグループを決めます。マルチキャストグループは色々な形で定義することができます。

　例えば、同じアプリケーションを動作させているホストをマルチキャストグループにします。そして、マルチキャストグループに対するマルチキャストアドレスを決めます。そのマルチキャストアドレスを宛先IPアドレスにすれば、グループ内のホストだけが受信できるようになります。マルチキャストの宛先になる複数のホストは必ず同じネットワーク上にある必要はありません。なお、前述のように宛先IPアドレスはブロードキャストIPアドレスやマルチキャストIPアドレスになることもありますが、**送信元IPアドレスは必ずユニキャストIPアドレスのまま**であることを知っておきましょう。

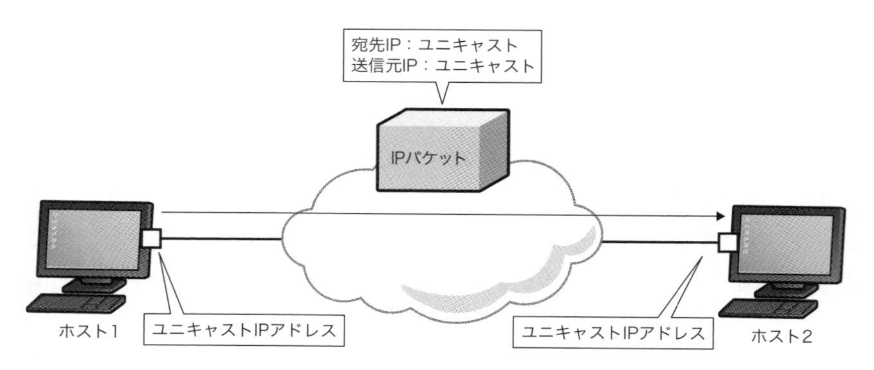

図5　ユニキャストIPアドレスの仕組み

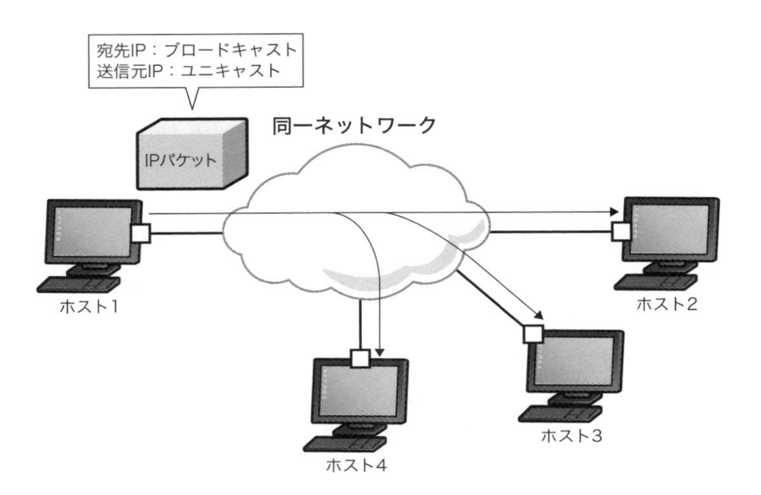

図6　ブロードキャストIPアドレスの仕組み

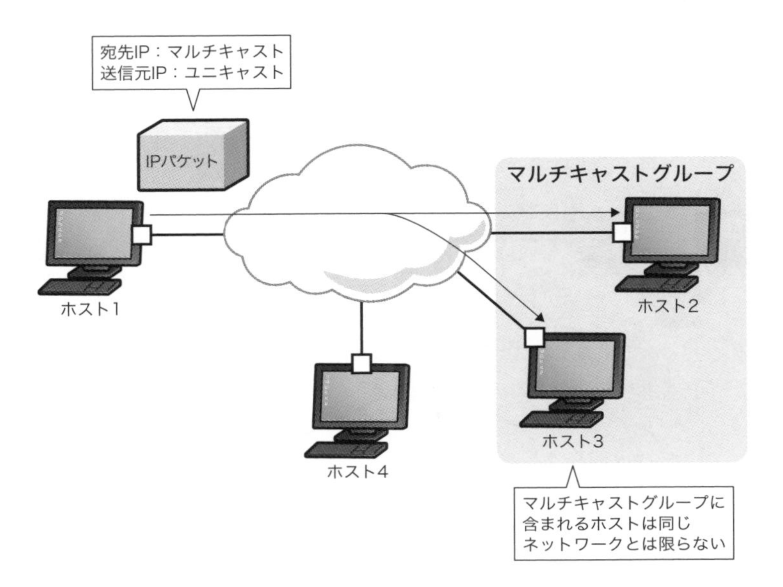

図7　マルチキャストIPアドレスの仕組み

ユニキャストIPアドレスとは？

TCP/IPの通信の大部分は、前述のユニキャスト通信が担います。そのため、ユニキャストIPアドレスをしっかりと理解することが重要です。以降、ユニキャストIPアドレスは簡略化のため、「IPアドレス」と表記します。

IPアドレスは、**ネットワークアドレス**と**ホストアドレス**で構成されています（図8）*4。社内ネットワークやインターネットでは、複数のネットワークをルーターやレイヤー3スイッチで相互接続しています。そこでIPアドレスはネットワークアドレスでネットワークを、ホストアドレスでネットワーク内のホスト（のインターフェイス）を識別します。つまり、IPアドレスを見れば**どのネットワークのどのホスト（のインターフェイス）**かがわかるのです。

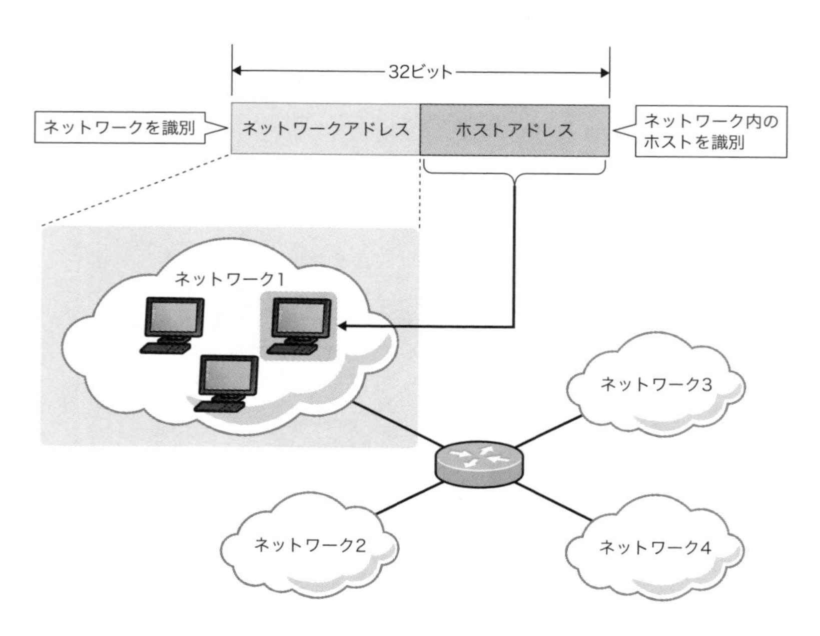

図8　IPアドレスの構成

*4　ネットワークアドレスは「ネットワーク部」、ホストアドレスは「ホスト部」とも表現されます。

IPアドレスは、ネットワークアドレスとホストアドレスの区切り方が変わる点が複雑です。区切り方をどのように決めるかによって、IPアドレスはさらに次のように分類できます。

- **クラスフルアドレス（クラスA/B/C）**
- **クラスレスアドレス**

クラスフルアドレスは、初期のIPアドレスのネットワークアドレスとホストアドレスの区切りの決め方です。IPアドレスをクラスA/B/Cに分類して、表2のように8ビット単位でネットワークアドレスとホストアドレスの区切りをわかりやすく決めています。

表2　クラスA/B/Cの区切り

クラス	区切り	先頭の10進数の範囲*5
クラスA	8ビット	1～126*6
クラスB	16ビット	128～191
クラスC	24ビット	192～223

次の3つのIPアドレスを例に考えてみましょう（図9）。

- 10.10.10.10
- 172.16.1.1
- 192.168.1.1

「10.10.10.10」は、先頭の10進数「10」が1～126の範囲なので、クラスAのIPアドレスです。クラスAの区切りは8ビットのため、「10」がネットワークアドレスで、残りの「10.10.10」がホストアドレスだとわかります。

*5　先頭の10進数が「127」「224～255」の範囲はユニキャストIPアドレスとして設定できません。

*6　「127」は「ループバックアドレス」へ利用するために予約されています。ループバックアドレスは「127.0.0.1」と表記し、自分自身のことを表します。

「172.16.1.1」は、先頭の10進数「172」が128 ～ 191の範囲なので、クラスBのIPアドレスです。クラスBの区切りは16ビットのため半分で分けて、「172.16」がネットワークアドレス、「1.1」がホストアドレスとなります。

「192.168.1.1」は、先頭の10進数「192」が192 ～ 223の範囲なので、クラスCのIPアドレスです。クラスCの区切りは24ビットのため、ネットワークアドレスは「192.168.1」、ホストアドレスは「1」となります。

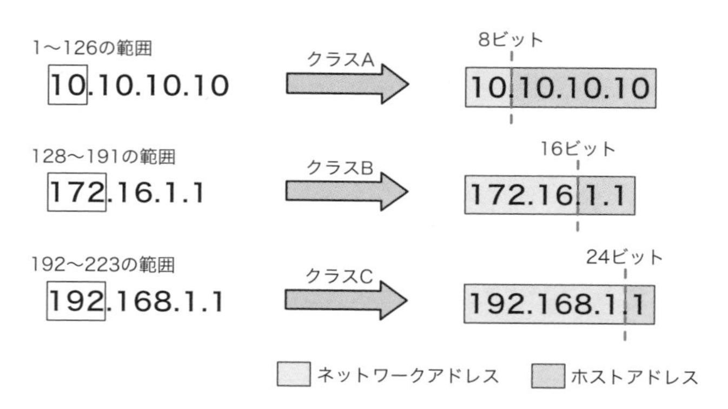

図9　クラスフルアドレスの例

しかし、このようなクラスフルアドレスを現在では利用しません。クラスフルアドレスは、8ビット単位で区切られていてわかりやすいのですが、アドレスの無駄が多いため、現在はクラスレスアドレスを利用します。

クラスレスアドレスでは、**ネットワークアドレスとホストアドレスの区切りをサブネットマスクで明示的に決めます**。

次節からは、クラスレスアドレスとサブネットマスクについて詳しく見ていきましょう。

3-2 やってみよう！

サブネットマスクの設定を間違えた場合を見てみよう

サブネットマスクでIPアドレスのネットワークアドレスがわかります。サブネットマスクの設定を間違えたらどうなるかを見てみましょう。

Step1 2台のPCを接続しよう

まず2台のPCを使います。2台のPCを直接LANケーブルで接続してください。

Step2 正しいサブネットマスクを設定しよう

PCのIPアドレスを次のように設定します。このIPアドレスとサブネットマスクが正しい設定です。

PC	IPアドレス	サブネットマスク
PC1	192.168.2.100	255.255.255.0
PC2	192.168.2.200	255.255.255.0

IPアドレスの設定は、ツールバーの検索ボックスに「ncpa.cpl」と入力してncpa.cplのアイコンをクリックします。

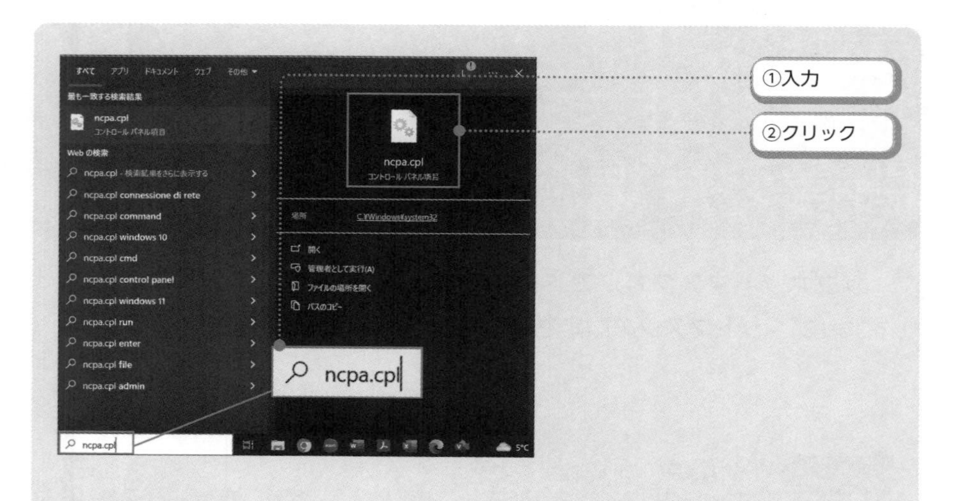

次に、「イーサネット」を右クリックして[プロパティ]を開きます。

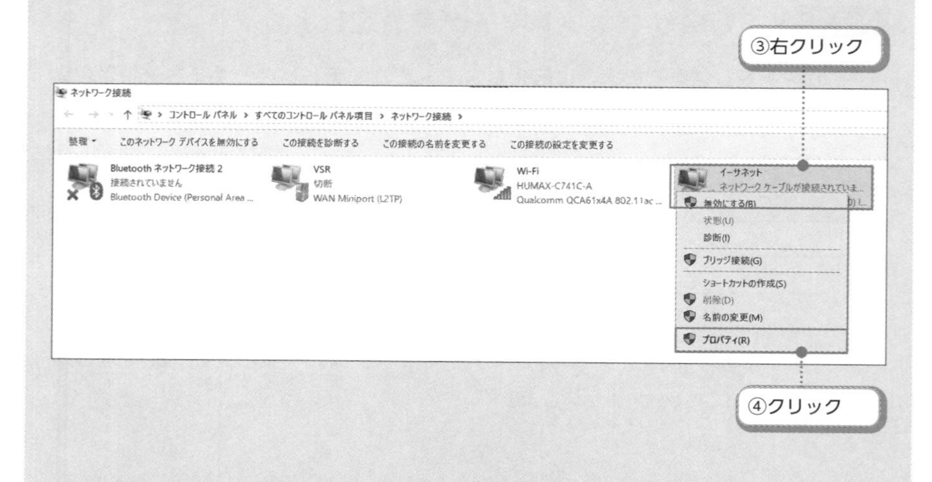

[イーサネットのプロパティ]から[インターネット プロトコル バージョン 4 (TCP/IPv4)]を選択して、[プロパティ]をクリックします。[インターネット プロトコル バージョン 4 (TCP/IPv4) のプロパティ]からIPアドレスとサブネットマスクを設定します[*7]。

*7 設定をもとに戻せるように、この画面の設定内容を控えておいてください。

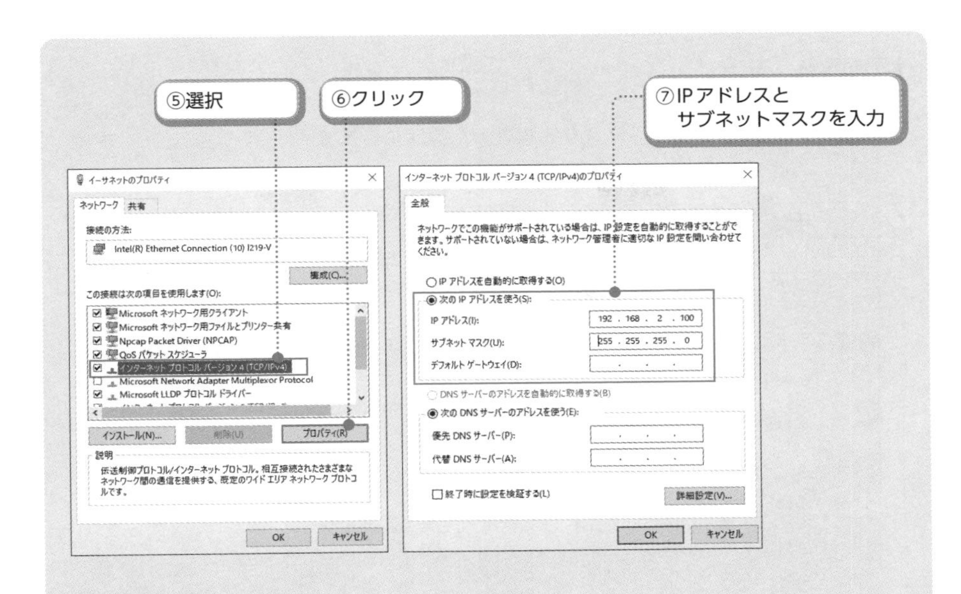

Step3 通信確認

コマンドプロンプトを開き、pingコマンドでPC1とPC2間で通信できるかを確認します。

```
C:¥Users¥gene>ping 192.168.2.200

192.168.2.200 に ping を送信しています 32 バイトのデータ:
192.168.2.200 からの応答: バイト数 =32 時間 <1ms TTL=128
192.168.2.200 からの応答: バイト数 =32 時間 <1ms TTL=128
192.168.2.200 からの応答: バイト数 =32 時間 <1ms TTL=128
192.168.2.200 からの応答: バイト数 =32 時間 <1ms TTL=128

192.168.2.200 の ping 統計:
    パケット数: 送信 = 4、受信 = 4、損失 = 0 (0% の損失)、
ラウンド トリップの概算時間 (ミリ秒):
    最小 = 0ms、最大 = 0ms、平均 = 0ms
```

正しいIPアドレスとサブネットマスクの設定のときは、pingの応答が正常に返ってきて通信できます。

Step4 間違ったサブネットマスクで通信する

次は、PC1のサブネットマスクを間違った設定にします。

PC	IPアドレス	サブネットマスク
PC1	192.168.2.100	**255.255.255.128**

間違った設定でPC1からPC2へpingを実行します。

```
C:¥Users¥gene>ping 192.168.2.200

192.168.2.200 に ping を送信しています 32 バイトのデータ：
192.168.1.37 からの応答： 宛先ホストに到達できません。
192.168.1.37 からの応答： 宛先ホストに到達できません。
192.168.1.37 からの応答： 宛先ホストに到達できません。
192.168.1.37 からの応答： 宛先ホストに到達できません。

192.168.2.200 の ping 統計：
    パケット数： 送信 = 4、受信 = 4、損失 = 0 (0% の損失)、
```

すると、pingの応答が返らず通信ができなくなったことがわかります。pingの結果の表示は、演習を行う環境によって異なる場合があります。そのため、pingの応答が正常に返ってこなくなったことが確認できればよいです。

それでは、この「やってみよう！」で変更したサブネットマスクがどういったものなのかについて詳しく見ていきましょう。

3-2-1 学ぼう！

クラスレスアドレスとサブネットマスク

　クラスレスアドレスとは、**IPアドレスの前半のネットワークアドレスと後半のホストアドレスの区切りをサブネットマスクによって決める考え方**です。8ビット単位にこだわらずにネットワークアドレスとホストアドレスの区切りを決めることで、IPアドレスの無駄を少なくします（図10）。

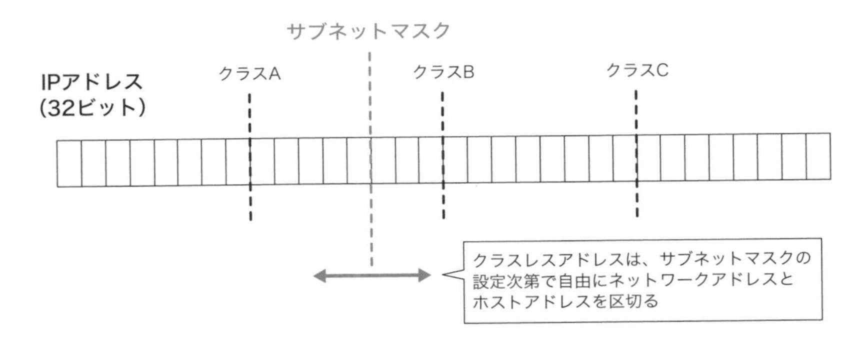

図10　クラスレスアドレスの区切り

　このクラスレスアドレスでは、IPアドレスを設定するときに必ずサブネットマスクも設定する必要があります。図11のように、**サブネットマスクはIPアドレスと同じく32ビットで「1」と「0」が32個**並びます。**ビット「1」に対応する部分はネットワークアドレス**、**ビット「0」の部分はホストアドレス**を表します。サブネットマスクは必ず連続した「1」と「0」が並ぶので、「1」と「0」が交互に並ぶようなサブネットマスクは正しくありません。しかし、IPアドレスと同じようにビットの並びだけではわかりづらいので、サブネットマスクも8ビットずつ10進数に変換して「.」で区切り表記します。または、**プレフィックス表記**という「/」に続くビット「1」の連続する個数で表記する場合もあります。

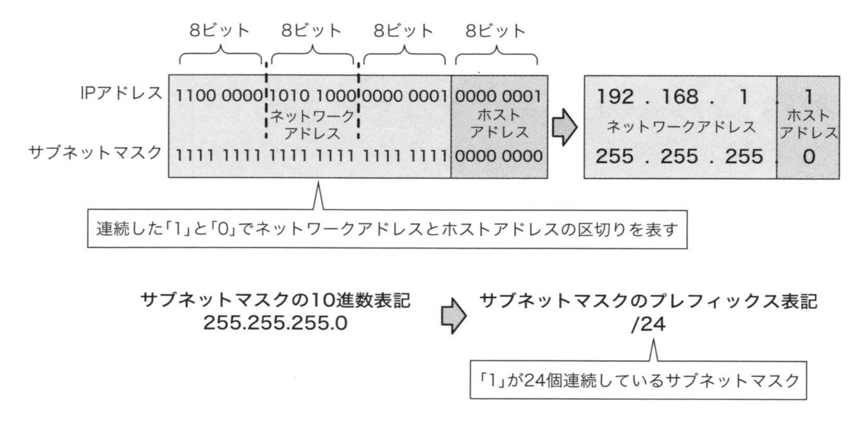

図11 サブネットマスクの例

ネットワークアドレスとブロードキャストアドレス

IPアドレスの前半部分がネットワークアドレスだと解説しましたが、通常ネットワークアドレスは、**後半部分のホストアドレスのビットをすべて「0」で埋めた32ビット全体のこと**を指します。また、ホストアドレスのビットをすべて「1」で埋めると、今度は**同一ネットワーク上にデータを一括で送信するブロードキャスト通信で使うブロードキャストアドレス**となります*8。

具体的に見ていきましょう。図12は、ネットワークアドレスとブロードキャストアドレスの概要をまとめたもので、1つのネットワークに3台のホストが接続している状態を表しています。まず、同じネットワーク上のホストには共通のネットワークアドレスのIPアドレスを設定する必要があります。

*8 ブロードキャストアドレスは、32ビットすべてを「1」で埋めた「255.255.255.255」としてもOKです。

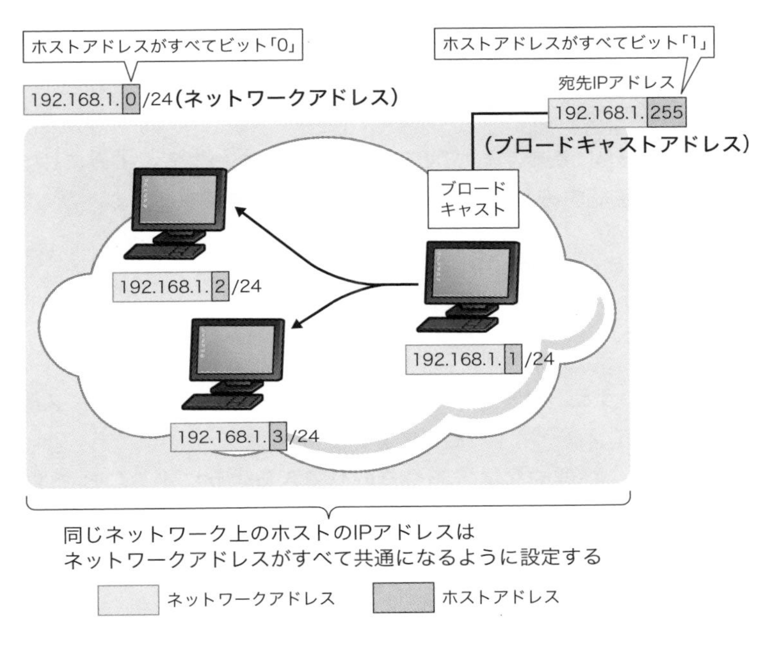

図12　ネットワークアドレスとブロードキャストアドレス

ネットワークを設計するときは、ネットワークごとにネットワークアドレスを決めます。図の「192.168.1.0/24」などです。「/24」とあるので、24ビット目でネットワークアドレスとホストアドレスを区切ります。このとき、ホストアドレスのビットをすべて「0」で埋めると、ネットワークアドレスは「192.168.1.0/24」となります。このネットワークにつながるホストがすべて共通のネットワークアドレスとなるようにIPアドレスを設定するので、「192.168.1」まで共通したIPアドレスにして、「192.168.1.1/24」「192.168.1.2/24」「192.168.1.3/24」のように設定します。

そして、「192.168.1.1/24」のホストから、同じネットワーク上のすべてのホストへデータを一括送信したいときは、宛先IPアドレスとしてホストアドレスをすべて「1」で埋めた「192.168.1.255」を指定します。

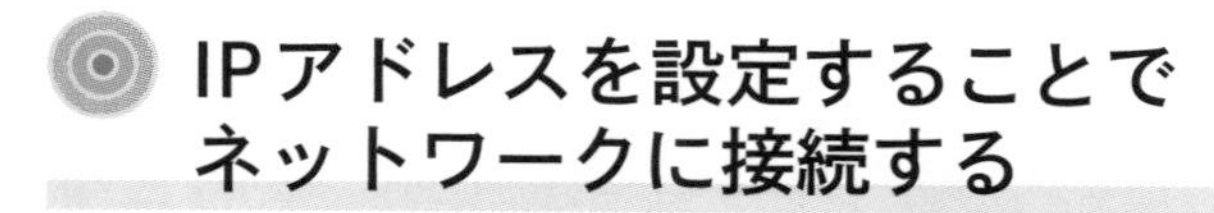

IPアドレスを設定することでネットワークに接続する

ここで「ネットワークに接続する」ことについて、あらためて考えてみましょう。ネットワークに接続するときには主に次の2つの段階があります。

①**物理的な接続**
②**論理的な接続**

TCP/IPの階層でいうと、物理的な接続はネットワークインターフェイス層で、論理的な接続はインターネット層です。

物理的な接続とは、**物理的な信号をやり取りできるようにすること**です。イーサネットのインターフェイスにLANケーブルを挿したり、無線LANアクセスポイントへ接続したり、携帯電話基地局の電波を捕捉したりするなどして、物理的な信号をやり取りできるようにしなければなりません。ただし、それだけではなく論理的な接続として**IPアドレスの設定**も必要です。

現在は、TCP/IPをネットワークの共通言語として使っており、TCP/IPでIPアドレスを指定して通信を行います。そのため、IPアドレスがなければ通信そのものができません。ホストにIPアドレス「192.168.1.1/24」を設定することで、そのホストは「192.168.1.0/24」のネットワークに接続したことになります（図13）。

IPアドレスの設定は、ITにあまり詳しくないユーザーにはハードルが高いかもしれません。DHCP[*9]などで自動設定を行い、ユーザーにIPアドレスの設定を意識させない仕組みもありますが、**IPアドレスの設定まで行ってはじめて「ネットワークに接続」した**といえることはぜひ知っておいてください。

*9　DHCPはIPアドレスなどの設定を自動的に行うためのプロトコルです。詳細は6-2-1で解説します。

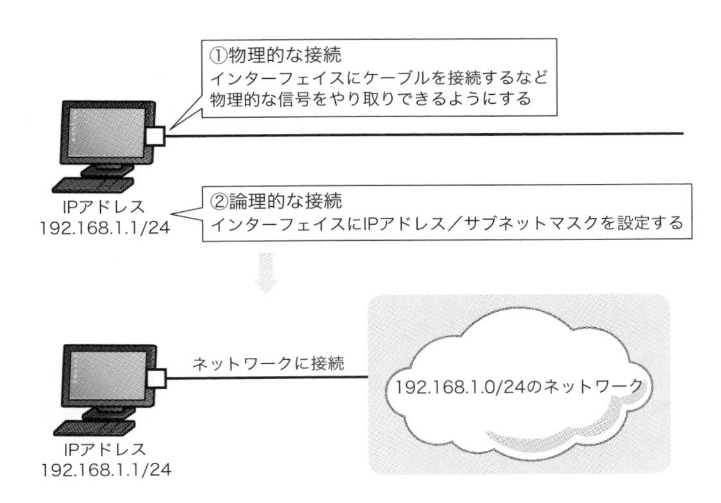

図13　「ネットワークに接続する」ということ

「やってみよう！」についての補足

ここで、「やってみよう！」の内容を振り返ります。同じネットワークのホストには、同じネットワークアドレスのIPアドレスを設定しなければなりません。このとき、ホストは**設定されているIPアドレスとサブネットマスクから、同じネットワークのIPアドレスであるかを判断しています**。

「やってみよう！」のPC1では、Step2のときIPアドレスとサブネットマスクを「192.168.2.100」「255.255.255.0」に設定しています。そして、その設定から判断できるPC1のネットワークアドレス、また同じネットワークのIPアドレスの範囲は表3の通りです。

表3　PC1の正しいサブネットマスクの設定

設定する情報	PC1の設定
IPアドレス	192.168.2.100
サブネットマスク	255.255.255.0
ネットワークアドレス	192.168.2.0/24
同じネットワークのIPアドレス範囲	192.168.2.1 ～ 192.168.2.254

そのため、PC1のIPアドレス「192.168.2.100」とPC2のIPアドレス「192.168.2.200」は同じネットワークのIPアドレスと認識されます。正しいサブネットマスクであれば、PC1とPC2はお互いに同じネットワークとみなすのでpingは成功します（**図14**）。

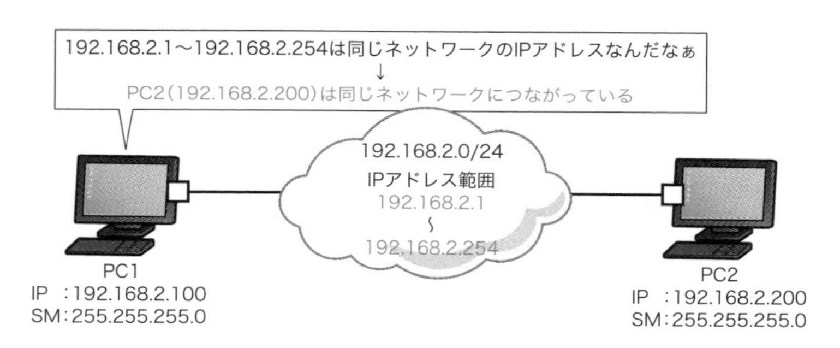

図14　正しいサブネットマスクのとき

Step4ではあえてPC1に誤ったサブネットマスク「255.255.255.128」を設定します。すると、PC1のネットワークアドレスと同じネットワークのIPアドレスの範囲は**表4**のようになります。

表4　PC1の間違ったサブネットマスクの設定

設定する情報	PC1の設定
IPアドレス	192.168.2.100
サブネットマスク	255.255.255.128
ネットワークアドレス	192.168.2.0/25
同じネットワークのIPアドレス範囲	192.168.2.1 ～ 192.168.2.126

サブネットマスクを間違えると、PC1のIPアドレス「192.168.2.100」とPC2のIPアドレス「192.168.2.200」は同じネットワークのIPアドレスではないという認識になります。そのため、pingは失敗します（図15）。

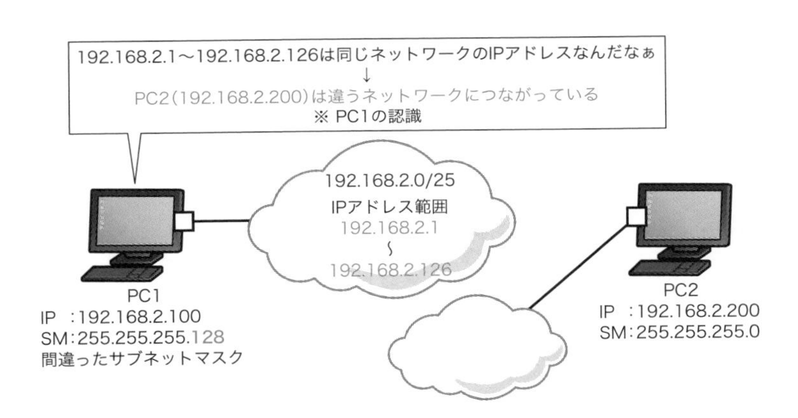

図15　間違ったサブネットマスクのとき

正しい設定のPC2から見ると、PC1は同じネットワークにつながっている認識です。しかし、PC1で間違った認識になっているため、双方向の通信は成立しません。そのため、前述の通り**同じネットワークにつながるホストには、同じネットワークのIPアドレスとなるように、正しくIPアドレスとサブネットマスクを設定すること**が重要です。

3-3 やってみよう！

IPアドレスとMACアドレスの対応を調べてみよう

IPの宛先／送信元を示すIPアドレスと、イーサネット／Wi-Fiの宛先／送信元を示すMACアドレスはARPによって関連付けます。ここでは、IPアドレスとMACアドレスの関連付けを見てみましょう。

Step1 コマンドプロンプトを開く

3-1の「やってみよう！」と同様に、ツールバーの検索ボックスに「cmd」と入力してコマンドプロンプトを開きます。

Step2 arp -aコマンドを実行する

コマンドプロンプトから、次のコマンドを実行してください。

```
C:¥>arp -a
```

Step3 IPアドレスとMACアドレスの対応を確認する

「arp -a」コマンドで、ARPで調べたIPアドレスとMACアドレスの対応を保存しているARPキャッシュを表示します。次ページに示したものは、「arp -a」コマンドのサンプルです。

```
C:¥Users¥gene>arp -a
～省略～
インターフェイス : 192.168.1.215 --- 0x13
  インターネット アドレス 物理アドレス           種類
  192.168.1.1           28-bd-89-d3-42-1c     動的
  192.168.1.33          f0-72-ea-15-1d-d0     動的
  192.168.1.34          48-d6-d5-71-11-7b     動的
  192.168.1.160         00-25-dc-58-6a-71     動的
  192.168.1.170         14-c1-4e-74-d4-85     動的
  192.168.1.247         76-bd-05-8c-58-aa     動的
  192.168.1.255         ff-ff-ff-ff-ff-ff     静的
  224.0.0.2             01-00-5e-00-00-02     静的
  224.0.0.22            01-00-5e-00-00-16     静的
  224.0.0.250           01-00-5e-00-00-fa     静的
  224.0.0.251           01-00-5e-00-00-fb     静的
  224.0.0.252           01-00-5e-00-00-fc     静的
  224.0.1.178           01-00-5e-00-01-b2     静的
  239.192.152.143       01-00-5e-40-98-8f     静的
  239.255.255.250       01-00-5e-7f-ff-fa     静的
  239.255.255.251       01-00-5e-7f-ff-fb     静的
  255.255.255.255       ff-ff-ff-ff-ff-ff     静的
```

表示結果の「インターネットアドレス」はIPアドレスのことです。「物理アドレス」はMACアドレスのことです。このことから、PCはIPアドレスに対応するMACアドレスの情報をARPキャッシュに保持していることがわかります。

それでは、ARPの仕組みを詳しく見ていきましょう。

3-3-1 学ぼう！

ARPとは何か？

IPアドレスだけでなくMACアドレスも必要

前述の通り、IPで「0」「1」の論理的なデータを転送できます。しかし、IPには「0」「1」のデータを物理的な信号に変換する機能がないため、イーサネット／無線LANなどを組み合わせて物理的な信号に変換する必要があります。

そこで、IPとイーサネット／無線LAN で使うアドレスを再確認しましょう。IPではIPアドレスを、イーサネット／無線LANではMACアドレスを指定します。ここまで見てきたIPアドレスと2-1-1のMACアドレスの内容を簡単にまとめると、次のようになります。

IPアドレス：**「0」「1」の論理的なデータの宛先と送信元を示す**
MACアドレス：**電気信号／電波など物理的な信号の宛先と送信元を示す**

つまり、IPだけでなくイーサネット／無線LANも組み合わせるとは、**IPアドレスとMACアドレスの両方のアドレスが必要**ということです。しかし、IPアドレスやMACアドレスは一般のユーザーにとって複雑なもののため、毎回入力しなくてもよいように、TCP/IPには自動的に適切なIPアドレスおよびMACアドレスを求める次の仕組みが備わっています。

IPアドレスを求める仕組み：**DNS***10
MACアドレスを求める仕組み：**ARP**

ARPによって、宛先IPアドレスに応じた適切なMACアドレスが自動的に求められます。本節ではこのARPについて詳しく見ていきましょう。

---

*10 DNSについては、4-1-1で詳しく解説します。

ARPの仕組み

ARPとは、**IPアドレスとMACアドレスを対応づけるためのプロトコル**です。この2つのアドレスを対応づけることを**アドレス解決**と呼び、ARPというプロトコルの名前の由来にもなっています。

具体的なARPの仕組みを見ていきましょう。まず、IPパケットをイーサネットインターフェイスから送り出すときには、イーサネットヘッダーを付加します。IPヘッダーにはIPアドレスが必要なように、イーサネットヘッダーにはMACアドレスが必要です。送信元IPアドレスと送信元MACアドレスはパケットを送信する機器のものなので簡単にわかります。そして、TCP/IPの通信では必ずIPアドレスを指定するので、宛先IPアドレスは指定されたものを使います。あとは宛先MACアドレスが必要ですが、**宛先IPアドレスに対応するMACアドレスを求めるためにARPがあります**（図16）。

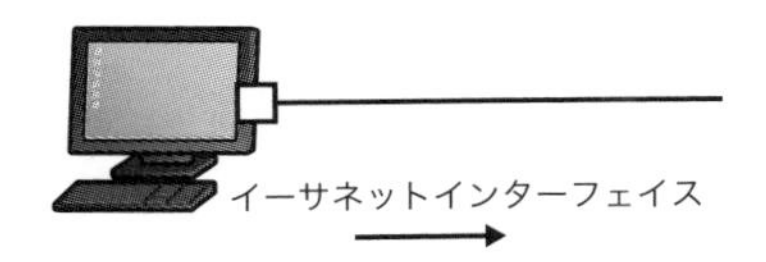

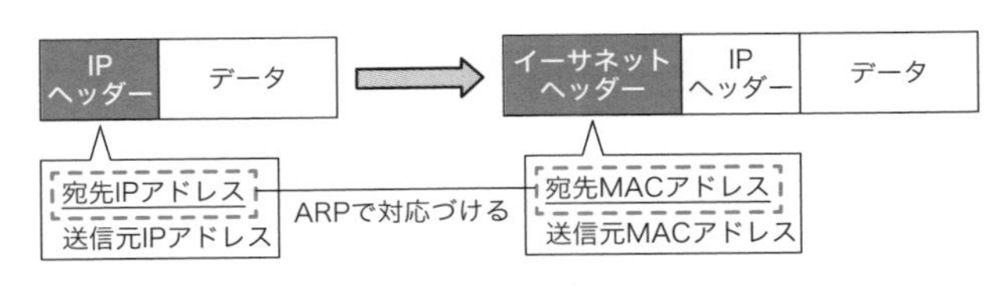

図16　ARPによるアドレス解決の概要

ARPのアドレス解決の対象は、同じネットワーク内のIPアドレスです。イーサネットインターフェイスで接続されているPCなどの機器が、IPパケットを送信するために宛先IPアドレスを指定すると、自動的にARPが行われます。ユーザーがARPの動作を意識する必要はありませんが、ARPによってアドレス解決を行うことはネットワークの仕組みを知る上で重要です。

ARPの動作の流れは、次のようになります。

①ARPリクエストでIPアドレスに対応するMACアドレスを問い合わせ
②問い合わせされたIPアドレスをもつホストがARPリプライでMACアドレスを教える
③アドレス解決したIPアドレスとMACアドレスの対応をARPキャッシュに保存する

①ARPリクエストで問い合わせ

IPアドレスを指定してIPパケットをイーサネットインターフェイスから送り出すときに、まず**ARPリクエスト**を送信します。ARPリクエストの中身は、「このIPアドレスのMACアドレスを教えてください」というものです。ARPリクエストは、同じネットワーク上のすべてのホストが受信できるように**ブロードキャスト**で送ります。ARPのアドレス解決が同じネットワークの中だけの理由は、このようにブロードキャストを利用するからです。

②ARPリプライでMACアドレスを教える

問い合わせ対象のIPアドレスのホストが**ARPリプライ**を返します。ARPリプライの内容は、問い合わせを受けたMACアドレスです。ARPリクエストはブロードキャストなので、同じネットワーク上のすべてのホストが受信しますが、問い合わせ対象のIPアドレス以外のホストはARPリクエストを受信しても破棄します。

③ARPキャッシュの更新

IPアドレスとMACアドレスの対応は頻繁に変わるものではないため、IPパケットを送信するたびにARPのアドレス解決を行うと非効率です。そこで、解決したIPアドレスとMACアドレスの対応を一定時間**ARPキャッシュ**に保存します。なお、ARPキャッシュは問い合わせをしたホストと問い合わせをされたホストの両方で更新します。「やってみよう！」で確認したのが、このARPキャッシュです。

図17は、ARPのアドレス解決の一例です。PC1からPC3（IPアドレス192.168.1.3）へデータを送信するときに、PC3のMACアドレスを解決する流れを表しています。

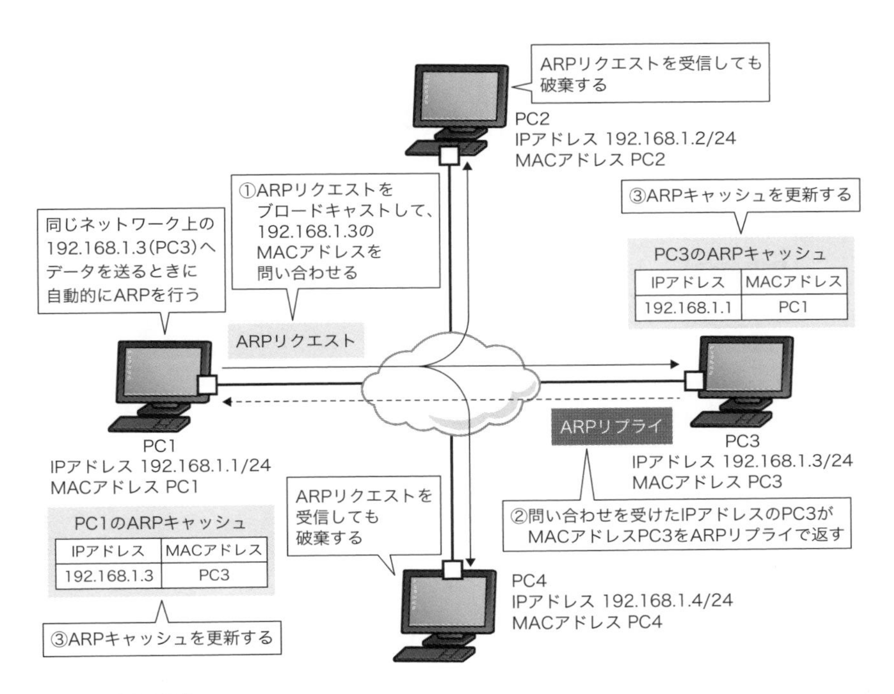

図17　ARPの動作

PC3のMACアドレスを解決できたら、イーサネットヘッダーの宛先MACアドレスを指定して、イーサネットインターフェイスからPC3宛てのデータを送り出すことができます（図18）。

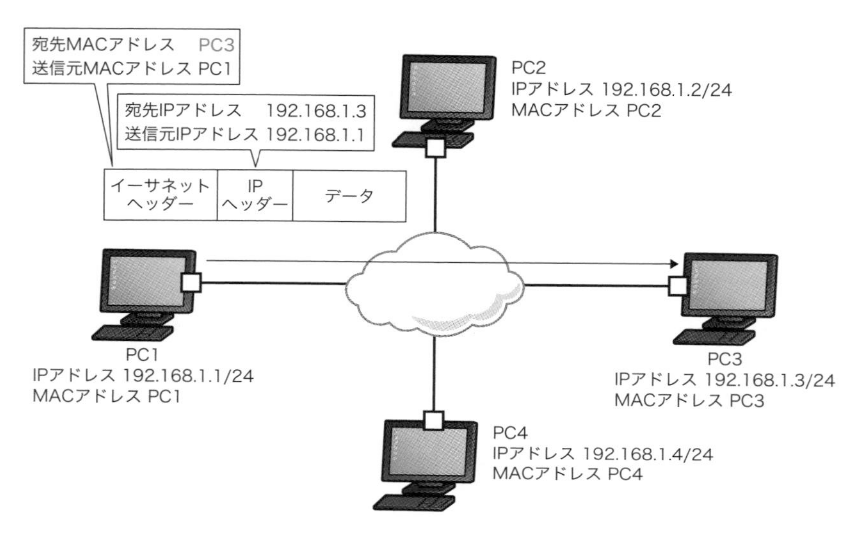

図18　アドレス解決後のデータの送信

異なるネットワークへデータを転送するとき

ARPのアドレス解決は、同じネットワーク上のIPアドレスに対してのみ行われます。では、異なるネットワークへデータを転送するときは、どのようにMACアドレスを求めればよいのでしょうか。

異なるネットワークのIPアドレス宛てにデータを送るときは、まず**デフォルトゲートウェイに転送**します。デフォルトゲートウェイとは、**同じネットワーク上のルーターのIPアドレス**のことで、他のネットワークへの入口です（デフォルトゲートウェイについては、6-1-1で詳しく解説します）。ルーターによって複数のネットワークが相互接続されており、異なるネットワークは同じネットワーク上のルーターの先にあります。そのため、データを送るときには**問い合わせのIPアドレスとしてデフォルトゲートウェイのIPアドレスでARPリクエストを送信します**（図19）。

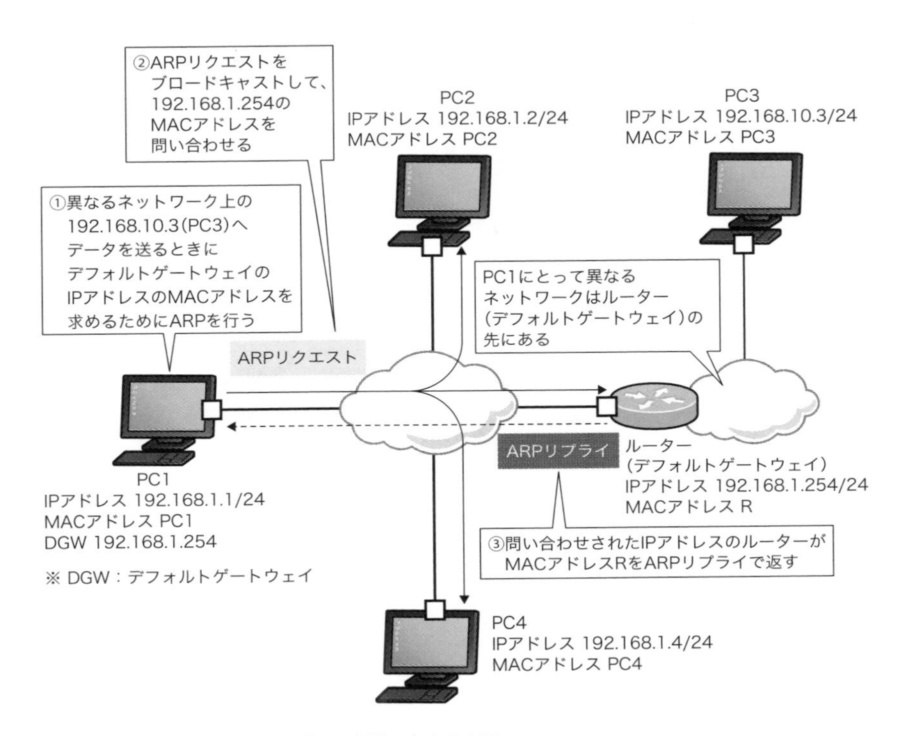

図19　異なるネットワークにデータを送るときのARP

デフォルトゲートウェイのIPアドレスに対応するMACアドレスを解決すると、イーサネットヘッダーの宛先MACアドレスにはデフォルトゲートウェイのMACアドレスが入ります。しかし、宛先IPアドレスは最終的にデータを送り届けたいホストのものです。そこで、デフォルトゲートウェイはデータを受信すると、宛先IPアドレスにもとづきパケットをルーティングします（図20）。

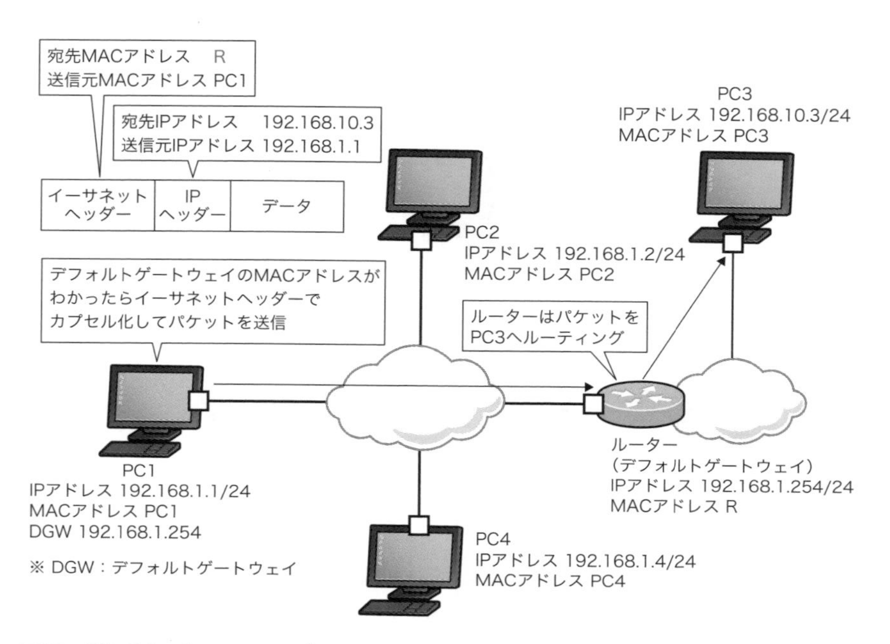

図20　異なるネットワークへのデータの送信

3-4 やってみよう!

グローバルアドレスを確認しよう

インターネットでは、グローバルアドレスを利用しています。ここでは、手元のPCからインターネットのWebサイトにアクセスしたときの、アクセス元のグローバルIPアドレスを確認しましょう。

Step1 アクセス元のグローバルアドレスを表示するWebページにアクセスする

「https://www.ugtop.com/spill.shtml」のWebサイトにアクセスします。このWebサイトはアクセス元の情報を表示します。

Step2 アクセス元のグローバルアドレスを確認する

[あなたのIPアドレス (IPv4)] の部分に、アクセス元のグローバルアドレスが表示されます。ここでは、「217.178.45.4」であることがわかります。

それでは、インターネットで利用するグローバルアドレスと、社内ネットワークや自宅ネットワークなどのプライベートネットワークで利用する、プライベートアドレスの詳細を見ていきましょう。

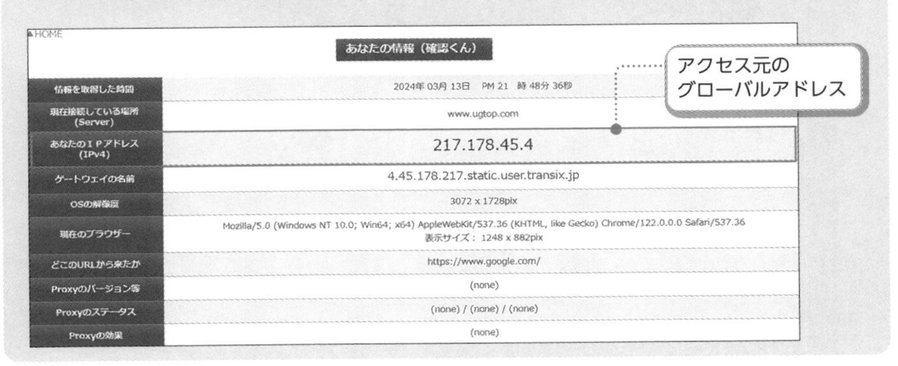

情報を取得した時間	2024年 03月 13日　PM 21　時 48分 36秒
現在接続している場所 (Server)	www.ugtop.com
あなたのＩＰアドレス (IPv4)	217.178.45.4
ゲートウェイの名前	4.45.178.217.static.user.transix.jp
OSの解像度	3072 x 1728pix
現在のブラウザー	Mozilla/5.0 (Windows NT 10.0; Win64; x64) AppleWebKit/537.36 (KHTML, like Gecko) Chrome/122.0.0.0 Safari/537.36 表示サイズ： 1248 x 882pix
どこのURLから来たか	https://www.google.com/
Proxyのバージョン等	(none)
Proxyのステータス	(none) / (none) / (none)
Proxyの効果	(none)

3-4-1 学ぼう！

グローバルアドレスとプライベートアドレス

どのネットワークで利用するIPアドレス？

IPアドレスは、「どんなネットワークで利用するアドレスなのか」という観点から表5のように分類できます。

表5　ネットワークとIPアドレスの分類

ネットワークの分類	IPアドレスの分類
インターネット	グローバルアドレス
プライベートネットワーク	プライベートアドレス

インターネットで利用するIPアドレスを**グローバルアドレス**、企業の社内ネットワークや個人ユーザーの家庭内ネットワークなどプライベートネットワークで利用するIPアドレスを**プライベートアドレス**と呼びます（図21）*11。

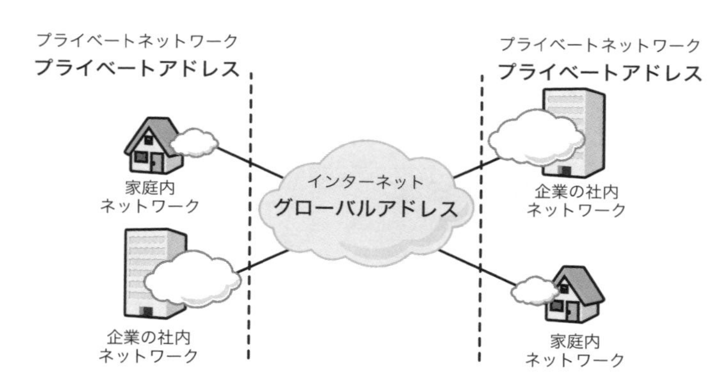

図21　グローバルアドレスとプライベートアドレス

*11　プライベートアドレスは「ローカルアドレス」、グローバルアドレスは「パブリックアドレス」と呼ぶこともあります。

グローバルアドレスの管理

IPアドレスによって、データの宛先と送信元を識別・特定しているため、IPアドレスは原則として重複してはいけません。**インターネットで利用するグローバルアドレスも、重複しないように管理されています**。ICANN（Internet Corporation for Assigned Names and Numbers）という組織を中心として、**IR**（Internet Registry）がグローバルアドレスの割り当てを管理しています。IRは**RIR**（Regional Internet Registry）、**NIR**（National Internet Registry）、**LIR**（Local Internet Registry）と階層化されており、次の世界の5つの地域ごとにRIRがあります。

表6 RIRの5つの地域

RIR	地域
ARIN (American Registry for Internet Numbers)	北米
RIPE NCC (Réseaux IP Européens Network Coordination Centre)	ヨーロッパ、中東、一部のアジア
APNIC (Asia-Pacific Network Information Centre)	アジア太平洋
LACNIC (Latin America and Caribbean Network Information Centre)	ラテンアメリカ、カリブ海
AFRINIC (African Network Information Centre)	アフリカ

そして、図22のようにRIRの配下に国ごとのNIRがあります。さらに、NIRの配下にLIRがあります。LIRは、エンドユーザーにインターネット接続サービスを提供するISPです。このLIRが、最終的にインターネットを利用するエンドユーザーへグローバルアドレスを割り当てます*12。日本でのグローバルアドレスの割り当ては、図22の中央に示す通り、APNIC → JPNIC → 各LIR（ISP）→ エンドユーザーという流れになります。

*12 グローバルアドレスの在庫はすでに枯渇しているため、通常のインターネット接続サービスではエンドユーザーにグローバルアドレスを割り当てることはほとんどなくなっています。エンドユーザーがグローバルアドレスを割り当ててもらうためには、追加のコストが必要です。

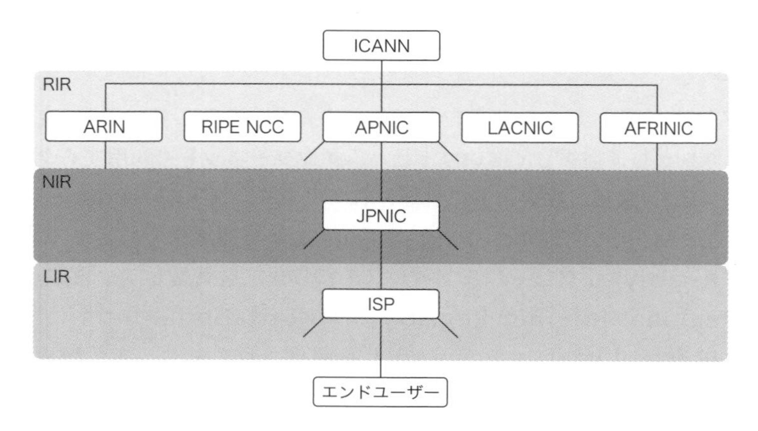

図22　グローバルアドレスの割り当て

グローバルアドレスは、このような階層構造で重複しないように割り当てていますが、数の不足が心配されるようになりました。そこでグローバルアドレスを節約するために導入されたのが、**プライベートアドレス**です。

プライベートアドレスの管理

前述の通り、グローバルアドレスの数には限りがあり、インターネットの普及に伴ってグローバルアドレスの枯渇が心配されるようになってきました。この対策として、アドレスの数を増やすべく導入されたのが後ほど解説するIPv6です。しかし、アドレスを増やすことで対策する前に、限られたグローバルアドレスを節約して効率よく利用することも大切です。そのために、前述のクラスレスアドレスとプライベートアドレスがあります。

プライベートアドレスは、**プライベートネットワーク内という限られた範囲で利用することを前提として、使い回すようにしているIPアドレスの範囲です**。プライベートアドレスの範囲は、次の3つに決められています。

- 10.0.0.0 ～ 10.255.255.255
- 172.16.0.0 ～ 172.31.255.255
- 192.168.0.0 ～ 192.168.255.255

　この範囲のプライベートアドレスは、プライベートネットワーク内で自由に利用できます。多くの個人ユーザーの家庭内ネットワークは、3つ目の「192.168.0.0 ～ 192.168.255.255」の範囲のIPアドレスを利用しています。個人ユーザー向けのルーターのデフォルトのIPアドレスが、たいていこの範囲のプライベートアドレスだからです。筆者の自宅のネットワークもこの範囲です。皆さんの自宅のネットワークも、おそらくこの範囲のプライベートアドレスを利用していることでしょう。つまり、重複したIPアドレスを使っていることになりますが、プライベートネットワーク内だけで利用するため、そのプライベートネットワーク内で重複していなければ問題ありません。

　しかし、プライベートアドレスのままではインターネットへアクセスすることができません。インターネット上では、宛先IPアドレスがプライベートアドレスのIPパケットを必ず破棄するからです。そのため、プライベートアドレスのPC／スマートフォンなどからインターネットへアクセスするときには、**NAT**（Network Address Translation）/**NAPT**（Network Address Port Translation）が必要となります（3-5-1で詳しく解説します）。

3-5 やってみよう！

PCのプライベートアドレスとグローバルアドレスを比較してみよう

PCやスマートフォンには、プライベートアドレスが割り当てられています。インターネットにアクセスするときは、PCやスマートフォンのプライベートアドレスはグローバルアドレスに変換されています。ここでは、2つのアドレスを比較しながら見てみましょう。

Step1 プライベートアドレスを確認する

PCに割り当てられているプライベートアドレスを確認します。3-1の演習の手順と同じく、コマンドプロンプトを開いて、「ipconfig」コマンドを実行します。

```
C:¥Users¥gene>ipconfig

Windows IP 構成

イーサネット アダプター イーサネット:

   接続固有の DNS サフィックス.: lan
   IPv6 アドレス ...........: fda4:6d8e:4537:97a4:8843:ba67:6ded:7962
   一時 IPv6 アドレス .......: fda4:6d8e:4537:97a4:793e:2ff4:f5d9:6239
   リンクローカル IPv6 アドレス: fe80::e3be:e39b:c799:e58f%21
   IPv4 アドレス ...........: 192.168.1.215
   サブネット マスク .........: 255.255.255.0
   デフォルト ゲートウェイ.....: 192.168.1.1
～省略～
```

Step2 インターネットにアクセスするときのグローバルアドレスを確認する

次は、インターネットにアクセスするときのアクセス元のグローバルアドレスを確認します。3-4の演習の手順と同じく、「https://www.ugtop.com/spill.shtml」にアクセスしてください。

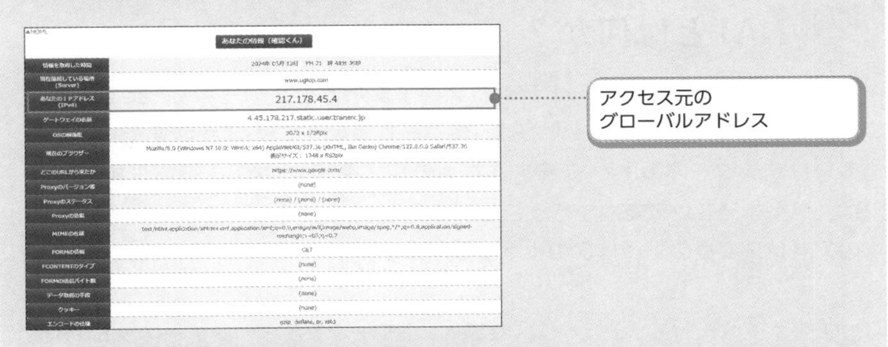

PCに割り当てられているIPアドレスは、プライベートアドレスです。しかし、PCからインターネットのWebサイトにアクセスするときには、アクセス元はグローバルアドレスとなっています。つまり、プライベートアドレスからグローバルアドレスに変換されることで、インターネットにアクセスできていることがわかります。

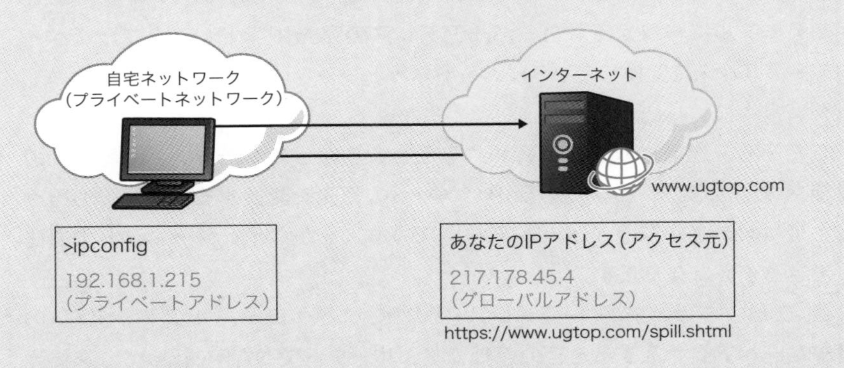

このようなプライベートアドレスとグローバルアドレスの変換を行うのが、NATおよびNAPTです。その仕組みを詳しく見ていきましょう。

3-5-1 学ぼう！

NAT/NAPT プライベートアドレスのPCからインターネットへ

NATとは何か？

前述の通り、プライベートアドレスのままだとインターネット宛ての通信はできないので、IPパケットが返ってこられるようにNATが必要です。たいていはインターネットへ接続するためのルーターでNATを行います。NATは、様々なアドレス変換を行うことができる[*13]のですが、最も一般的なNATのアドレス変換の動作は次のようになります。

①プライベートネットワーク（内部ネットワーク）からインターネット（外部ネットワーク）宛てのIPパケットの送信元IPアドレスをプライベートアドレスからグローバルアドレスに変換してインターネットへ転送する
②変換したアドレス情報をNATテーブルに保存する
③インターネットからプライベートネットワーク宛てのIPパケットでNATテーブルに一致するグローバルアドレスの宛先IPアドレスをプライベートアドレスに変換してプライベートネットワークに転送する

ここでも、通信は双方向で行われることを意識してください。上記の①の動作だけではなく、戻ってくるIPパケットの宛先を変換する③の動作も行うことではじめて、プライベートアドレスのホストからインターネットの通信ができるようになります。

図23は、プライベートアドレスP1のPCからグローバルアドレスG2のサーバーへアクセスするときの流れです。ルーターでNATを行って、送信元IPアドレスをP1からルーターのグローバルアドレスG1に変換し、あとで戻

*13 NATはプライベートアドレスとグローバルアドレスの変換だけを行うものではありません。プライベートアドレスからプライベートアドレスへの変換も、グローバルアドレスからグローバルアドレスへの変換も可能です。

せるように変換したアドレスの対応をNATテーブルに保存します。

G2のサーバーからの返事は、宛先IPアドレスがG1になり、ルーターまで戻ってきます。ルーターはNATテーブルに保存しておいた変換の対応から、宛先IPアドレスをもとのP1に戻して転送します。こうして、プライベートアドレスのPCからインターネットへ送受信できるようになるのです。

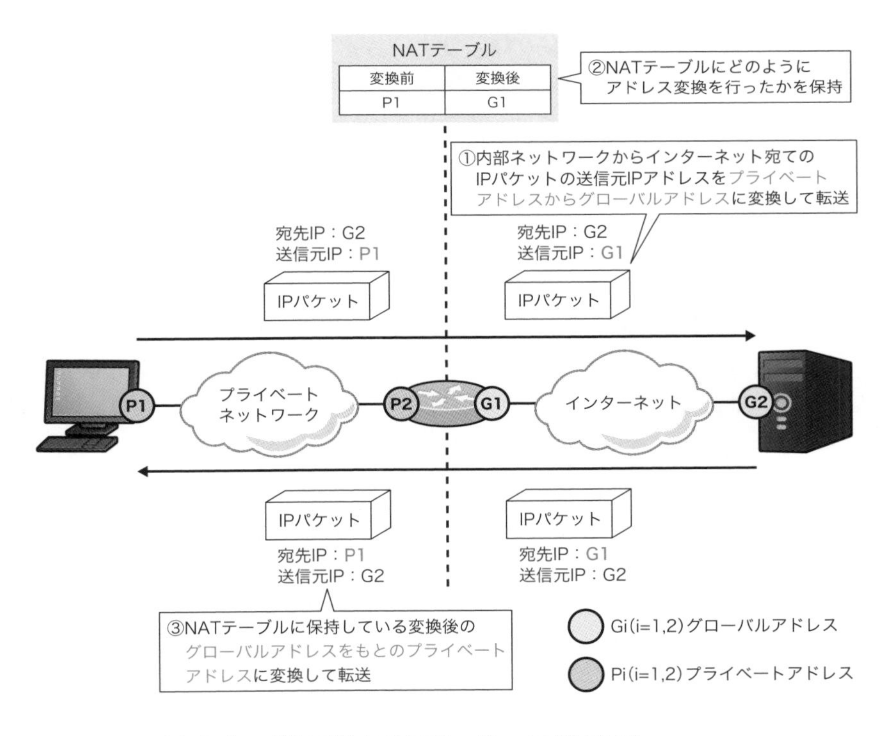

図23　P1のPCからグローバルアドレスG2のサーバーへアクセスする

NAPTの動作

前述の単純なNATのアドレス変換では、プライベートアドレスとグローバルアドレスが1対1の対応関係となっています。しかし、グローバルアドレスは枯渇の心配がされているため、あまり多くを使用することは避けたいところです。しかし、NATによる1対1のアドレス変換では、プライベートアドレスのホストの数だけグローバルアドレスが必要となってしまいます。

そこで、プライベートアドレスとグローバルアドレスを1対1に対応させるNATではなく、複数のプライベートアドレスを1つのグローバルアドレスに変換するNAPTを行います。NAPTは、**プライベートアドレスをもつ複数のホストで1つのグローバルアドレスを共用できるようにするためのアドレス変換のこと**です。

1つのグローバルアドレスを複数のプライベートアドレスに対応づけるので、**NATテーブルに保持するアドレス変換の情報に、TCP/UDPのポート番号も追加**します。このポート番号を見て、複数あるプライベートアドレスに区別をつけます（図24）。

図中では、プライベートアドレスP1のホスト1とプライベートアドレスP3のホスト2からインターネットのグローバルアドレスG2のサーバーへアクセスしています。NAPTによって、ホスト1とホスト2からのIPパケットの送信元IPアドレスは同じG1に変換されます。つまり、ホスト1とホスト2は、グローバルアドレスG1を共有していることになります。

NAPTを行ったルーターは、どのように変換したかをNATテーブルに保存しますが、このときにTCP/UDPの送信元ポート番号の情報も保持しておきます[*14]。あとからIPパケットが戻ってきたときに、ホスト1のP1とホスト2のP3の区別ができるようにするためです。送信元IPアドレスを変換して、ルーターからインターネットのG2のサーバーへと転送していきます。

*14「ポート番号も変換する」と解説されることもありますが、たいていは変換せずポート番号は同じ値です。NATテーブルにポート番号の情報も保持していることが重要です。

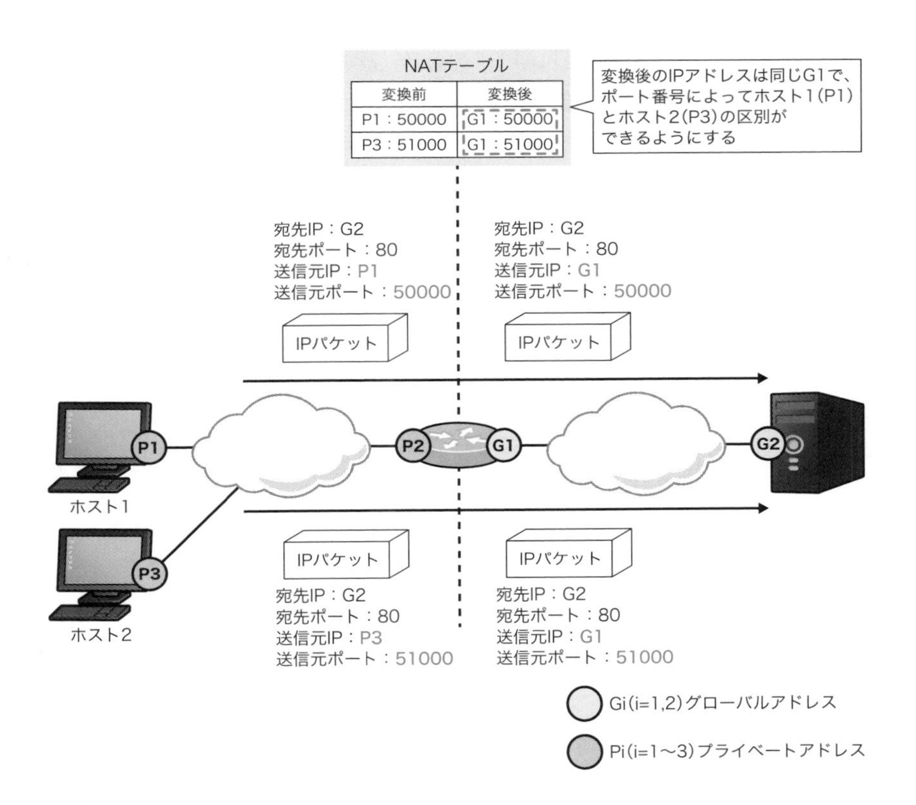

図24　NAPTの動作の概要（その1）

そして、その返事が送信される流れを表したものが図25です。

インターネットのサーバーからの返事は、宛先IPアドレスがG1になるためルーターまで戻ってきます。NAPTを行ったルーターが宛先IPアドレスをもとに戻します。このときにポート番号を見て、どのプライベートアドレスに戻せばよいかを判断します。宛先ポート番号が50000であれば、ホスト1からのリクエストに対する返事だとわかるので、宛先IPアドレスをホスト1のP1へ戻して転送します。同様に、宛先ポート番号が51000であれば、宛先IPアドレスをホスト2のP3へ戻して転送します。

こうして、プライベートアドレスのホストが多くても、NAPTにより1つのグローバルアドレスでインターネットへアクセスできるようになります。

なお、「NAT」という言葉は「NAPT」の動作も含んでいることが多く、**IPアドレスだけを変換するNATを行うことはほとんどありません**。

このように、プライベートアドレスとNAT/NAPTは導入されてからうまく機能しており、2024年4月現在でもIPv4で何十億台もの機器がインターネットを利用できています。

ただし、NAT/NAPTの利用にも限界が近づいており、事実上無限のIPアドレスを利用できるIPv6へ徐々に移行しつつあります。IPv6アドレスについては不足の心配はありません。次節では、IPv6の基本を押さえましょう。

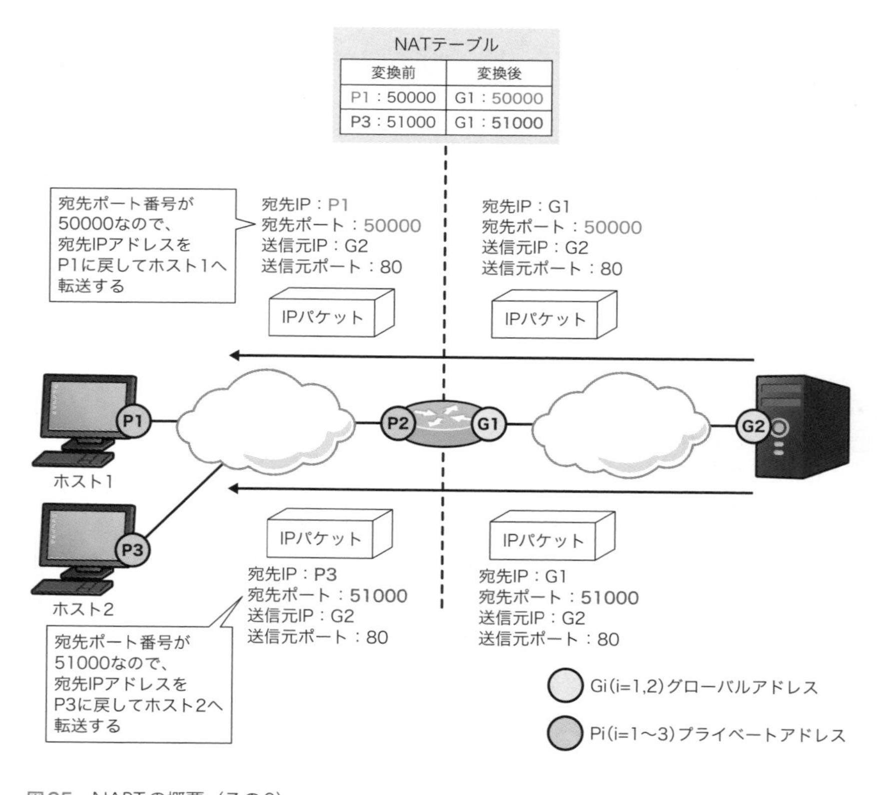

図25　NAPTの概要（その2）

3-6 やってみよう！

IPv6アドレスを確認しよう

IPv6では、IPv6アドレスでデータの宛先と送信元を指定しています。多くのPCは、デフォルトでIPv6も有効になっています。ここでは、ipconfigコマンドを使ってIPv6アドレスを確認してみましょう。

Step1 コマンドプロンプトを開く

ツールバーの検索ボックスに「cmd」と入力して、コマンドプロンプトを開きます。

Step2 ipconfigコマンドでIPv6アドレスを確認する

コマンドプロンプトからipconfigコマンドを実行してください。すると、次のサンプルのようにipconfigコマンドでIPv4アドレスだけでなく、IPv6アドレスも確認することができます。

```
C:¥Users¥gene>ipconfig

Windows IP 構成


イーサネット アダプター イーサネット：

   接続固有の DNS サフィックス.: lan
   IPv6 アドレス ...........: fda4:6d8e:4537:97a4:8843:ba67:6ded:7962
   一時 IPv6 アドレス .......: fda4:6d8e:4537:97a4:793e:2ff4:f5d9:6239
   リンクローカル IPv6 アドレス: fe80::e3be:e39b:c799:e58f%21
   IPv4 アドレス ...........: 192.168.1.215
   サブネット マスク .........: 255.255.255.0
   デフォルト ゲートウェイ.....: 192.168.1.1
～省略～
```

IPv6アドレスが複数割り当てられている

このように、IPv6アドレスは複数割り当てられています。なお、演習を実行する環境によっては、割り当てられているIPv6アドレスの数は異なります。しかし、サンプルでも3つ目に表示されているリンクローカルIPv6アドレスは必ず割り当てられるアドレスです。

ipconfigコマンドで確認したIPv6アドレスのうち、リンクローカルIPv6アドレスを書き出してみましょう。なお、最後のほうの「%」の前までがリンクローカルIPv6アドレスです。「%」以降は、Windowsで割り当てているインターフェイスのインデックス番号です。

リンクローカルアドレス	

IPv6では、こうしたIPv6アドレスでデータの宛先と送信元を指定します。それではIPv6の特徴とIPv6アドレスのフォーマットについて詳しく見ていきましょう。

3-6-1 学ぼう！

IPv6の基本

IPv6とは何か？

IPv6は、IPv4の次のバージョンのプロトコルです。現行のIPv4と基本的な役割は変わらず、IPv4と同様にWebブラウザーなどで扱うアプリケーションのデータを、あるホストから別のホストまで送り届ける役割を担います。IPv4からIPv6への変化で重要な点は、**IPアドレスが拡張されたこと**です。IPv4の32ビットからIPv6では**128ビットへIPアドレスが拡張**されており、事実上無限にIPv6アドレスを利用できます。

IPv6でデータを転送するときは、IPv6ヘッダーを付加したIPv6パケットにします。そして、IPv6パケットをネットワークに送り出せば完了です。IPv6パケットをネットワークに送り出す、つまり「0」「1」の論理的なデータを物理信号にするために、イーサネットや無線LAN（Wi-Fi）と組み合わせています。このことは、IPv4のときと考え方は同じです。IPv6ヘッダーのフォーマットは図26のようになります*15。

IPv6ヘッダーには色々な情報が含まれていますが、IPv4ヘッダーと同様に**IPv6アドレスが最も重要な情報**です。IPv6ヘッダーには必ず宛先／送信元IPv6アドレスを指定しなければなりません。

*15 IPv6ヘッダーには、「基本ヘッダー」と「拡張ヘッダー」があります。拡張ヘッダーは暗号化などの追加の機能を利用するためのヘッダーです。本書では、基本ヘッダーのみに絞り解説します。

バージョン(4)	トラフィッククラス(8)	フローラベル(20)		
ペイロード長(16)		次ヘッダー(8)	ホップリミット(8)	
送信元アドレス(128)				40バイト
宛先アドレス(128)				

図26　IPv6ヘッダーのフォーマット

IPv6アドレスの基本

IPv6アドレスは、前述の通り128ビットで「0」「1」が128個並びます。IPv4では10進数に変換して表記していましたが、128ビットを10進数にすると数値が大きくなりすぎてしまいます。そのため、IPv6アドレスでは**16進数に変換して「0」〜「1」と「a」〜「f」で表記**します。

128ビットのIPv6アドレスは、**16ビットの16進数を1つのブロックとして8ブロックを並べて表記**します。ブロックの区切りは「:（コロン）」です。ところが、16進数で表記してもIPv6アドレスはかなり長くなってしまいます。そのため、次のような省略表記のルールが決められています。

- 各ブロックの先頭に連続する「0」は省略可能
- 「0000」は「0」に省略可能
- 連続した「0000」（= 0）のブロックは1回に限り「::」に省略可能

上記の省略表記の例も含めて、IPv6アドレスの表記方法をまとめると図27のようになります。

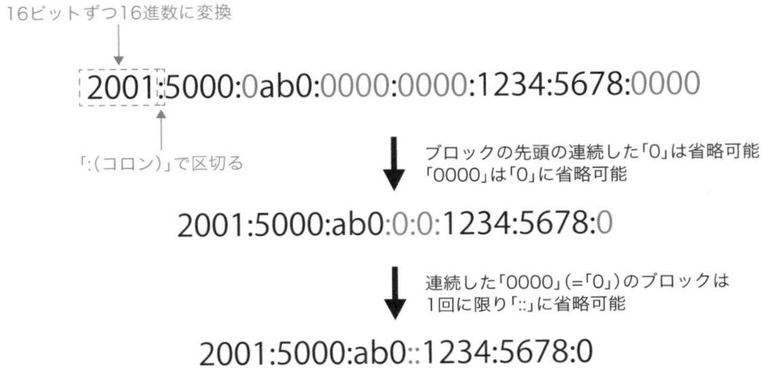

16ビットずつ16進数に変換

2001:5000:0ab0:0000:0000:1234:5678:0000

「:(コロン)」で区切る

ブロックの先頭の連続した「0」は省略可能
「0000」は「0」に省略可能

2001:5000:ab0:0:0:1234:5678:0

連続した「0000」(=「0」)のブロックは
1回に限り「::」に省略可能

2001:5000:ab0::1234:5678:0

図27 IPv6アドレスの表記フォーマットの例

IPv6ユニキャストアドレスの分類

IPv6アドレスも、データの宛先が1つか複数かによる分類があり、IPv4と同様にメインは**宛先が1つのユニキャストアドレス**です。PC／スマートフォンなどにはIPv6アドレスとしてユニキャストアドレスを設定します。

IPv6は前半の**プレフィックス**と後半の**インターフェイスID**で構成されます。IPv4ではネットワークアドレスとホストアドレスでしたが、名称が変わっても役割は同じです。**プレフィックスでネットワーク**を、**インターフェイスIDでネットワーク内のホストのインターフェイス**を識別します。

また、IPv4アドレスではネットワークアドレスとホストアドレスの区切り方が複雑でしたが、IPv6アドレスでは128ビットをちょうど半分に区切って考えます。そのため、**プレフィックスもインターフェイスIDも64ビット**が基本です（図28）*16。

*16 必ずプレフィックスとインターフェイスIDの区切りを64ビットにせずとも問題ありません。

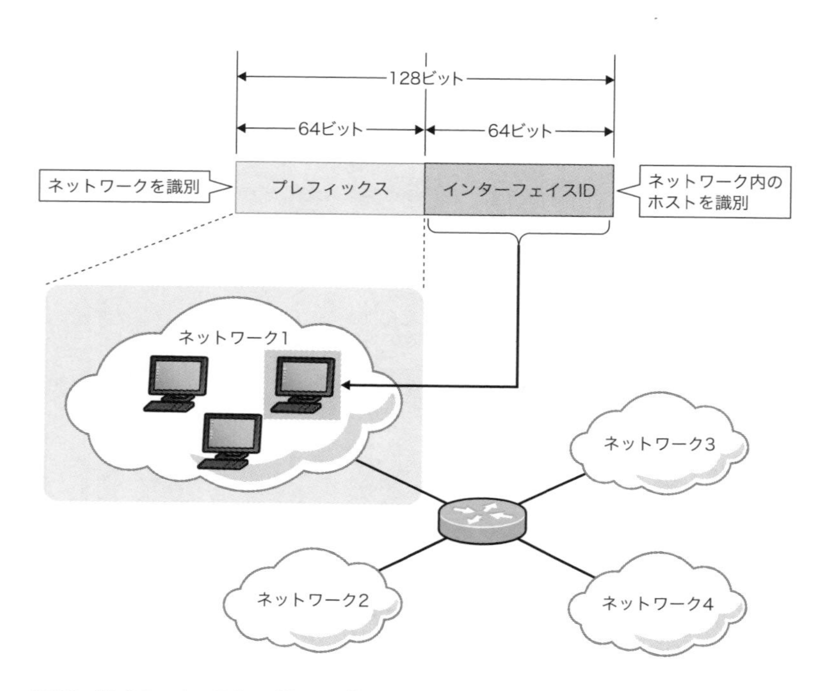

図28　IPv6ユニキャストアドレスの構成

IPv6ユニキャストアドレスは、さらに有効範囲による次の分類があります。

- **グローバルユニキャストアドレス**
- **ユニークローカルユニキャストアドレス**
- **リンクローカルユニキャストアドレス**

それぞれについて見ていきます。

■ グローバルユニキャストアドレス

　スコープの制限がなく、グローバルで有効なユニキャストアドレスです。**最初の3ビットが「001」で始まるアドレス**がこれにあたると定義されています。グローバルユニキャストアドレスの範囲は「2000::/3」と表記でき、その構成は図29のようになります。

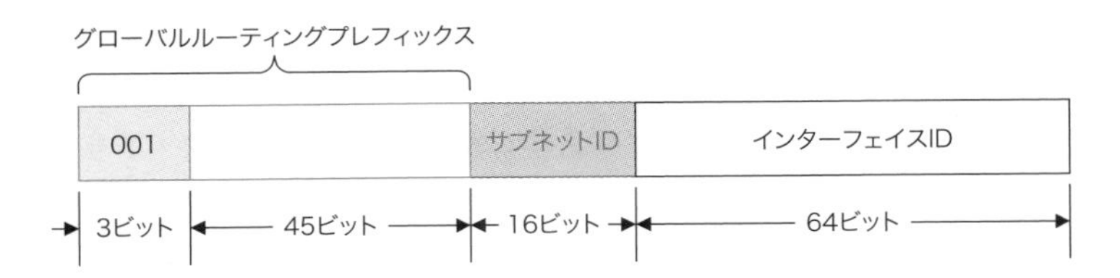

図29　グローバルユニキャストアドレスの構成

IPv6インターネットへアクセスするために、ISPから48ビットまでの**グローバルルーティングプレフィックス**の割り当てを受けます。そして、16ビットの**サブネットID**で各ネットワークを識別します。

ユニークローカルユニキャストアドレス

企業内のLANなど**プライベートな範囲で利用するためのアドレス**が、ユニークローカルユニキャストアドレスです。このアドレスの範囲も「FD00::/8」と表記でき、構成は図30の通りです。

図中の40ビットの**グローバル識別子**によってサイトを識別します。グローバル識別子は、ランダムに生成する値を利用しており、その値は指定された計算方法によって生成されています。その計算方法にもとづけば、完全な一意性は保証されていませんが、**40ビットものランダムな値が重複する確率は非常に低くなります**。このユニークローカルユニキャストアドレスによって、プライベートな範囲でも他の組織と重複せずにアドレッシングできるのです。

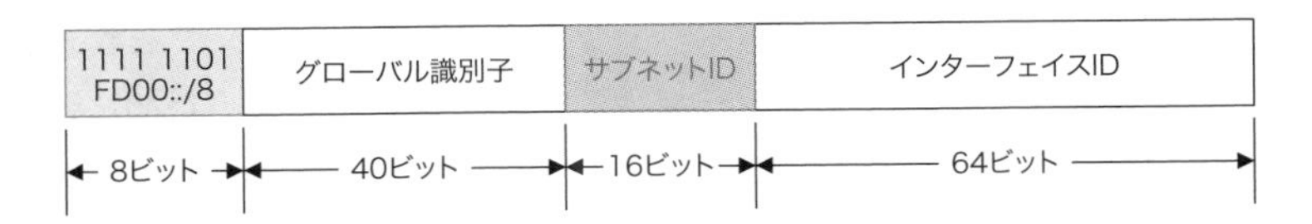

図30　ユニークローカルユニキャストアドレスの構成

なお、ユニークローカルユニキャストアドレスには、「FC00::/8」という範囲もあり、この先利用されることが見込まれています。FC00::/8とFD00::/8をあわせると、このアドレス全体の範囲は「FC00::/7」です。

リンクローカルユニキャストアドレス

リンクローカルユニキャストアドレスは、**同じリンク（サブネット）上のホストとの通信のみで利用するアドレス**です。「1111 1110 10」のビットパターンで始まり、16進数表記では「FE80::/10」です。構成は図31のようになります。IPv6ホストは、各インターフェイスに必ずこのアドレスをもち、同じリンク上のホスト間でアドレスの自動設定やレイヤー2アドレスのアドレス解決を行います。

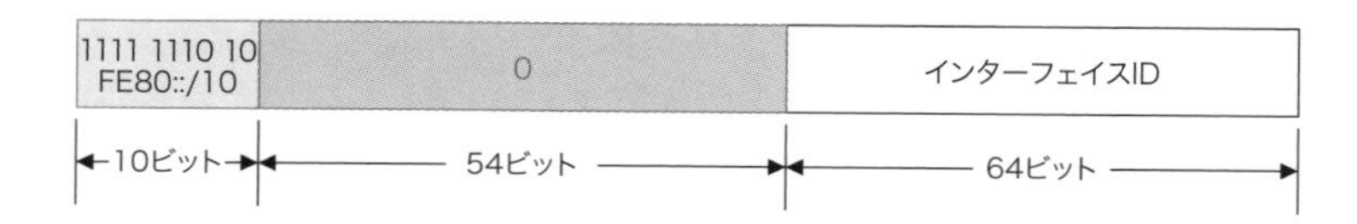

図31 リンクローカルユニキャストアドレスの構成

IPv6アドレスは1つだけ設定するわけではない

IPv6アドレスをイーサネット／Wi-Fiインターフェイスへ設定するとき、ほとんどの場合1つではなく、複数のアドレスを設定します（図32）*17。

必ず1つのリンクローカルユニキャストアドレスが自動的に設定されますが、これだけでは同じリンク（ネットワーク）上でしかデータを転送できません。そこで、他のネットワーク宛てにデータを転送するために、**グローバルユニキャストアドレスまたはユニークローカルユニキャストアドレスを設定できる**ようになっています。このグローバルユニキャストアドレスやユニークローカルユニキャストアドレスも、1つだけでなく複数設定することが可能です。

*17 1つのインターフェイスに複数のIPv4アドレスを設定することも可能ですが、通常は1つです。

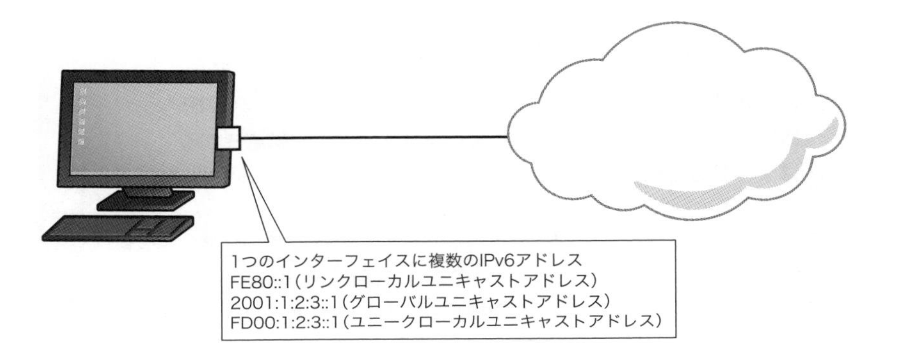

図32　IPv6アドレスは複数設定される

第3章のまとめ

- IPによって「0」「1」の論理的なデータを転送する。データにIPヘッダーを付加してネットワークに送り出せば、適切な宛先まで転送される
- IPはデータを物理信号に変換できないため、イーサネットや無線LANと組みあわせる
- IPアドレスで論理的なデータの宛先と送信元を識別する。IPアドレスはネットワークアドレスとホストアドレスの2つの部分から構成される
- サブネットマスクでIPアドレス前半のネットワークアドレスを明示する
- ARPによりIPアドレスから適切なMACアドレスを対応づけられる
- プライベートネットワークでは、プライベートアドレスを設定する
- NAT/NAPTにより、プライベートアドレスのPC／スマートフォンからインターネットへアクセスできる
- IPアドレスの枯渇の根本的な対策がIPv6。IPv6ではアドレス空間を128ビットに拡張した実質的に無限のIPv6アドレスがある

練習問題

Q1 IPについて正しい記述はどれでしょうか。

A 適切なアプリケーションへのデータの振り分けに利用するプロトコル
B Webアクセスに利用するプロトコル
C エンドツーエンド通信を行うためのプロトコル
D 自動的に適切なTCP/IP設定を行うためのプロトコル

Q2 サブネットマスクによって、明示的にネットワークアドレスとホストアドレスの区切りを示すアドレスの考え方は何でしょうか。

A クラスフルアドレス
B クラスレスアドレス
C サブネットアドレス
D スーパーネットアドレス

Q3 IPアドレスとMACアドレスの関係で、正しい記述はどれでしょうか。

A IPアドレスかMACアドレスのどちらかを指定してデータを送信する
B データを送信するためにはIPアドレスだけあればいい
C IPアドレスは物理信号の宛先と送信元のインターフェイスを示す。MACアドレスは論理的なデータの宛先と送信元のホストを示す
D MACアドレスは物理信号の宛先と送信元のインターフェイスを示す。IPアドレスは論理的なデータの宛先と送信元のホストを示す

Q4 次のIPアドレスからプライベートアドレスを３つ選んでください。

A 215.151.12.1
B 10.10.10.10
C 172.16.1.1
D 172.35.1.1
E 192.168.5.6
F 192.169.5.7

Q5 NAPTの正しい記述はどれでしょうか。次から２つ選んでください。

A プライベートアドレスの複数のホストで１つのグローバルアドレスを共用させる
B グローバルアドレスの複数のホストで１つのプライベートアドレスを共用させる
C IPアドレスとTCPまたはUDPのポート番号の情報もNATテーブルに保持する
D IPアドレスを変換し、IPヘッダーのあとにNATヘッダーを追加する

解答 A1. C　A2. B　A3. D　A4. B、C、E　A5. A、C

Chapter

04

DNSの仕組みを理解しよう

～インターネットの電話帳～

通信するときには、宛先IPアドレスが必要です。ただし、適切な宛先IPアドレスを自動的に求めるため、ユーザーはIPアドレスを意識することはほとんどありません。適切なIPアドレスを求めるためのプロトコルがDNSです。本章では、DNSがどのように宛先IPアドレスを求めているかについて解説します。

4-1 やってみよう！

DNSの設定を間違ってしまったら？

DNSはインターネットの通信を支えるとても重要な仕組みです。ここではあえて間違ったDNSサーバーのIPアドレスを設定することで、DNSの役割を確認しましょう。

Step1 DNSサーバーのIPアドレスを確認する

コマンドプロンプトを開き、「ipconfig /all」コマンドでDNSサーバーのIPアドレスを確認します。次に挙げたのはipconfigコマンドのサンプルです。

```
C:¥Users¥gene>ipconfig /all

イーサネット アダプター イーサネット :
   接続固有の DNS サフィックス.: lan
   説明 ...................: Realtek Gaming 2.5GbE Family Controller
   物理アドレス .............: 50-EB-F6-B4-25-85
   DHCP 有効 ..............: はい
   自動構成有効 ............: はい
   IPv6 アドレス ...........: fda4:6d8e:4537:97a4:8843:ba67:6ded:7962(優先)
   一時 IPv6 アドレス .......: fda4:6d8e:4537:97a4:3804:3466:6db8:21ba(優先)
   リンクローカル IPv6 アドレス: fe80::e3be:e39b:c799:e58f%19(優先)
   IPv4 アドレス ...........: 192.168.1.215(優先)
   サブネット マスク .........: 255.255.255.0
   リース取得...............: 2023年11月8日 7:41:18
   リースの有効期限 ..........: 2023年11月19日 8:31:35
   デフォルト ゲートウェイ.....: 192.168.1.1
   DHCP サーバー ...........: 192.168.1.1
   DHCPv6 IAID............: 105966582
   DHCPv6 クライアント DUID .: 00-01-00-01-2A-BE-BB-22-50-EB-F6-B4-25-85
   DNS サーバー ............: 192.168.1.1
   NetBIOS over TCP/IP....: 有効
～省略～
```

Step2 正しいDNSサーバーの設定でWebサイトにアクセスする

次に、正しくDNSサーバーのIPアドレスを設定している状態で、「https://www.n-study.com」へアクセスします。すると、Webサイトが正常に表示されます。

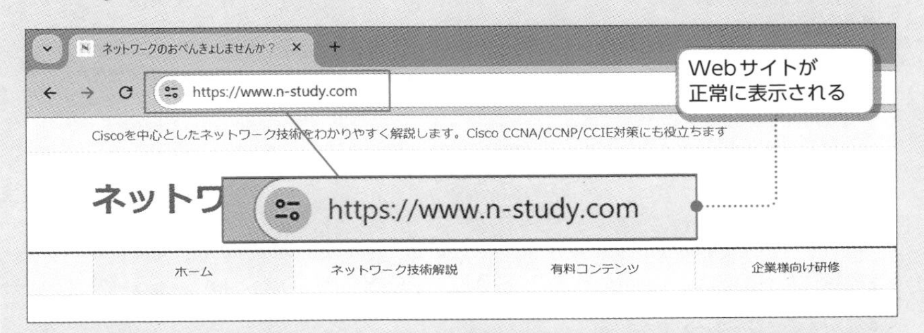

このようにWebサイトが表示されるのは、DNSサーバーから適切な宛先IPアドレスを教えてもらっているからです。

Step3 間違ったDNSサーバーの設定に変更する

それでは、DNSサーバーの設定を間違ったものに変更しましょう。DNSサーバーの設定の変更は、3-2と同様に［イーサネットのプロパティ］から［インターネット プロトコル バージョン 4（TCP/IPv4）］を選択して［プロパティ］をクリックします。展開した［インターネット プロトコル バージョン 4（TCP/IPv4）のプロパティ］から設定していきましょう。［次のDNSサーバーのアドレスを使う］をチェックして、［優先DNSサーバー］に「10.10.10.10」と間違ったDNSサーバーのIPアドレスを指定します。

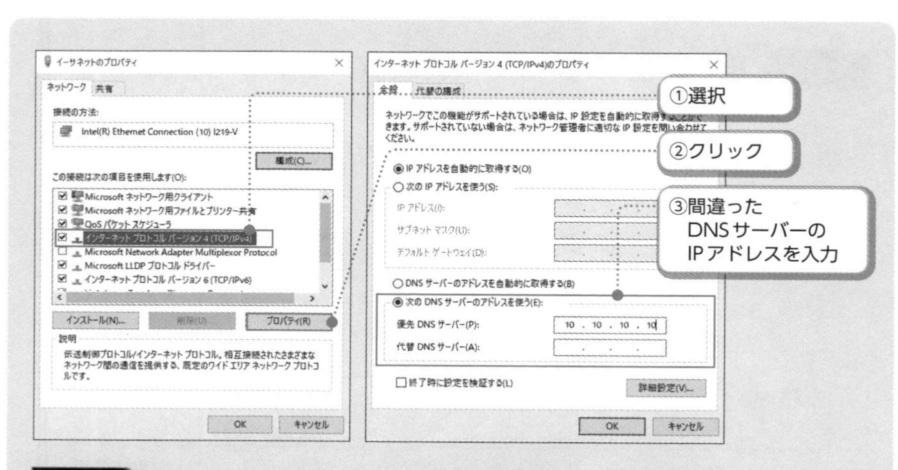

Step4 間違ったDNSサーバーの設定でWebサイトにアクセスする

間違ったDNSサーバーの設定で、Webブラウザーから任意のWebサイトにアクセスします。すると、Webサイトは表示されません。次は、Google Chromeで「https://www.google.co.jp」へアクセスしたときの画面です。

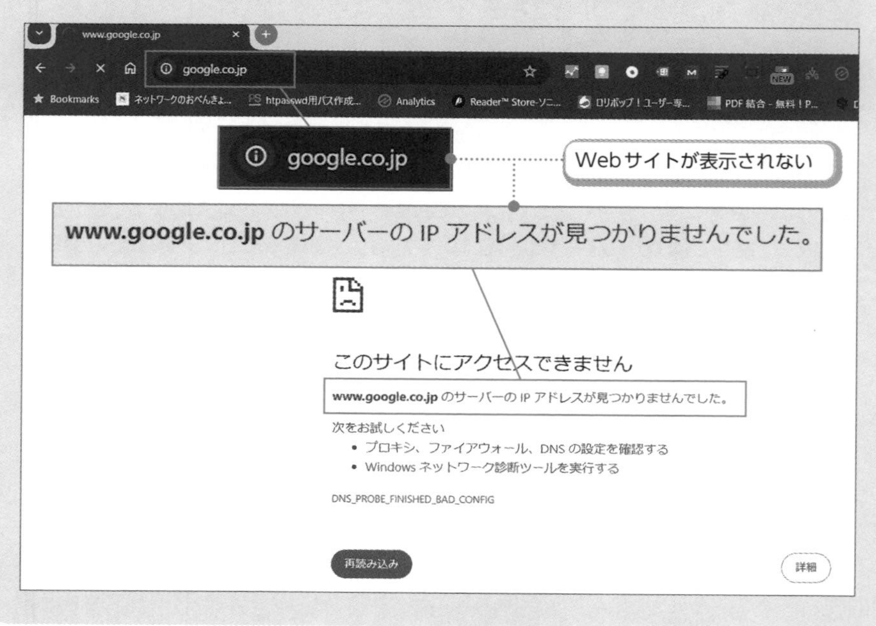

このようにDNSサーバーの設定を間違えていると、適切な宛先IPアドレスがわからず、Webサイトを表示できません。

Step5 正しいDNSサーバーの設定に戻す

最後に、DNSサーバーの設定をもとに戻しましょう。[インターネット プロトコル バージョン 4 (TCP/IPv4) のプロパティ] で [DNSサーバーのアドレスを自動的に取得する] をチェックして [OK] をクリックします。これで、正しいDNSサーバーの設定に戻ります。

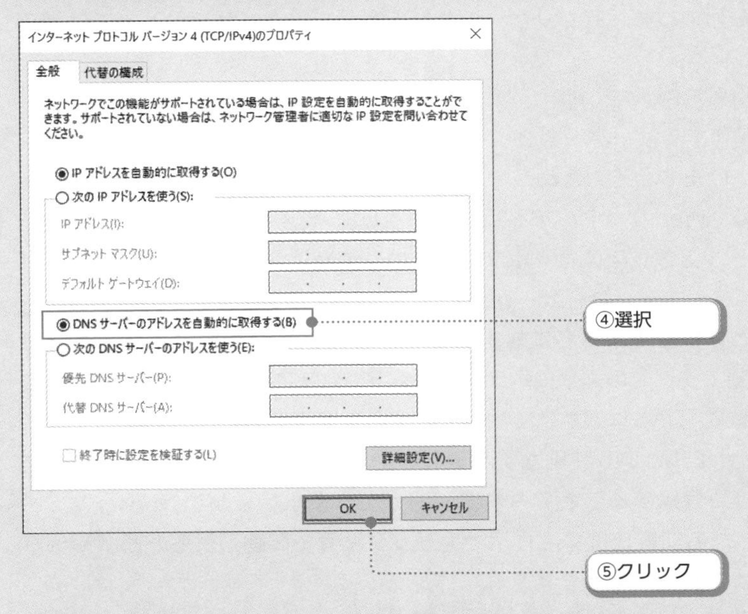

それでは、DNSによってどのように適切なIPアドレスを求めることができるのかについて見ていきましょう。

4-1-1 学ぼう！

DNSで宛先IPアドレスを求める

DNSは、ホストの名前である**ホスト名からIPアドレスを求めるためのプロトコル**です。TCP/IPの通信では、やり取りするデータにIPヘッダーを付加して、そのIPヘッダーにIPアドレスを必ず指定します。しかし、IPアドレスは数字の羅列のため、アプリケーションを利用するユーザーにとっては覚えにくいでしょう。

そこで、IPアドレスを利用しながらもユーザーには意識させず、アプリケーションが動作するサーバーやクライアントPCなどのホストへわかりやすいホスト名をつけます。そのため、アプリケーションを利用するユーザーが意識するものは、Webサイトのアドレスである URLやメールアドレスなどです。URLやメールアドレスには、ホスト名そのものやホスト名を求めるための情報が含まれています。**ユーザーがURLなどのアプリケーションのアドレスを指定したときに、ホスト名に対応するIPアドレスを自動的に求めることがDNSの役割**です。このようにホスト名からIPアドレスを求めることを**名前解決**と呼びます。DNSは最もよく利用される名前解決の方法なのです。

hostsファイルという特別なテキストファイルに、ホスト名とIPアドレスをあらかじめ登録することでも名前解決はできます。しかし、hostsファイルを利用した名前解決は拡張性やセキュリティ面で問題があるため、やはり一般的にはDNSを利用します[*1]。

DNSの仕組みは、普段利用している携帯電話の電話帳をイメージするとわかりやすいでしょう（図1）。電話をかけるには電話番号が必要です。しかし、電話番号をいくつも覚えておくことは難しいため、あらかじめ電話帳に名前と電話番号を登録しておきます。電話をかけるときは、電話帳に登録している相手の名前を指定すれば、自動的に電話番号がダイアルされます。

DNSでは、DNSサーバーにホスト名とIPアドレスの対応をあらかじめ登

*1　Windowsのhostsファイルのパスは「C:¥Windows¥System32¥drivers¥etc¥hosts」です。

録しています。そして、PC／スマートフォンが自動的にDNSサーバーに問い合わせて、適切な宛先IPアドレスを取得し、IPヘッダーをつけてデータを送信できるようになります。

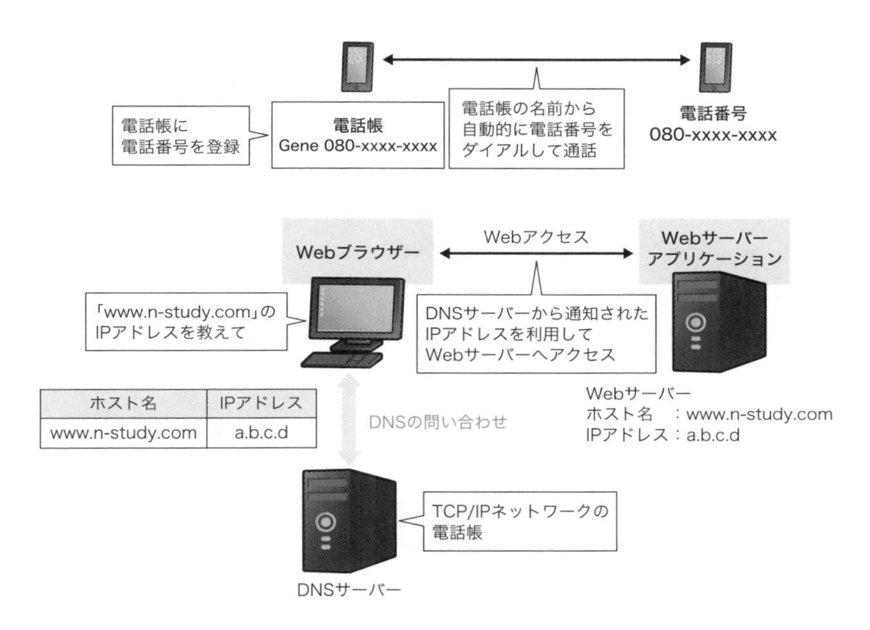

図1　DNSはネットワークの電話帳

DNSの名前解決はあまり目立ちませんが、**ネットワークの仕組みを知る上でとても重要**です。DNSサーバーの設定が正しくなかったり、障害などの影響でDNSサーバーへ問い合わせができなくなったりすると、通信する宛先IPアドレスがわからず、TCP/IPの通信が成り立ちません。

「やってみよう！」では、あえて問い合わせ先のDNSサーバーのIPアドレスの設定を間違えました。間違ったIPアドレスへDNSの問い合わせを送っても、当然返事はありません。そのため、宛先IPアドレスがわからずWebサイトへのアクセスもできなくなってしまいます。

インターネットのホスト名とIPアドレスの管理

現在は何十億台もの機器がインターネットに接続しているため、膨大な機器のホスト名とIPアドレスを1台のDNSサーバーで管理することは非常に困難です。そこで、インターネットのホスト名とIPアドレスは**ドメイン**という単位で階層化して分散管理しています。

企業や学校、政府機関など、ある組織のホスト名の集まりがドメインで、同じ組織の機器は同じドメイン名をホスト名につけます。例えば、ドメイン名を「n-study.com」とします。そして、Webサーバーは「www.n-study.com」、メールサーバーは「mail.n-study.com」、ファイルサーバーは「file.n-study.com」のように、最後の「n-study.com」の部分を共通にして個別に名前をつけます（図2）[*2]。

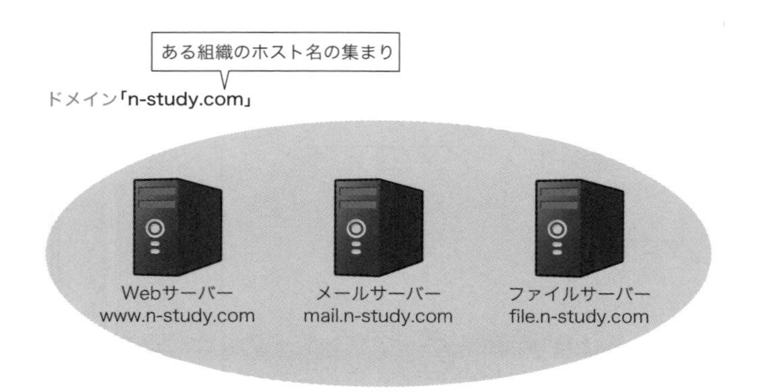

図2　ドメインによる分散管理

ドメイン名も含めた名前全体を**FQDN**（Fully Qualified Domain Name）と呼びます（図3）。人の名前でいうとドメイン名は姓（ファミリーネーム）、ホスト名は名（ファーストネーム）、FQDNはフルネームです。

なお、「ホスト名」「ドメイン名」という言葉が指す範囲が文脈によって違う

*2　1つのドメインをさらにサブドメインに分割することもできます。

こともあります。ホスト名として、上記の例の「www」や「mail」だけを指すこともあれば、ドメイン名も含めたFQDNを指すこともあります。また、ドメイン名だけでFQDNを指すこともあります。

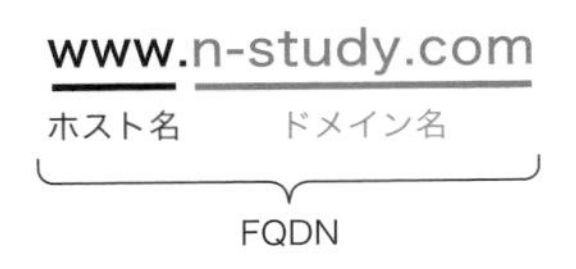

図3 FQDNの例

DNSによる名前解決を行うためには、DNSサーバーにドメイン内のホスト名とIPアドレスの対応を登録します。このホスト名とIPアドレスの対応を**リソースレコード**と呼び、主に表1のような種類があります。

表1 主なリソースレコード

タイプ	意味
A	ホスト名に対応するIPアドレス
AAAA	ホスト名に対応するIPv6アドレス
CNAME	ホスト名に対応する別名
MX	ドメイン名に対応するメールサーバー
NS	ドメイン名を管理するDNSサーバー
PTR	IPアドレスに対応するホスト名

さて、前述のようなDNSドメインは、**ルート(.)を頂点とした階層構造**になっています。このルートの下位に「com」「jp」などの**TLD**(Top Level Domain)があり、さらに階層化されたドメインが続くのです。例えば、「jp」の配下には「ac」「co」「ne」などのドメインがあります。こうしたドメイン名は一般的にドメイン登録事業者(レジストラ)を利用して取得します。取得するドメインにより条件や料金が異なりますが、大企業や公的機関だけでなく、中小企業や個人でも取得できます。

各ドメインのDNSサーバーには、次の設定を正しく行う必要があります。

- 管理するドメイン内のホスト名とIPアドレスの対応
- ルートDNSサーバー
- 下位ドメインのDNSサーバー

上記の設定が正しく行われているため、図4のように**ルートからたどればインターネット上のあらゆるドメイン内のホスト名に対応するIPアドレスが見つかる構造になっている**のです。

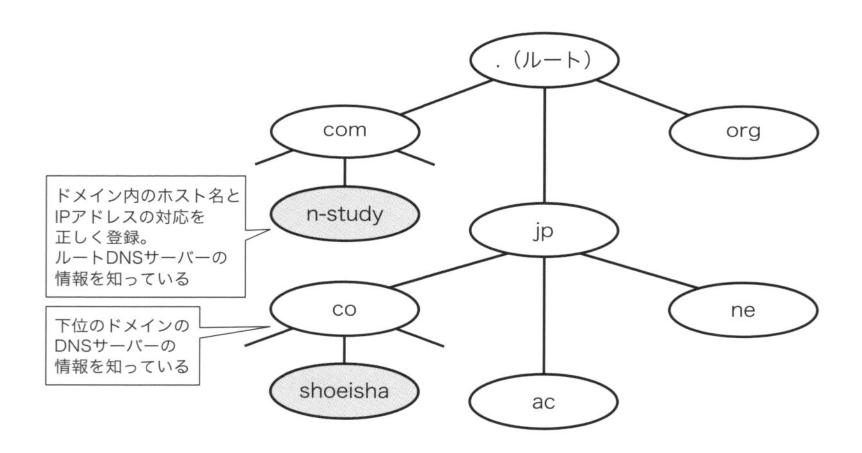

図4　ドメインの階層

ルートDNSサーバーは世界に13個あり、様々な組織が管理しています。ホスト名に「*.root-serves.net」をもち、「*」には「a」～「m」までの文字が入ります。このルートDNSサーバーはDNSの中で非常に重要です。**エニーキャスト**と呼ばれる技術により、ルートDNSサーバーは冗長化と負荷分散されています[*3]。ルートDNSサーバーのホスト名とIPv4アドレス、運用している組織をまとめたものが表2です[*4]。

---

*3　エニーキャストの負荷分散は、同じコンテンツをもつサーバーで同じIPアドレスを共有し、共有しているIPアドレスを宛先にすると、送信元から最も近いサーバーへ転送される仕組みです。

*4　ルートDNSサーバーにはIPv6アドレスもあります。詳細については、次のWebサイトも参考にしてください（The IANA functions「root-servers.org」(https://root-servers.org/)）。

表2　ルートDNSサーバーの各情報

ホスト名	IPv4アドレス	運営組織
a.root-servers.net	198.41.0.4	Verisign, Inc.
b.root-servers.net	170.247.170.2	University of Southern California, Information Sciences Institute
c.root-servers.net	192.33.4.12	Cogent Communications
d.root-servers.net	199.7.91.13	University of Maryland
e.root-servers.net	192.203.230.10	NASA (Ames Research Center)
f.root-servers.net	192.5.5.241	Internet Systems Consortium, Inc.
g.root-servers.net	192.112.36.4	US Department of Defense (NIC)
h.root-servers.net	198.97.190.53	US Army (Research Lab)
i.root-servers.net	202.36.148.17	Netnod
j.root-servers.net	202.58.128.30	Verisign, Inc.
k.root-servers.net	193.0.14.129	RIPE NCC
l.root-servers.net	199.7.83.42	ICANN
m.root-servers.net	202.12.27.33,	WIDE Project

DNSの名前解決の仕組み

ここからは、DNSの名前解決の仕組みについて見ていきます。まず、**DNSサーバーに必要な情報（リソースレコード）を正しく登録していること**が大前提です。自分のドメイン以外の情報は、そのドメインを管理する組織が正しくDNSサーバーの設定をしているという前提があります。次に、**アプリケーションを動作させているPC／スマートフォンなどのホストにはDNSサーバーのIPアドレスを正しく設定します**。Webサイトのアドレスを入力するなど、アプリケーションを利用するユーザーがホスト名を指定すると、自動的にDNSサーバーに対応するIPアドレスを問い合わせます。DNSサーバーへの問い合わせ機能はWindowsなどのOSに組み込まれており、**DNSリゾルバ**と呼びます。

しかし、PCが最初に問い合わせるDNSサーバーに、問い合わせたホスト名のIPアドレスが登録されているとは限りません。このとき、DNSサーバーはドメインの階層構造をルートからたどって、問い合わせを繰り返します。図5は、「www.n-study.com」のIPアドレスを問い合わせたときの例です。

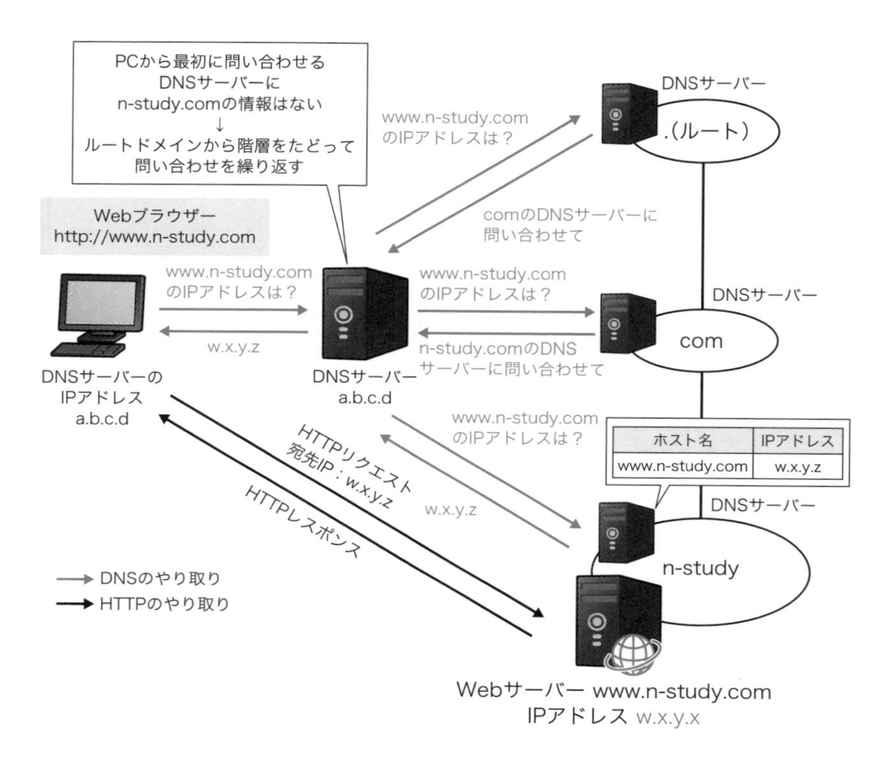

図5　DNSの名前解決の例

　図の例で具体的に見ていきましょう。ユーザーがPCのWebブラウザーに「http://www.n-study.com」と入力すると、自動的にDNSの問い合わせを行います。まずは、PCに設定しているDNSサーバーへ問い合わせます。PCが最初に問い合わせるDNSサーバーには「n-study.com」の情報はありませんが、ルートからたどれば問い合わせた情報が見つかるはずです。

　そこで、問い合わせを受けたDNSサーバーはルートドメイン、comドメイン、n-studyドメインのDNSサーバーに問い合わせを繰り返します。最終的にn-studyドメインのDNSサーバーに「www.n-study.com」のIPアドレスの情報があり、IPアドレスが返ってきます。そして、最初に問い合わせを受けたDNSサーバーは「www.n-study.com」のIPアドレスをPCに返すことができ、PCは返ってきたWebサーバーのIPアドレスを宛先にしてHTTPリクエストを送り、Webサイトへアクセスできるのです[*5]。

なお、毎回ルートからたどって問い合わせると効率がよくありません。そこで、DNSサーバーやリゾルバは問い合わせた情報をしばらくの間**キャッシュに保存**します。どのくらいの期間キャッシュに保存するかは設定次第ですが、過去の問い合わせ結果のキャッシュが残っていれば、ルートからたどらずスムーズに名前解決ができます。Windowsでは、コマンドプロンプトから次のコマンドでDNSキャッシュを確認できます。


```
C:¥>ipconfig /displaydns
```

例えば、「ipconfig /displaydns」コマンドのサンプルは次の通りです。

```
C:¥Users¥gene>ipconfig /displaydns

Windows IP 構成
～省略～
    waconatm.officeapps.live.com

    レコード名       : waconatm.officeapps.live.com
    レコードの種類   : 5
    Time To Live : 46
    データの長さ     : 8
    セクション       : 回答
    CNAME レコード : word-edit.wac.trafficmanager.net

    レコード名       : word-edit.wac.trafficmanager.net
    レコードの種類   : 5
    Time To Live : 46
    データの長さ     : 4
    セクション       : 回答
    A (ホスト) レコード       : 52.108.46.16
～省略～
```

*5　正確にはHTTPリクエストに先立って、TCPコネクションを確立します。TCPコネクションについては5-2-1で詳しく解説します。

4-2 やってみよう！

nslookupコマンドを使って DNSサーバーへ問い合わせよう

インターネット上のサーバーのIPアドレスを確認してみましょう。DNSの問い合わせを手動で実行するnslookupコマンドを利用します。

Step1 コマンドプロンプトを開く

ツールバーの検索ボックスに「cmd」と入力して、コマンドプロンプトを開きます。

Step2 nslookupコマンドを実行する

コマンドプロンプトからnslookupコマンドで「www.n-study.com」のIPアドレスを調べます。次に挙げたのはnslookupコマンドのサンプルです。

```
C:¥Users¥gene>nslookup www.n-study.com
サーバー：  UnKnown
Address:  192.168.1.1

権限のない回答：
名前：  www.n-study.com.cdn.cloudflare.net
Addresses:  2606:4700:3033::6815:3c61
            2606:4700:3036::ac43:c383
            172.67.195.131
            104.21.60.97
Aliases:  www.n-study.com
```

DNSサーバーから返ってくるIPアドレスの情報は1つだけとは限りません。DNSサーバーには、1つのホスト名に対して複数のIPアドレスが登録されていることがあります。また、IPv4アドレスだけではなく、IPv6アドレスの情報も登録されていれば、IPv6アドレスの情報も返ってきます。

Step3 その他のインターネット上のサーバーのIPアドレスを調べる

nslookupコマンドで、その他のインターネット上のWebサーバーのIPアドレスを調べてみましょう。次の表にあるWebサーバーのIPアドレスをnslookupコマンドで調べて、書き出してみてください。

Webサーバーのホスト名	IPアドレス
www.google.co.jp	
www.shoeisha.co.jp	
www.amazon.co.jp	

手動で問い合わせを行うnslookupコマンド

通常、DNSサーバーへのIPアドレスの問い合わせは自動的に行われます。Webサイトを見るときやメールを送受信するときに、ユーザーはDNSサーバーへ問い合わせることを意識しないでしょう。しかし、DNSサーバーのリソースレコードの登録を確認したり、何らかの障害やDNSサーバーの設定ミスなどでDNSが正しく動作しなかったときに、DNSサーバーへの問い合わせを手動で行ったりする場合があります。そのときは、**nslookupコマンドによってDNSサーバーへのIPアドレスの問い合わせを手動で実行できます。**

nslookupコマンドのモード

nslookupコマンドには次の2つのモードがあります（図6）。

- **非対話モード**
- **対話モード**

非対話モードは、nslookupコマンドの後ろにホスト名などの引数やオプションの指定を直接行います。そして、結果が表示されるとすぐにコマンドは終了します。

一方、対話モードは1回の問い合わせだけでコマンドが終了せず、次々に連続して問い合わせができます。その際、オプションの指定や問い合わせるDNSサーバーの切り替えなども可能です。

この対話モードを実行するには、nslookupコマンドだけを入力します。「>」だけの表示になれば、対話モードに入っているサインです。対話モードから抜けるときには、「exit」または「Ctrl+C」を入力してください。

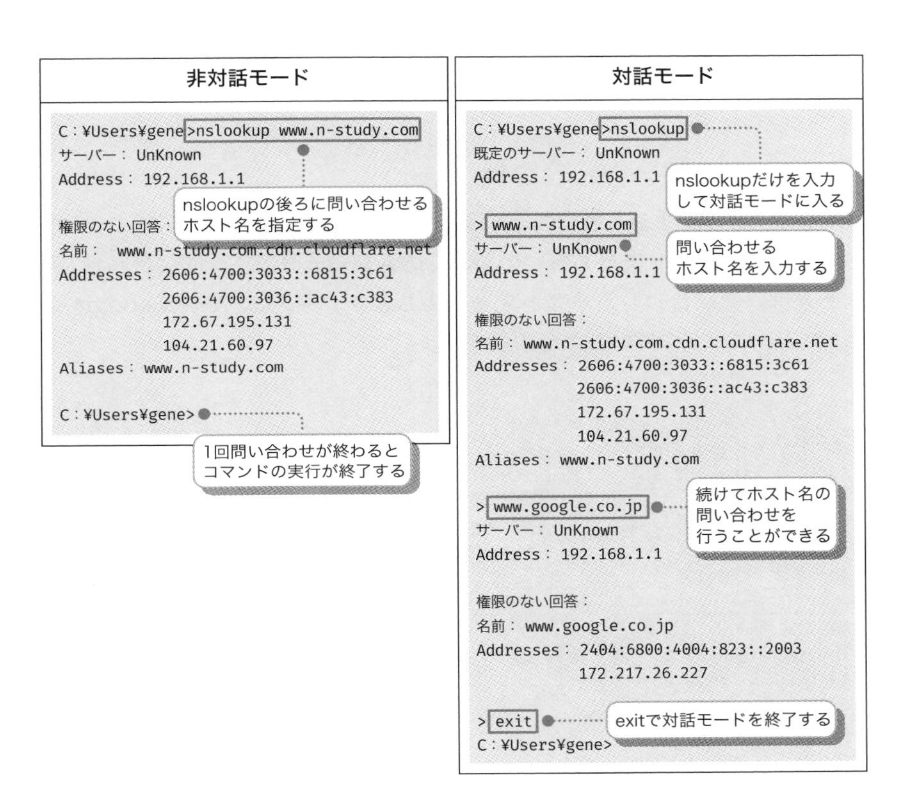

図6　nslookupコマンドの非対話モードと対話モード

nslookupコマンドの例

nslookupコマンドには、たくさんのオプションがあり、DNSサーバーに対して様々な問い合わせを行うことができます。それでは、次のリソースレコードの問い合わせの例について、対話モードを使って解説します。

- **Aレコード**
- **PTRレコード**
- **MXレコード**
- **NSレコード**

なお、以降のnslookupコマンドの例にあるホスト名やIPアドレスは執筆当時（2024年3月）のもののため変更される可能性があります。

Aレコードの問い合わせの例

Aレコードは、**ホスト名に対応するIPアドレスの情報**です。DNSサーバーに対する問い合わせで最も多いのが、このAレコードです。問い合わせを行うときは、問い合わせるホスト名を入力します。図7は、「www.google.co.jp」のAレコードの問い合わせの例です。

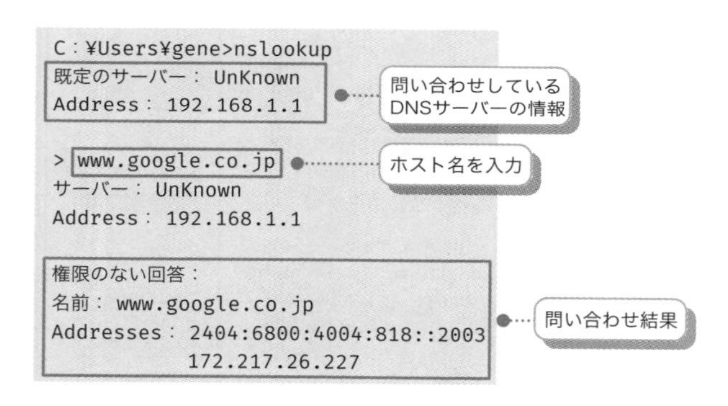

図7　Aレコードの問い合わせの例

ホスト名の下にある「サーバー」および「Address」は、問い合わせを行っているDNSサーバーの情報です。「サーバー」がUnknownなのは、DNSサーバーのホスト名がわからない状態だからです。問い合わせるDNSサーバーを特に指定していないと、PCで設定されているDNSサーバーの情報が表示されます。

その下が、問い合わせ結果です。「権限のない回答」とは、問い合わせ先とは別のDNSサーバーに登録されている情報であることを表しています。「名前」がサーバーのホスト名で、「Addresses」が対応するIPアドレスです。対応するIPアドレスにはIPv4アドレス「172.217.26.227」とIPv6アドレス「2404:6800:4004:818::2003」があります。

PTRレコードの問い合わせの例

PTRレコードは、**IPアドレスに対応するホスト名の情報**です。サーバーがクライアントから何らかのリクエストを受信するとき、クライアントのIPアドレスはわかってもホスト名がわからないことがあります。そのような場合、PTRレコードを問い合わせてIPアドレスに対応するホスト名の情報を調べることができます*6。

nslookupコマンドは、AレコードとPTRレコードのどちらの問い合わせかを自動的に判別してくれます。PTRレコードの問い合わせはIPアドレスを指定するだけなので、先ほどの「www.google.co.jp」のAレコードで調べたIPアドレスを指定して問い合わせをしてみましょう（図8）。

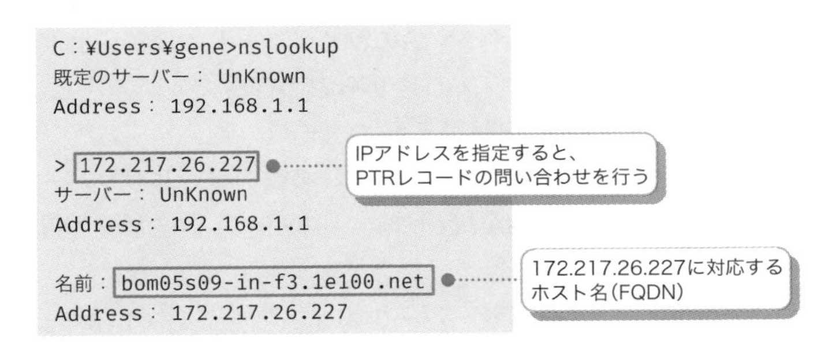

図8 PTRレコードの問い合わせの例

「172.217.26.227」に対応するホスト名は「bom05s09-in-f3.1e100.net」であることがわかります。

MXレコードの問い合わせの例

MXレコードとは、**メールサーバーの情報を登録しているもの**です。電子メールは、メールサーバーからメールサーバーへと転送されますが、この転送先のメールサーバーの情報を調べるためにMXレコードの問い合わせを行います。次の図9は、筆者のWebサイト「ネットワークのおべんきょしませんか？」のドメイン「n-study.com」のMXレコードの問い合わせの例です。

*6 DNSサーバーに必ずしもPTRレコードが登録されているとは限りません。PTRレコードを登録していないDNSサーバーもあります。

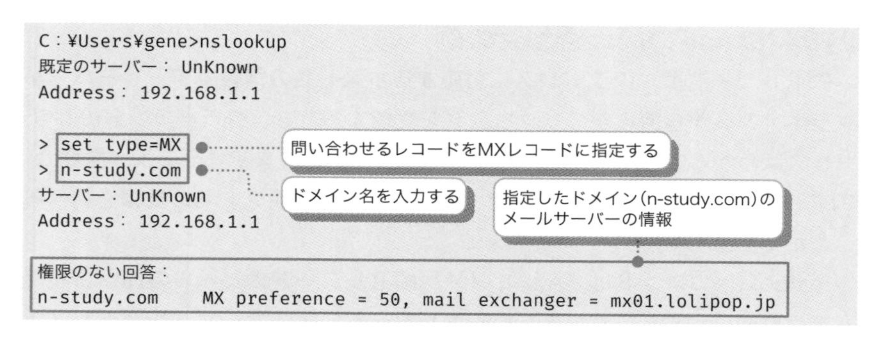

図9　MXレコードの問い合わせの例

「set type=MX」でMXレコードの問い合わせを行うように変更しています。ドメイン名を入力すると、入力したドメイン名のMXレコードの問い合わせを行います。ドメイン名はメールアドレスの@から右の部分です。すると、指定したドメインのメールサーバーの情報が表示されます。

メールサーバーの情報は、複数の登録ができます。複数のメールサーバーの優先度を示しているのが「MX preference」です。値が小さいほど優先度が高いメールサーバーとなります。

そして、「mail exchanger」がメールサーバーのホスト名を表しています。IPアドレスを調べるためには、さらにAレコードの問い合わせを行います。

NSレコードの問い合わせの例

NSレコードとは、**ドメインのDNSサーバーの情報を登録しているもの**です。NSとは「Name Server」の略称です。同じく、NSレコードの問い合わせの例を見ていきましょう（図10）。

```
C：¥Users¥gene>nslookup
既定のサーバー： UnKnown
Address： 192.168.1.1

> set type=NS
> n-study.com
サーバー： UnKnown
Address： 192.168.1.1

権限のない回答：
n-study.com     nameserver = armadillo.ezoicns.com
n-study.com     nameserver = bandicoot.ezoicns.com
n-study.com     nameserver = butterfly.ezoicns.com
n-study.com     nameserver = centipede.ezoicns.com
```

問い合わせるレコードをNSレコードに指定する
ドメイン名を入力する
指定したドメイン（n-study.com）のDNSサーバーの情報

図10　NSレコードの問い合わせの例

MXレコードと同じように、「set type=NS」でNSレコードの問い合わせに変更します。ドメイン名を入力し、入力したドメイン名のNSレコードを問い合わせると、「n-study.com」を管理するDNSサーバーは「armadillo.ezoicns.com」「bandicoot.ezoicns.com」「butterfly.ezoicns.com」「centipede.ezoicns.com」であることがわかります。

第4章のまとめ

- **TCP/IPで通信するためには必ずIPアドレスを指定する。適切な宛先IPアドレスを求めるためにDNSを利用する**
- **DNSサーバーのIPアドレスの設定を間違えたり、DNSサーバーがダウンすると、宛先IPアドレスがわからず通信そのものができなくなる**
- **インターネットのホスト名とIPアドレスは階層化されたドメインによって管理されている**
- **nslookupコマンドによって、DNSサーバーへの問い合わせを手動で行う**

練習問題

Q1 WebサイトのURLからWebサーバーのIPアドレスを求めることを何というでしょうか。

A アドレス解決　B 名前解決
C 問題解決　D 課題解決

Q2 ドメイン名も含めたサーバーにつける名前を何というでしょうか。

A FQDN　B AQDN　C NQDN　D DQDN

Q3 DNSサーバーに設定するホスト名に対応するIPアドレスの情報を何というでしょうか。

A CNAMEレコード　B MXレコード
C NSレコード　D Aレコード

Q4 WindowsなどのOSに組み込まれたDNSの問い合わせを行うプログラムは何でしょうか。

A DNSクエリ　B DNSリプライ
C DNSリゾルバ　D DNSファインダ

Q5 DNSサーバーへの問い合わせを手動で実行するためのコマンドは何でしょうか。

A nslookup　B arp -a　C ping　D tracert

解答　**A1.** B　**A2.** A　**A3.** D　**A4.** C　**A5.** A

Chapter

05

TCPとUDPって何だろう?

～ポート番号の意味と役割～

PCやスマートフォンでは、いくつものアプリケーションを動作させています。この複数のアプリケーションそれぞれに適切なデータを振り分けなければいけません。そのために必要なトランスポート層のプロトコルである、TCPとUDPについて見ていきましょう。

5-1 やってみよう！

ポート番号を確認しよう

アプリケーションの通信は、IPアドレスとポート番号の組み合わせで識別できます。netstatコマンドによって、PCがどのようなアプリケーションの通信を行っているかを確認しましょう。

Step1 コマンドプロンプトを開く

ツールバーの検索ボックスに「cmd」と入力して、コマンドプロンプトを開きます。

Step2 netstatコマンドを実行する

コマンドプロンプトから「netstat -n」コマンドを実行します。次ページに挙げたのは、「netstat -n」コマンドのサンプルです。

netstatコマンドは、アクティブなTCP接続を表示します。コマンドの最上部にある「-n」はIPアドレスやポート番号を数値で表示するためのオプションです。

ローカルアドレスは、PC自身のIPアドレスとポート番号です。「IPアドレス:ポート番号」というように、IPアドレスとポート番号の組み合わせを表します。「外部アドレス」が宛先のIPアドレスとポート番号の組み合わせです。特に操作をしていなくても、PCは色々なアプリケーションの通信を行っていることがわかります。

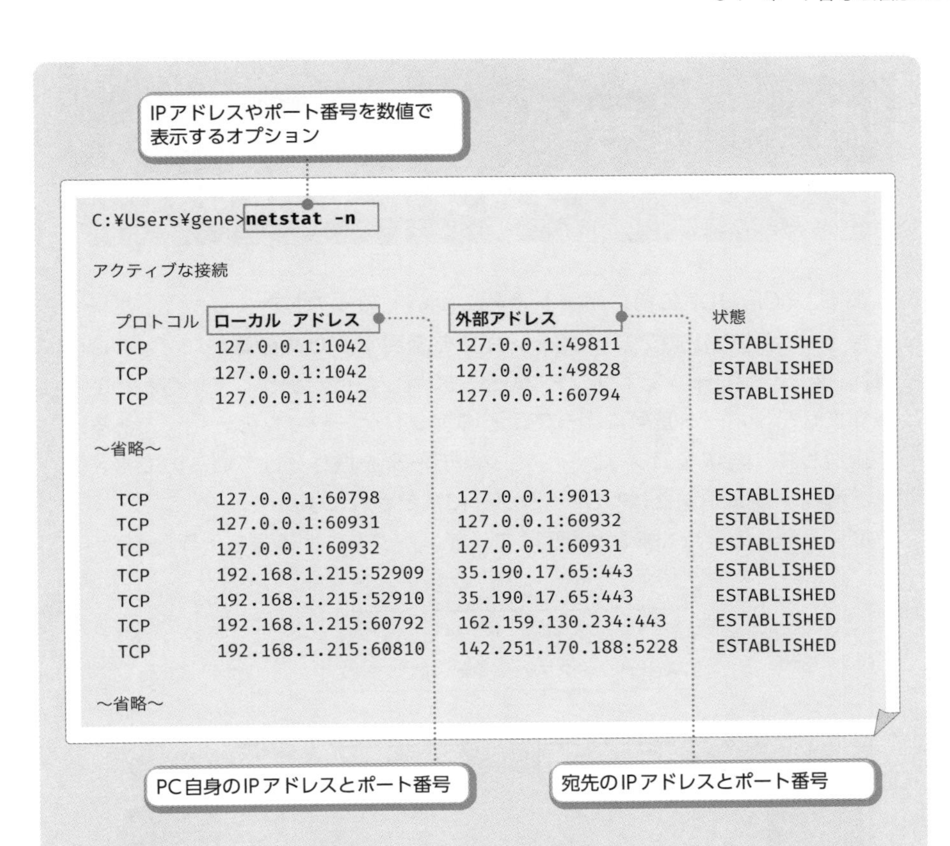

まずは、ポート番号とは何かについて見ていきましょう。

5-1-1 学ぼう!

ポート番号でアプリケーションを識別する

まず、TCP/UDPの前にポート番号について知っておきましょう。ポート番号とは、**TCP/IPのアプリケーションを識別するための番号**です。1台のPC/スマートフォンで1つのアプリケーションだけが動作しているわけではありません。ポート番号によって、どのアプリケーションのデータであるかを識別して、適切なアプリケーションへデータを振り分けているのです。後ほど解説するTCPまたはUDPヘッダーに指定されます。

ポート番号の要点をまとめた図1で、イメージをつかみましょう。

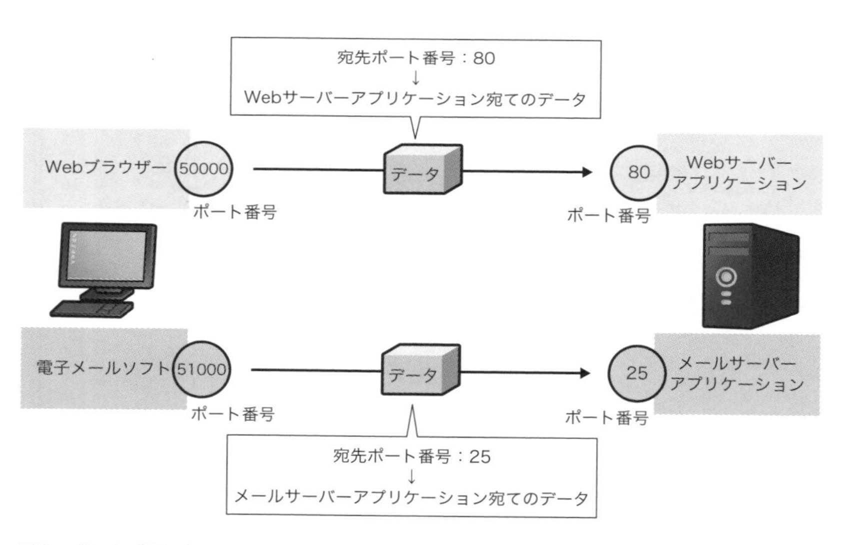

図1　ポート番号の概要

図1のPCではWebブラウザーと電子メールソフトを利用しています。一方、サーバーは1台でWebサーバーとメールサーバーを兼用しWebサーバーアプリケーションとメールサーバーアプリケーションを動作させています。

PCのWebブラウザーからのリクエストは、サーバーのWebサーバーアプリケーションへ振り分ける必要があります。そこで、Webブラウザーからのリクエストは宛先ポート番号「80」を指定します。サーバーは宛先ポート番号によりWebサーバーアプリケーション宛てのデータだと認識して振り分けることができます。電子メールソフトのリクエストも同様です[*1]。こうして、各データが正しくアプリケーションに振り分けられます。

ポート番号の分類

ポート番号には、16ビットの数値が割り当てられます。そのため、割り当てられる数値は「0」～「65535」の範囲となり、表1のような3つの分類があります。それぞれについて見ていきます。

表1　ポート番号の分類

分　類	範　囲	意　味
ウェルノウンポート	0～1023	サーバーアプリケーション用に予約されているポート番号
登録済みポート	1024～49151	よく利用されるアプリケーションのサーバー側のポート番号
ダイナミック/プライベートポート	49152～65535	クライアントアプリケーション用のポート番号

ウェルノウンポート

ポート番号の分類で特に重要なものが、ウェルノウンポートです。これはあらかじめ決められた番号で、**サーバーアプリケーションを起動すると、ウェルノウンポートでクライアントアプリケーションからのリクエストを待ち受けます**。例えば、Webサーバーアプリケーションはアプリケーションプロトコルに HTTPを利用します。HTTPのウェルノウンポートは80と決まっているため、Webサーバーアプリケーションはポート番号80でWebブラウザー

*1　図は、クライアントからサーバーへのリクエストを表していますが、レスポンスも同じ流れです。

からのリクエストを待ち受けることになります[*2]。主なアプリケーションプロトコルのウェルノウンポートを**表2**にまとめています。

表2　主なウェルノウンポート

アプリケーションプロトコル	TCP	UDP
HTTP	80	-
HTTPS	443	-
SMTP	25	-
POP3	110	-
IMAP4	143	-
DNS	53	53
FTP	20/21	-
DHCP	-	67/68
Telnet	23	-

登録済みポート

登録済みポートは、ウェルノウンポート以外でよく利用されるサーバーアプリケーションを識別するためのポート番号です。登録済みポートもあらかじめ番号が決められています。例えば、リモートでPCなどの操作を行うリモートデスクトップは、ポート番号「3389」を利用します。

ダイナミック／プライベートポート

ダイナミック／プライベートポートは、クライアントアプリケーションを識別するためのポート番号です。ウェルノウンポートや登録済みポートとは異なり、あらかじめ番号が決められているわけではありません。クライアントアプリケーションが通信するたびに割り当てられます。

Webブラウザーであれば、タブ／ウィンドウごとに異なるポート番号が自動的に割り当てられます。これにより、Webブラウザーのタブ／ウィンドウをそれぞれ識別できるようにしています。

*2　サーバーアプリケーションの設定でウェルノウンポート以外のポート番号にも変更できます。

フローはIPアドレスとポート番号の組み合わせで識別できる

　アプリケーションの一連のデータのまとまりであるフローは、**IPアドレスとポート番号の組み合わせで識別できます**。図2のように、IPヘッダーにあるIPアドレスでアプリケーションが動作するPC／スマートフォン／サーバーなどがわかります。次のTCP/UDPヘッダーにあるポート番号で、PC／サーバー上のどのアプリケーションかがわかります。IPアドレスとポート番号の組み合わせを表記するときは、「10.0.0.1:80」のように「:」で区切ります。

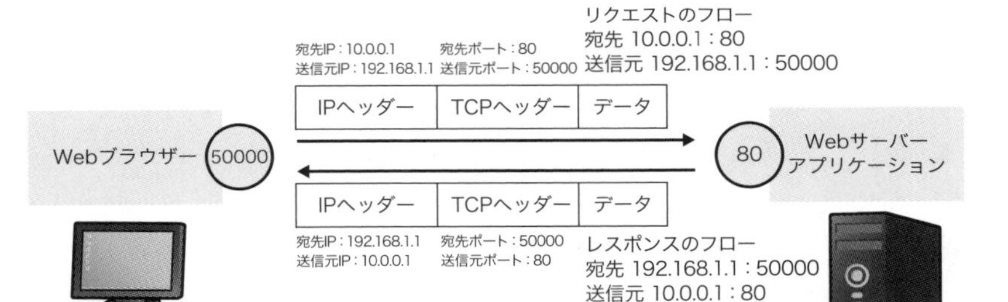

図2　アプリケーションのフローの識別

　また、ルーターやレイヤー2スイッチで単にアプリケーションのデータを転送するときは、ポート番号まで参照することはありません。セキュリティを確保するためにパケットフィルタリングを設定するときや、特定のアプリケーションの通信を優先する**QoS**（Quality of Service）の制御をするときには、ルーターやレイヤー2スイッチでもポート番号まで参照して転送します。

　以上のように、ポート番号でデータを適切なアプリケーションへ振り分けるためのプロトコルがTCPとUDPです。次節から、このTCPとUDPについてそれぞれ解説します。

5-2 やってみよう！

TCPヘッダーを確認しよう

信頼性を保ったアプリケーション間のデータの転送を行うためのプロトコルがTCPです。ここでTCPヘッダーの内容を確認してみましょう。

Step1 Wiresharkキャプチャファイルを開く

Wiresharkキャプチャファイル「http_capture.pcapng」を開きます。HTTPは、トランスポート層にTCPを利用しているアプリケーションプロトコルです。TCPヘッダーを確認するために、表示フィルターへ「http」と入力して、HTTPのメッセージのみを表示します。

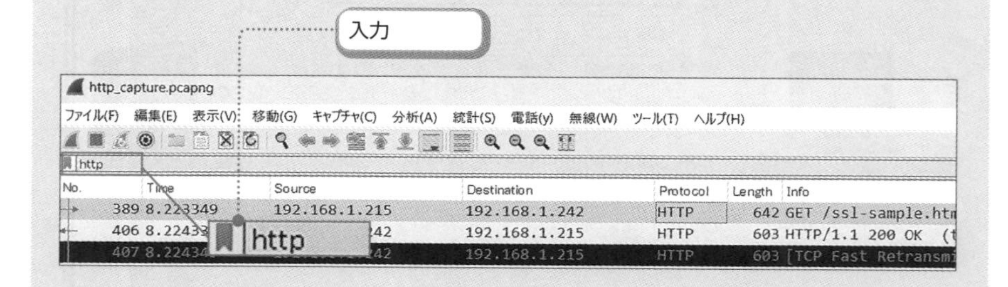

Step2 TCPヘッダーを確認する

「No.389」のキャプチャデータをクリックします。このキャプチャデータはHTTPリクエストです。ここにTCPヘッダーも付加されています。[Transmission Control Protocol]をクリックして展開してください。すると、次ページのようにTCPヘッダーの詳細が表示されます。

```
v Transmission Control Protocol, Src Port: 63433, Dst Port: 80, Seq: 1, Ack: 1, Len: 588
    Source Port: 63433
    Destination Port: 80
    [Stream index: 21]
  > [Conversation completeness: Complete, WITH_DATA (31)]
    [TCP Segment Len: 588]
    Sequence Number: 1    (relative sequence number)
    Sequence Number (raw): 2261726105
    [Next Sequence Number: 589    (relative sequence number)]
    Acknowledgment Number: 1    (relative ack number)
    Acknowledgment number (raw): 4168301429
    0101 .... = Header Length: 20 bytes (5)
  > Flags: 0x018 (PSH, ACK)
    Window: 8195
    [Calculated window size: 2097920]
    [Window size scaling factor: 256]
    Checksum: 0x8780 [unverified]
    [Checksum Status: Unverified]
    Urgent Pointer: 0
  > [Timestamps]
  > [SEQ/ACK analysis]
    TCP payload (588 bytes)
```

送信元ポート番号と宛先ポート番号

シーケンス番号

TCPヘッダーで重要なのはポート番号です。このキャプチャデータでは宛先ポート番号が「80」であり、HTTPのウェルノウンポートです。そして、送信元ポート番号は「63433」です。これは、Webブラウザーに割り当てられたランダムなポート番号です。また、TCPセグメントの順序を示すシーケンス番号もわかります。

ヘッダーに含まれる情報を確認できたところで、こうしたヘッダーを付加するTCPの仕組みを見ていきましょう。

5-2-1 学ぼう！

信頼性を保った データ転送を行うTCP

TCPの概要

TCPとは、**アプリケーション間で信頼性を保ったデータ転送を行うためのプロトコル**です。TCP/IPというネットワークアーキテクチャの名前に含まれるように、とても重要なプロトコルです。信頼性を保ったアプリケーション間でのデータ転送は、**コネクションの確立**と**受信確認**がポイントとなります。つまり、通信が正しく行えるかを確認してからデータを送り、送ったら無事に宛先に届いたかを確認することで、特定のアプリケーション間で確実にデータを送受信できるようにしているのです。

このTCPを利用したアプリケーション間のデータ転送は、次のような手順で行われます。

①**TCPコネクションの確立**
②**アプリケーション間のデータの送受信**
③**TCPコネクションの切断**

それぞれ具体的に見ていきましょう。

①TCPコネクションの確立

まず、データを送受信するアプリケーション間の通信が正常に行えるかどうかを確認します（図3）。つまり、データの送り先のアプリケーションがきちんと起動していて、データを送受信できる状態になっているかを確認します。この確認のプロセスは**3ウェイハンドシェイク**と呼ばれます。このTCPコネクションの確立は、アプリケーション間に仮想的な直通の通信回線を確保しているようなイメージです。

②アプリケーション間のデータの送受信

アプリケーションが扱うデータをTCPで送信するためには、アプリケーションのデータにアプリケーションプロトコルのヘッダーとTCPヘッダーを付加します(図4)。これを**TCPセグメント**ともいいます。このとき、アプリケーションのデータサイズが大きければ分割し、複数のTCPセグメントにして転送します。どのように分割したかはTCPヘッダーに記述されます。これにより宛先でもとのデータに組み立てられるようにします。そのあと、データを受け取ったら確認を行います。このデータの受信確認のことを**ACK**と呼びます。もし、一部のデータがきちんと届いていなければ再送します。

また、ネットワークの混雑を検出すると、データの送信速度を抑えます。この仕組みを**フロー制御**と呼びます*3。

③TCPコネクションの切断

TCPコネクションをずっと維持すると、ホストのCPUやメモリを消費してしまいます(図5)。そこで、アプリケーションのデータ転送が終了したら、TCPコネクションを切断することで、**ホストのCPUやメモリの利用を解放**します。

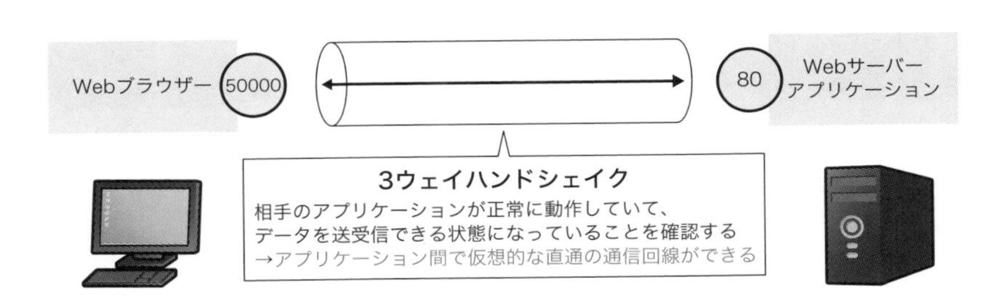

図3　TCPコネクションの確立

*3　データが失われてしまう原因の大半はネットワークの混雑です。TCPではACKが返ってこずにデータが失われることで、ネットワークの混雑を検出します。

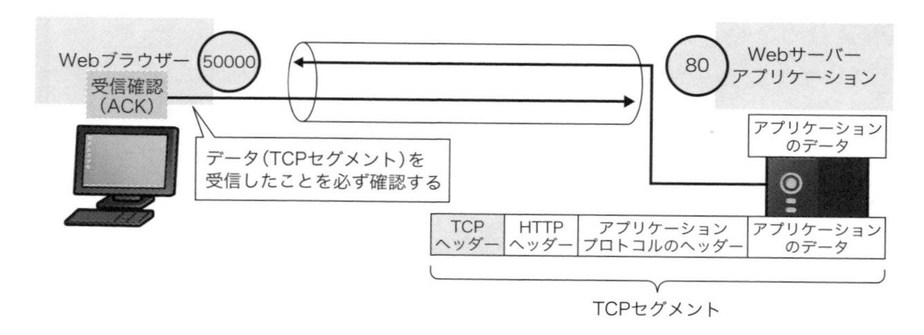

図4　アプリケーション間のデータの送受信

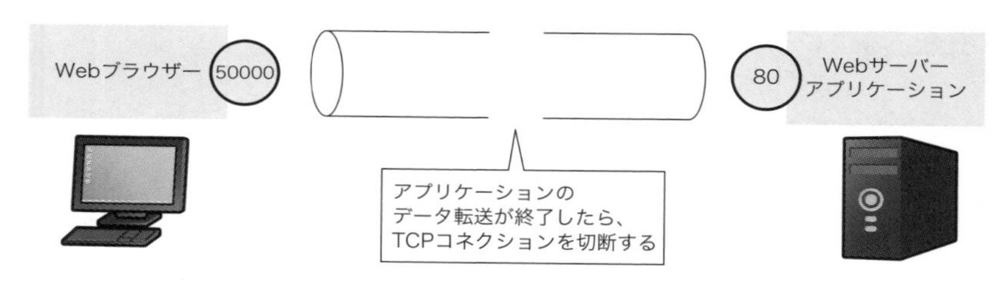

図5　TCPコネクションの切断

このように、TCPコネクションを確立してから、実際にアプリケーションのデータ転送を始めています。さらに、データが正しく転送できたかを確認することによって、TCPでは信頼性の高いアプリケーション間のデータ転送を行えるのです。詳しいTCPの動作については以降で解説します。

TCPヘッダーフォーマット

まず、TCPの様々な機能を実現するために重要な、TCPヘッダーのフォーマットについて解説します。フォーマットの構成は図6の通りです。

送信元ポート番号(16)			宛先ポート番号(16)
シーケンス番号(32)			
ACK 番号(32)			
データオフセット(4)	予約(6)	フラグ(6)	ウィンドウサイズ(16)
チェックサム(16)			アージェントポインタ(16)

図6　TCPヘッダーフォーマット

TCPヘッダー内で最も重要なのは**ポート番号**です。5-1-1で解説した通り、ポート番号で**適切なアプリケーションプロトコルへデータを振り分けることができる**からです。

また、信頼性の高いデータ転送を行うために**シーケンス番号**や**ACK番号**があります。シーケンス番号は「シーケンス（順序）」という通り、**TCPで転送するデータの順序**を表しています。データを分割しているときには、シーケンス番号でどのようにデータを分割しているかがわかります。ACK番号は**データを正しく受信したことを確認する**ために利用します。

フラグはTCPコネクションの確立やデータ転送の制御のために使うものです。主なフラグを表3にまとめます。

表3　主なTCPフラグ

フラグ	概　要
SYN	TCPコネクションを確立するときに立てる
ACK	TCPコネクションを確立した最初のセグメント以外で立てる
FIN	TCPコネクションを切断するときに立てる
RST	TCPコネクションを強制的に切断するときに立てる

 TCPコネクションの確立

TCPを利用するアプリケーションプロトコルは、アプリケーションのデータ転送をするときにTCPコネクションを確立します。つまり、**データを転送する前にアプリケーション間でデータの送受信が確実にできることを確認**しているのです。このときに、初期のシーケンス番号やデータを分割する単位である**MSS**（Maximum Segment Size）を決めます。

先ほども少し触れましたが、TCPコネクションの確立は3つの手順で行うことから、3ウェイハンドシェイクと呼ばれます。3ウェイハンドシェイクでは、表3にある**SYNフラグ**と**ACKフラグ**が重要です（図7）。それぞれの手順の内容をまとめると、次のようになります。

①クライアントアプリケーションからコネクション確立の要求を送信する（SYNフラグ）
②コネクション要求に応答するとともに、サーバーアプリケーションからもコネクション確立の要求を送信する（SYN/ACKフラグ）
③サーバーアプリケーションからのコネクション要求に応答して、クライアントアプリケーションとサーバーアプリケーション間で双方向のTCPコネクションが確立する（ACKフラグ）

3ウェイハンドシェイクでTCPコネクションを確立できれば、データの送受信の準備完了です。アプリケーション間で確実にデータを送受信できます。

図7　3ウェイハンドシェイクの流れ

アプリケーション間のデータの送受信［データの分割］

アプリケーションのデータを送信するとき、データのサイズが大きいと1回では送れないため分割しなければいけません。そんなときのために、TCPには**データの分割機能**もあります。前述のように、TCPでアプリケーションのデータを分割する単位はMSSと呼び、標準的なサイズは「1460」バイトです。このMSSを超えるサイズのデータは**MSSごとに分割して送信**します。

Webアクセスをして Webサーバーアプリケーションから Webサイトのデータを送信するときに、データをTCPで分割する場合を考えてみましょう。まず、アプリケーションプロトコルとしてHTTPを利用するため、Webサイトのデータに HTTPヘッダーが付加されます。これがTCPにとってのデータです。次にMSSごとにデータを分割して、それぞれにTCPヘッダーを付加し、複数のTCPセグメントにします。もとのデータをどのように分割しているかは、TCPヘッダー内のシーケンス番号を見ればわかります。

TCPのMSSの標準的なサイズが1460バイトなのは、ネットワークインターフェイス層にイーサネットを利用していることが多いからです。イーサネットでは、1つのフレームで送信できるデータサイズの最大値であるMTUが「1500」バイトです。また、図8のようにIPヘッダーの20バイトとTCPヘッダーの20バイトを付加したものが、イーサネットにとってのデータとなります。このIPヘッダーとTCPヘッダー分をあわせても、**イーサネットのMTUに収まるようTCPのMSSは1460バイト**となっているのです。

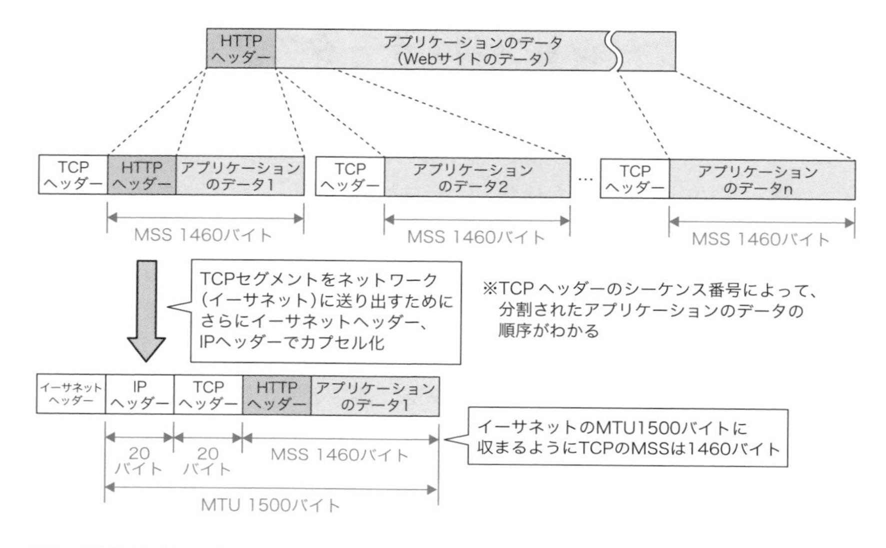

図8　Webサイトのデータの分割の例

アプリケーション間のデータの送受信［データの受信確認］

TCPで正しくデータの受信ができたことを表すものが**ACK番号**で、次に待っているデータ（TCPセグメント）のシーケンス番号です。

具体的に、サーバーアプリケーションからシーケンス番号「1000」で1460バイトのデータを送信した場合を考えてみます（図9）。クライアントアプリケーションは、データが受信できたことを知らせるためにACK番号「2460（シーケンス番号1000＋1460バイト）」をサーバーアプリケーションへ送信します。これは、「次はシーケンス番号が2460のデータを待っています」という意味です。すると、サーバーアプリケーションはシーケンス番号2460で次のデータを送ります。クライアントアプリケーションは次のデータのサイズも1460バイトだと確認すると、証としてACK番号「3920」を返すのです。

このように、ACK番号によって正しくデータを受信したことを確認することで、信頼性の高いアプリケーション間のデータ転送を実現しています。ただし、毎回このフローを繰り返すことは効率がよくありません。そのため、実際には1つのデータごとに確認しているわけではなく、**複数のデータを一括で転送して確認のACKも一括で行います**。ACKが返ってこなければデータを再送する、というように効率的なデータ転送を行っているのです。

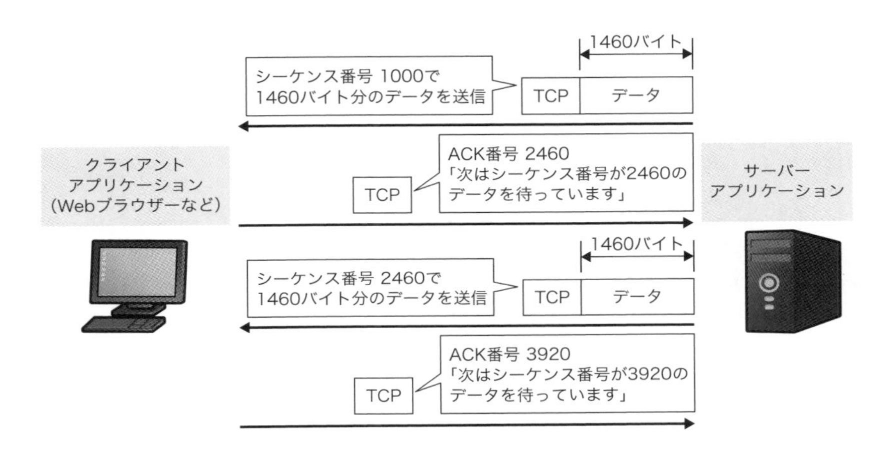

図9　データの受信確認の例

TCPコネクションの切断

TCPでアプリケーションのデータの送受信がすべて完了したら、TCPコネクションを切断します。このとき、TCPコネクションは双方向で確立しているため、次の4つのステップで切断します。このTCPコネクションの切断要求を表すのが**FINフラグ**です。ここでは、サーバーアプリケーション側からTCPコネクションを切断する様子を見ていきましょう（図10）。

①サーバーアプリケーションのデータの送信がすべて完了したら、コネクション切断要求を送信する
②クライアントアプリケーションは切断要求に応答する
③クライアントアプリケーションからコネクション切断要求を送信する
④サーバーアプリケーションは切断要求に応答する

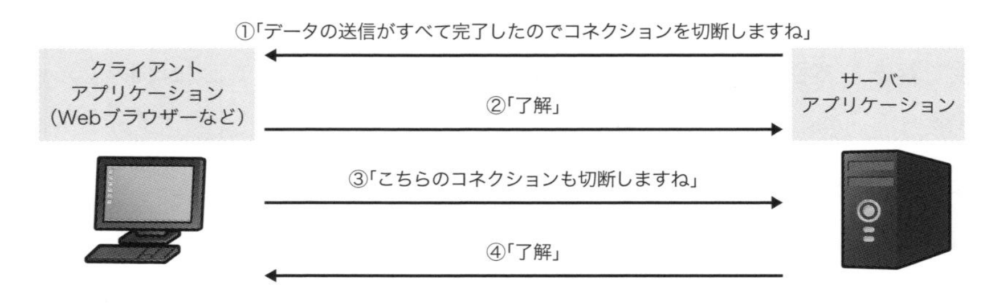

図10　TCPコネクションの切断の流れ

コネクションの切断に4つのステップを踏むのは、**データの送受信処理が確実に完了していることを確認するため**です。コネクションの切断要求が送られてすぐに双方向のコネクションを切断してしまうと、送信するべきデータや受信するべきデータの処理がきちんと完了できない可能性があります。そこで、4つのステップを踏んで確実にデータを処理しながらTCPコネクションを切断するのです。

なお、通常はこの4つのステップでTCPコネクションを切断しますが、強制的にTCPコネクションを切断することも可能です。その場合は、**RSTフラグ**を利用して切断します。

5-3 やってみよう！

UDPヘッダーを確認しよう

UDPでシンプルに適切なアプリケーションへの振り分けを行います。まずは、UDPの処理を行うためのUDPヘッダーを見てみましょう。

Step1 Wiresharkキャプチャファイルを開く

Wiresharkキャプチャファイル「http_capture.pcapng」を開きます。トランスポート層にUDPを利用しているアプリケーションプロトコルには、DNSがあります。UDPヘッダーを確認するために表示フィルターに「dns」と入力して、DNSのメッセージのみを表示します。

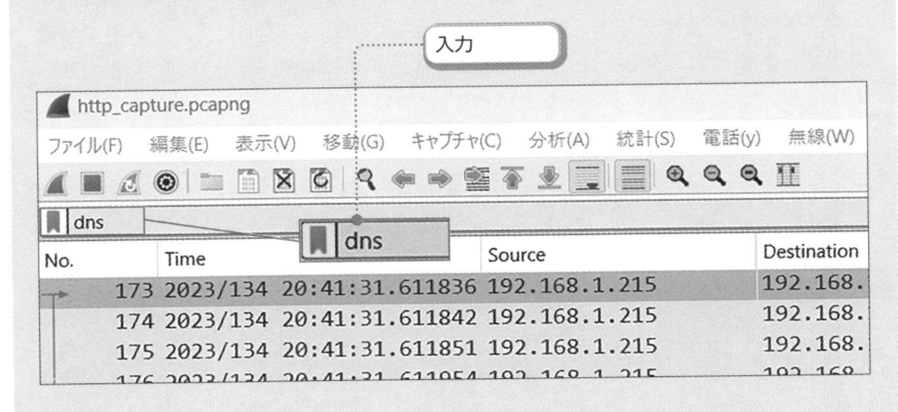

Step2 UDPヘッダーを確認する

「No.173」のキャプチャデータをクリックします。このキャプチャデータはDNSクエリ（問い合わせ）です。UDPヘッダーも付加されています。[User Datagram Protocol]をクリックして展開すると、次のようにUDPヘッダーの詳細が表示されます。

```
v User Datagram Protocol, Src Port: 61321, Dst Port: 53
    Source Port: 61321
    Destination Port: 53
    Length: 46
    Checksum: 0x8468 [unverified]
    [Checksum Status: Unverified]
    [Stream index: 6]
  > [Timestamps]
    UDP payload (38 bytes)
```

送信元ポート番号と宛先ポート番号

TCPヘッダーと比べると、UDPヘッダーはとてもシンプルです。この中では送信元ポート番号と宛先ポート番号が重要です。ここでは宛先ポート番号が、DNSのウェルノウンポートの「53」だということがわかります。

それでは、このようなUDPの特徴について詳しく見ていきましょう。

5-3-1 学ぼう!

効率のよいデータ転送を行うUDP

UDPの概要

UDPは、単純に**アプリケーションのデータを振り分けるためだけに利用するプロトコル**です。TCPのような確認などは一切行わず、データの分割機能もありません。このUDPでアプリケーションのデータを送受信するためには、UDPヘッダーを付加します。UDPヘッダーとアプリケーションのデータをあわせて**UDPデータグラム**と呼ぶことがあります。

UDPのデータ送信では、相手のアプリケーションが動作しているかどうかの確認をせずに、UDPデータグラムとしてアプリケーションのデータを送信します。そのため、TCPに比べると余計な処理をしない分、データの転送効率がよい反面、信頼性が高くないという欠点もあります。

UDPの場合、送信したUDPデータグラムが相手のアプリケーションまできちんと届くかや受信できたかはわかりません。また、データのサイズが大きいときはアプリケーション側で適切なサイズに分割する必要があります。

UDPを利用するアプリケーションの例に、IP電話が挙げられます。電話をするとき、まずIP電話で音声データを細かく分割します。IP電話の設定によっても異なりますが、1秒間の音声データは50個に分割されることが一般的です。つまり、1つの音声データは20ミリ秒分ということになります。このIP電話で細かく分割した音声データにUDPヘッダーを付加して転送します(図11)[*4]。

なお、IP電話の音声データにはUDPヘッダーだけではなく**RTP**(Real-time Transport Protocol)**ヘッダー**も付加されます。RTPヘッダーには、それぞれのデータのタイムスタンプが記録されていて、もとの音声データに組み立てられるようにしています。また、UDPを利用するのはIP電話の音声デー

*4 ネットワーク上にIP電話のデータを送り出すときは、さらにIPヘッダーとイーサネットなどのネットワークインターフェイス層プロトコルのヘッダーも付加されます。

タを転送するときだけです。電話をかけて音声データを転送する前までは、**SIP** (Session Initiation Protocol) というアプリケーションプロトコルを利用します。このSIPはトランスポート層にUDPではなくTCPを用います。

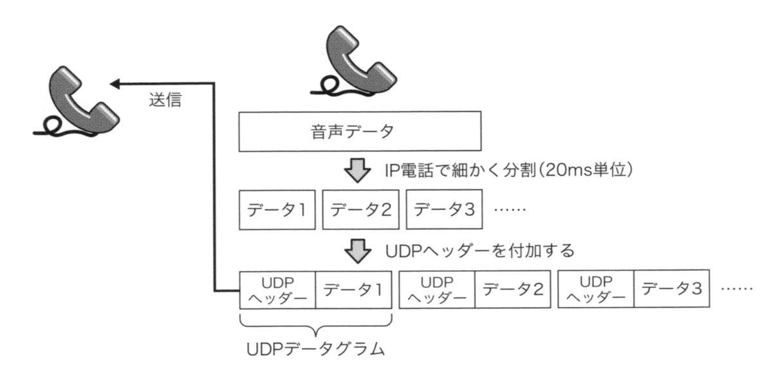

図11　UDPによるアプリケーション間のデータ転送（IP電話の音声データの転送）

UDPヘッダーフォーマット

UDPでアプリケーション間のデータ転送を行うときに付加する、UDPヘッダーのフォーマットも把握しておきましょう。フォーマットの構成は、図12のようになります。

送信元ポート番号(16)	宛先ポート番号(16)
データグラム長(16)	チェックサム(16)

※( )内はビット数

図12　UDPヘッダーフォーマットの構成

TCPに比べると、UDPヘッダーのフォーマットはポート番号の情報のみで構成されているといってもよいぐらい、とてもシンプルです。

TCPとUDPはどう使い分ける？

アプリケーション間でデータを送受信するために、TCP/IPではトランスポート層のプロトコルにTCPとUDPの2種類を用意しています。どちらも目的は、**適切なアプリケーションにデータを振り分けること**です。それだけでなく、信頼性を確保する必要もあればTCPを利用します。一方、信頼性はあまり重視せずアプリケーションのデータ転送の効率だけを求めるのであればUDPを利用します。このように、アプリケーションごとでどのようなデータの転送をしたいかによって、TCPとUDPを使い分けているのです。

TCPは、**送受信するデータのサイズが大きいアプリケーション**で利用します。データサイズが大きいと分割しなければならず、分割されたデータの一部が失われると宛先でデータを組み立てることができないため、信頼性も必要です。そこでTCPを使えば、データを分割しながらアプリケーション間で信頼性の確保されたデータ転送ができます。

一方、UDPは**扱うデータのサイズが小さくて分割の必要がないアプリケーション**で利用します。また、IP電話のようなリアルタイムのデータ転送が必要なアプリケーションも、たいていはUDPを利用します。TCPで行う確認作業は時間がかかってしまい、リアルタイムのデータ転送には向かないからです。さらに、**同じデータを一度に複数の宛先へ送信する（ブロードキャストまたはマルチキャスト）ようなアプリケーション**にもUDPを利用します。TCPはコネクション確立の手順が必要なため、原則1対1のユニキャストに向いており、ブロードキャストやマルチキャストには適しません。

ここまで解説したTCPとUDPの特徴をまとめたものが**表4**です。現在利用するアプリケーションのデータのサイズは比較的大きく、宛先も1つのユニキャスト通信が大半なため、**大部分のアプリケーションではTCPを利用しています**。TCPに備わっているデータの分割機能や信頼性を確保する機能を利用することで、どのアプリケーションでもデータを分割しながら確実なデータ転送が行えるのです。

表 4 TCPとUDPの比較

特　徴	TCP	UDP
信頼性	高い	高くない
転送効率	よくない	よい
主な機能	・アプリケーションへのデータの振り分け ・データの分割／組み立て ・再送制御 ・フロー制御	アプリケーションへのデータの振り分け
用途	・データのサイズが大きく、信頼性を確保することが必要なアプリケーションのデータ転送	・リアルタイムのデータ転送 ・ブロードキャストやマルチキャスト、データのサイズが小さいアプリケーションのデータ転送

表5では、主なアプリケーションプロトコルがTCP/UDPのどちらを利用しているかをまとめています。また、TCP/UDPのどちらか一方ではなく、**両方を組み合わせていること**もあります。

表 5　TCP/UDPとアプリケーションプロトコル[*5]

TCP	HTTP (80)、HTTPS (443)、FTP (20/21)、SMTP (25)、SMTPs (465)、POP3 (110)、POP3s (995)、IMAP4 (143)、IMAP4s (993)、DNS (53)
UDP	TFTP(69)、DNS(53)、DHCP(67/68)、SNMP(161/162)、Syslog(514)、NTP (123)

*5　(　) 内はウェルノウンポート番号です。

5-4 やってみよう！

データ転送プロトコルのヘッダーを確認しよう

ここまで、複数のデータ転送プロトコルの仕組みを解説してきました。あらためて、Webアクセスを行うときのTCPヘッダー、IPヘッダー、イーサネットヘッダーを確認しておきましょう。

Step1 TCPヘッダーを確認する

まずは、5-1の演習と同じくWiresharkキャプチャファイル「http_capture.pcapng」を開きます。表示フィルターに「http」と入力して、HTTPメッセージのみを表示します。次に、「No.389」のキャプチャデータをクリックします。これはWebブラウザーからWebサーバーアプリケーションへのHTTPリクエストです。

「Transmission Control Protocol」をクリックして展開し、宛先／送信元ポート番号を確認しましょう。宛先ポート番号でWebサーバーアプリケーション、送信元ポート番号でWebブラウザー（のタブ）を識別します。

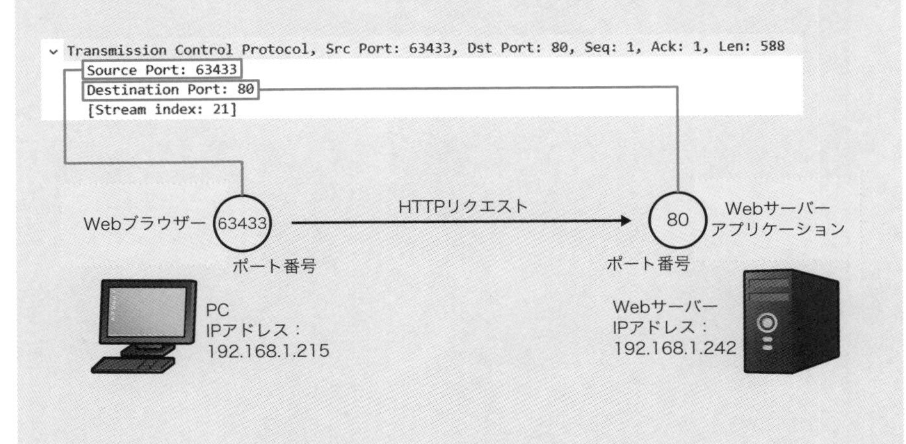

Step2 IPヘッダーを確認する

「Internet Protocol Version 4」を展開します。同じく、宛先／送信元IPアドレスを確認しましょう。宛先IPアドレスでWebサーバー、送信元IPアドレスでPCを識別します。

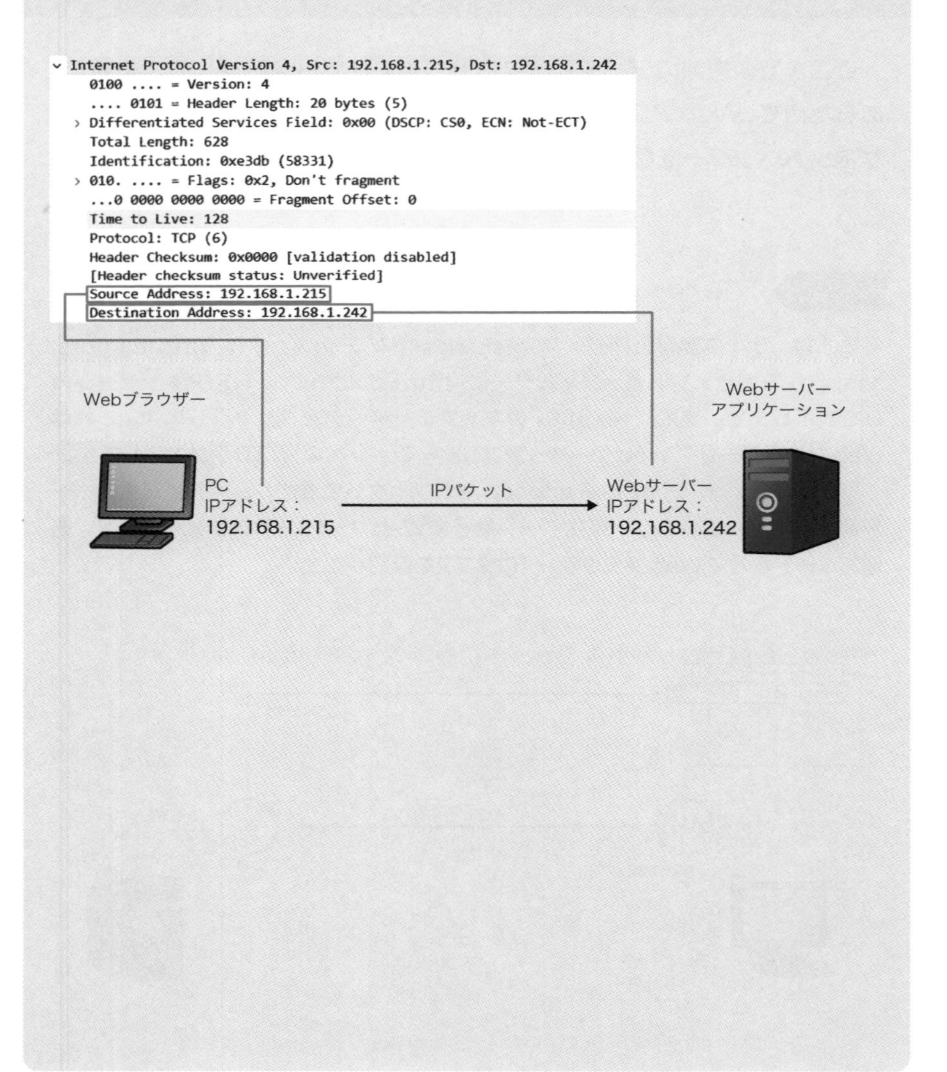

Step3 イーサネットヘッダーを確認する

「Ethernet II」をクリックして展開します。そして、宛先／送信元MACアドレスを確認します。このキャプチャデータのPCとWebサーバーは同一ネットワークに接続しています。宛先MACアドレスでWebサーバーのイーサネットインターフェイス、送信元MACアドレスでPCのイーサネットインターフェイスを識別します*6。

それでは、これらの組み合わせによって、適切なアプリケーションへデータが送り届けられる仕組みを見ていきましょう。

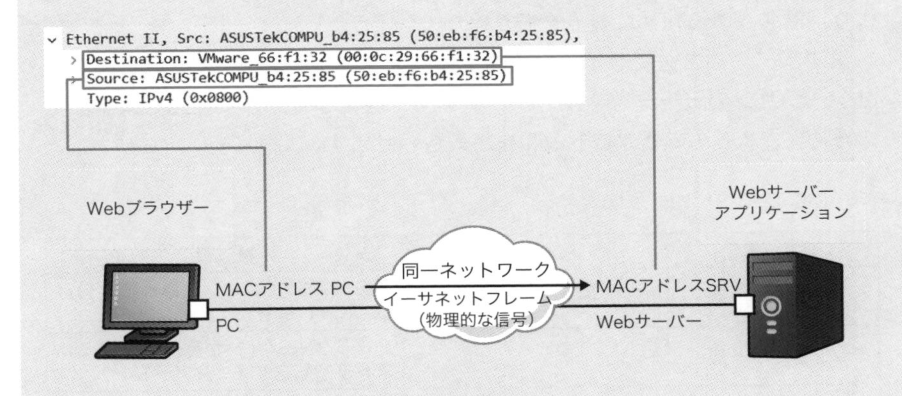

*6　図内のMACアドレスは簡略化しています。

5-4-1 学ぼう!

アプリケーションのデータが届くまでのまとめ

複数の転送プロトコルを組み合わせる

ここまでで、あるアプリケーションのデータが適切な宛先まで送り届けられるために利用する、重要な転送プロトコルの解説が完了しています。ここで、より理解を深めるために要点を振り返りましょう。

まず、データを送受信する通信の主体はアプリケーションです。このアプリケーションのデータをネットワーク経由で適切な宛先まで転送します。そのために、表6の転送プロトコルを組み合わせます。

表6　階層ごとのプロトコルの概要

階　層	プロトコル	概　要
トランスポート層	TCP/UDP	適切なアプリケーションへ振り分ける(ポート番号)
インターネット層	IP	アプリケーションが動作しているホストまで転送する(IPアドレス)
ネットワークインターフェイス層	イーサネット、無線LAN(Wi-Fi)など	同じネットワーク内のインターフェイス間で物理信号を送り届ける(MACアドレスなど)

適切なアプリケーションへ振り分ける(TCP/UDP)

PC／スマートフォンやサーバーで動作しているアプリケーションは1つだけとは限りません。届いたデータがどのアプリケーションのデータであるかを識別して、適切なアプリケーションへデータを振り分ける必要があります。そのために、**TCPまたはUDPを利用し、アプリケーションを識別するためにポート番号を割り当てます**。なので、TCP/UDPヘッダーには宛先／送信元ポート番号が指定されているのです(図13)。

Webサイトにアクセスしたときを例に考えると、まずWebブラウザーのデータにはHTTPヘッダーが付加され*7、このHTTPヘッダーが付加されたデータをTCPで転送することになります。TCPヘッダーの宛先／送信元ポート番号でWebブラウザーとWebサーバーアプリケーションをきちんと識別できるようにしているため、関係のないアプリケーションにデータが振り分けられることはありません。そのため、TCPヘッダーを付加する（カプセル化）ときには、WebブラウザーとWebサーバーアプリケーションが仮想的に直結されるようなイメージとなります。

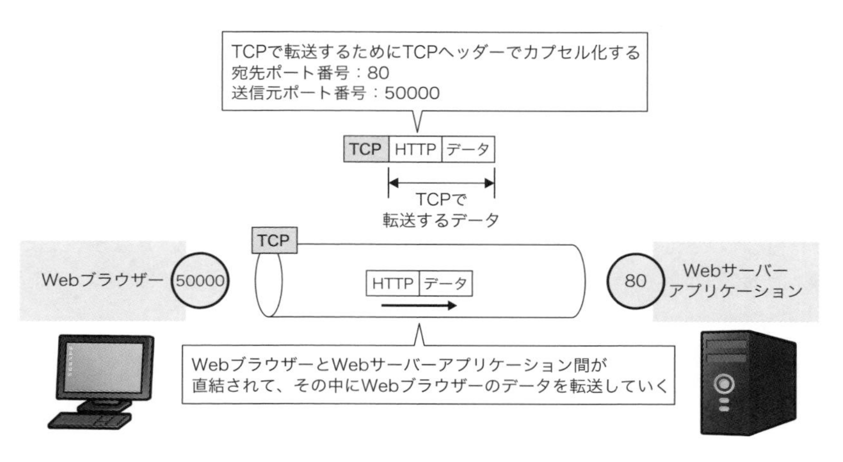

図13　適切なアプリケーションへ振り分ける

なお、図の例はWebブラウザーからWebサーバーアプリケーションへの片方向のみですが、通信は双方向であることを必ず意識してください。

*7　Webブラウザーからのリクエストが GETメソッドの場合は、データ（エンティティボディ）には何も入っていません。GETメソッドについては7-1-1で解説します。

アプリケーションが動作している ホストまで転送する（IP）

アプリケーションのデータは、アプリケーションが動作しているPC／サーバーなどのホストまで転送しなければいけません。そのアプリケーションが動作しているホストまで、データを転送するためにIPを利用します（図14）。

IPにとってのデータは、TCPヘッダーでカプセル化されたアプリケーションのデータ部分です。このデータにIPヘッダーを付加してカプセル化し、IPパケットにして転送します。このIPヘッダーにはホスト（正確にはホストのインターフェイス）が識別できるIPアドレスの情報が含まれています。

IPヘッダーに宛先／送信元IPアドレスを指定してカプセル化することで、**送信元ホストと宛先ホストの間が仮想的につながり、関係のないホストにデータが転送されません**。仮想的につながったホスト間をデータが通るイメージですが、実際には経路上に存在するルーター／レイヤー3スイッチが適切なルーティングを行うことで実現しています（ルーティングについては8-3-1で解説します）。

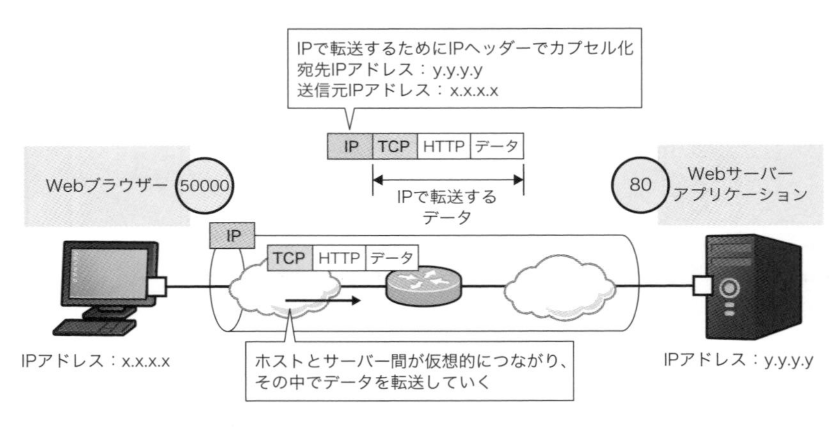

図14　アプリケーションが動作しているホストまでデータを転送する

同じネットワークのインターフェイス間で物理信号を送り届ける

今まで解説してきたように、ネットワーク上でデータ転送をするとは、「0」「1」のビットを電気信号などの物理信号に変換して、適切なインターフェイスまで送り届けることです。そのために、イーサネットやWi-Fiなどの**ネットワークインターフェイス層のプロトコルを利用します**。

イーサネットでは、イーサネットインターフェイスを識別するために、MACアドレスを割り当てます。イーサネットで転送するためには、宛先／送信元MACアドレスを指定したイーサネットヘッダーを付加して、カプセル化する必要があります。イーサネットにとってのデータは、IPヘッダーでカプセル化している部分です。

イーサネットヘッダーでのカプセル化は、送信元インターフェイスと宛先インターフェイス間が仮想的につながるイメージです。ヘッダーに宛先／送信元MACアドレスを指定しているため、関係のないインターフェイスはデータを受信しません。宛先と送信元インターフェイス間の仮想的なつながりの中にデータを通します。これも実際はレイヤー2スイッチが転送しています。

また、こうしたイーサネットをはじめとするネットワークインターフェイス層のプロトコルは同じネットワーク内だけで使われ、ネットワークが異なるときには**新しいヘッダーでカプセル化する**ことになります（図15）[*8]。

以上のように、アプリケーションのデータ転送では、トランスポート層のTCP/UDP、インターネット層のIP、ネットワークインターフェイス層のイーサネットなど、3つの階層にわたる転送プロトコルを組み合わせています。

---

*8 物理信号に変換している様子を図では省略しています。

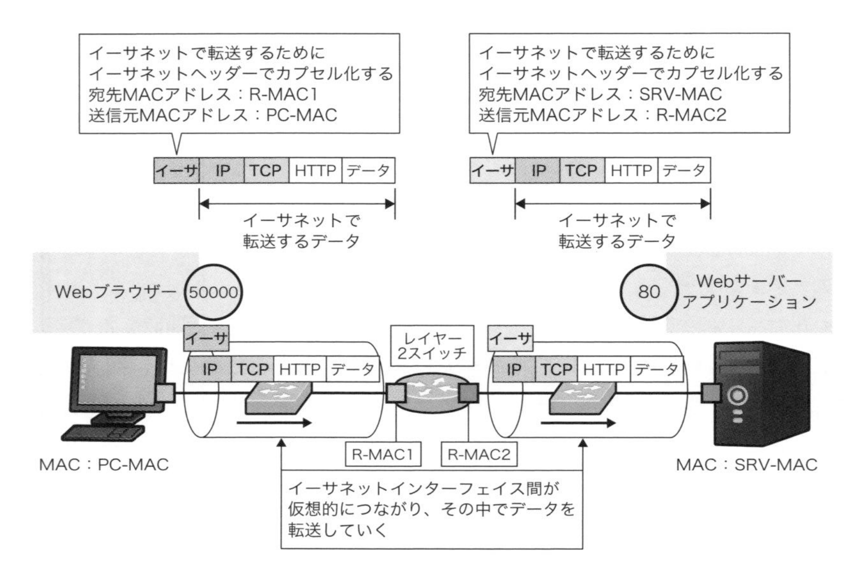

図15　同じネットワークのインターフェイス間で物理信号を送り届ける

アプリケーションのデータを各転送プロトコルのヘッダーでカプセル化して、ネットワークに送り出すデータをつくり上げています。すると、ネットワークを構成するルーター／レイヤー3スイッチ／レイヤー2スイッチが転送の判断を行い、データを表す物理信号を適切な宛先まで送り届けられるようにしています。つまり、**アプリケーションのデータに適切なヘッダーをつけて送り出せば、適切な宛先に届くようにネットワークはつくられている**のです[*9]。

DNSとARPも必要

各転送プロトコルのヘッダーをつけるためには、DNSとARPも必要です。**DNSはIPヘッダーを付加するために、ARPはイーサネット／Wi-Fiヘッダーを付加するために必要**となります（図16）。

*9　ルーター／レイヤー3スイッチ／レイヤー2スイッチの転送の仕組みは8-2-1、8-3-1、8-4-1で解説します。

TCPまたはUDPヘッダーのポート番号を付加するときは、DNSもARPも必要ありません。サーバーアプリケーションのポート番号は基本的に決まったウェルノウンポートであり、クライアントアプリケーションのポート番号はその都度OSが自動的に割り当てるからです。

IPヘッダーの宛先IPアドレスを求めるためにはDNSが必要です。URLなどのアプリケーションのアドレスからDNSサーバーへ問い合わせて、適切な宛先IPアドレスをIPヘッダーに指定します。また、イーサネットヘッダーの宛先MACアドレスを求めるためにはARPが必要です。ARPによって、宛先IPアドレスから適切な宛先MACアドレスがわかります。

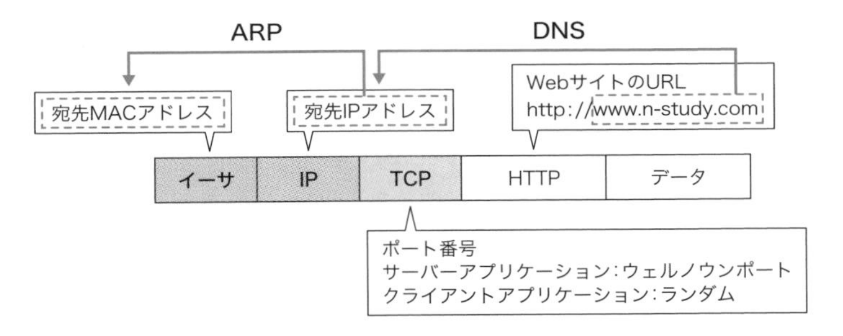

図16 DNSとARPも利用してヘッダーをつける

アプリケーションのデータが届くまでについて、Chapter 2からここまでの内容をまとめました。色々なプロトコルの組み合わせが必要なことがイメージできるようになりましたか。次節では、インターネットからプライベートネットワークのアプリケーションへの通信を可能にするために必要な「ポートを開ける」ことについて解説していきます。

5-5

5-5-1 学ぼう！

「ポートを開ける」ってどういうこと？

インターネットからプライベートネットワークへの通信はできない

Chapter 1でインターネットからプライベートネットワークへの通信を行うことについて解説しました。インターネットからプライベートネットワークへ通信するときに必要になるのが、「ポートを開ける」です。まずは、プライベートネットワークについて簡単に振り返っておきましょう。

プライベートネットワークとは、ユーザーを限定している企業の社内ネットワークや個人ユーザーの家庭内ネットワークのことでした。一方、インターネットはユーザーを限定できず、誰でも利用可能なネットワークのため、悪質なユーザーもインターネットを利用している可能性がありました。そこで、セキュリティを確保するために原則として、インターネットからプライベートネットワークへの通信はできないようにしています。そのための主な仕組みが次の2つです。

- **プライベートネットワークはプライベートアドレスを利用する**
- **ファイアウォールでブロックする**

プライベートネットワーク上の機器にはプライベートアドレスを設定します。このプライベートアドレスは、アドレスの重複を許しているため、インターネットからは宛先の機器が特定できないようになっています。例えば、図17のように「192.168.1.1」というプライベートアドレスを設定しているPCやスマートフォンは1台だけとは限りません。**インターネット上で宛先IPアドレスがプライベートアドレスのパケットは必ず破棄しています。**そのため、インターネットからプライベートネットワークへの通信はできないのです*10。

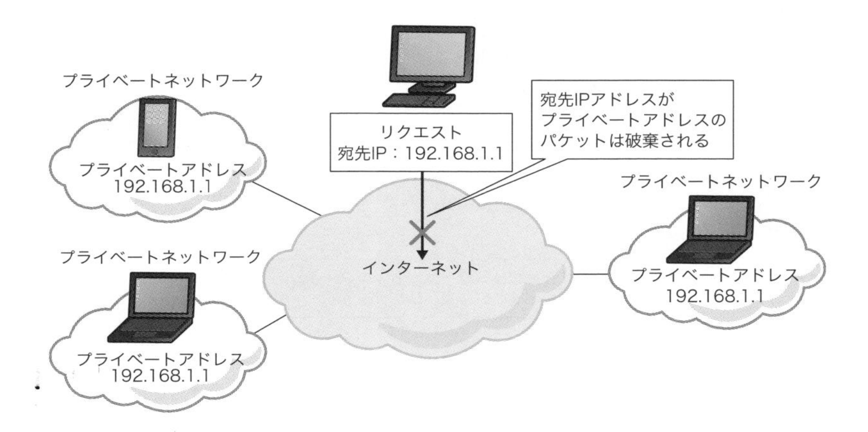

図17　インターネットではプライベートアドレスのパケットを破棄する

次のファイアウォールは、プライベートネットワークへの不正アクセスを防止するためのセキュリティ機器です(9-1-1で解説します)。ファイアウォールは、**ルールにもとづいて正規の通信だけを許可し、その他の不正な通信をブロックすることでセキュリティを確保します**。一般的には、プライベートネットワークからインターネット宛てのリクエストのみを許可するというルールがあり、そのリクエストに対するレスポンスのみを許可するようにしています。原則として、ファイアウォールはインターネットからプライベートネットワークへのリクエストをブロック（破棄）するため、ここでもインターネットからプライベートネットワークへの通信ができないようになっています（図18）。

以上のように、インターネットからプライベートネットワークへの通信は原則できないのですが、できるようにしたい場合もあるでしょう。例えば、外出先でスマートフォンからインターネット経由で自宅（プライベートネットワーク）のセキュリティカメラでペットの様子を見るときなどです（図19）。

*10 セキュリティを確保するために、宛先IPアドレスだけでなく送信元IPアドレスがプライベートアドレスのパケットも破棄されることがほとんどです。

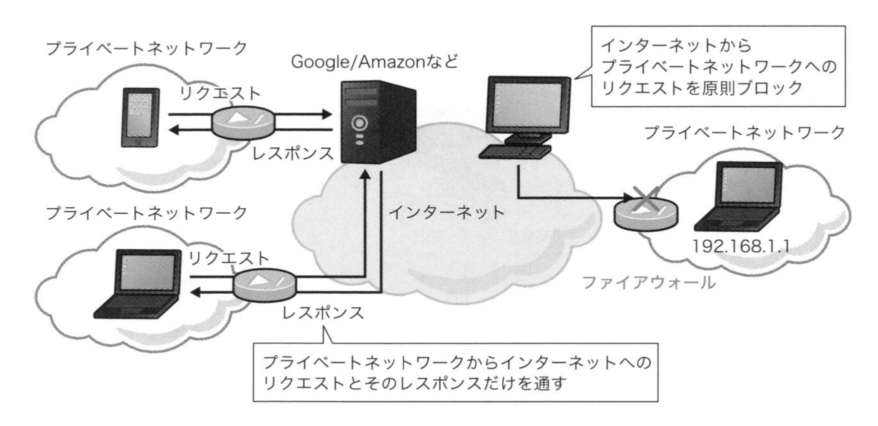

図18　ファイアウォールでブロックする

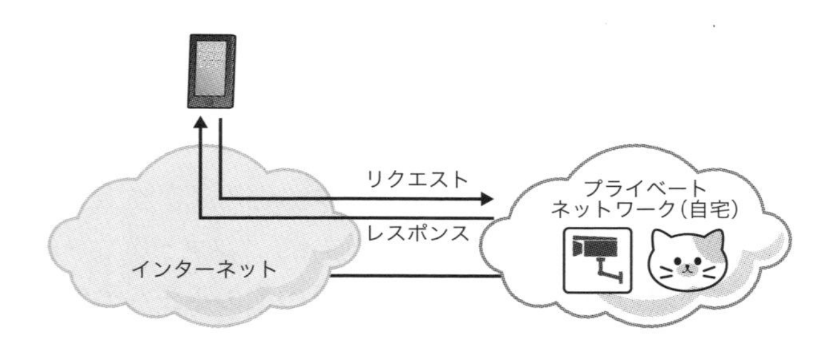

図19　インターネットからプライベートネットワークへの通信の例

例外的にインターネットからプライベートネットワークへの通信を可能にするために必要なことが**ポートを開ける**ということです。では、ポートを開けることについて具体的に見ていきましょう。

「ポートを開ける」とは宛先IPアドレスの変換

前述のように「ポートを開ける（ポート開放）」とは、インターネットからプライベートネットワークへの通信を可能にして、アプリケーションを利用できるようにすることです。そのために**宛先IPアドレスの変換**を行います。

ポートを開ける設定は、たいていインターネットに接続しているルーターで行います。前述のように、宛先IPアドレスがプライベートアドレスのリクエストはインターネットだと破棄されてしまいます。まずは、インターネットからのリクエストの宛先IPアドレスをルーターのグローバルアドレスにして、ルーターまで転送します[*11]。そして、ルーターで宛先IPアドレスをプライベートネットワーク内のプライベートアドレスに変換して転送します。

宛先IPアドレスをどのようなIPアドレスにするかが、ポート開放の設定のポイントです。このとき、プライベートネットワーク内のホストのアプリケーションを識別するポート番号も設定します。ポート開放の設定方法はルーターごとに異なるため、詳細な手順は利用しているルーターそれぞれのマニュアルなどを参照してください。一例として、Google Nest WiFiルーターのポート開放の設定画面を挙げておきます（図20）。

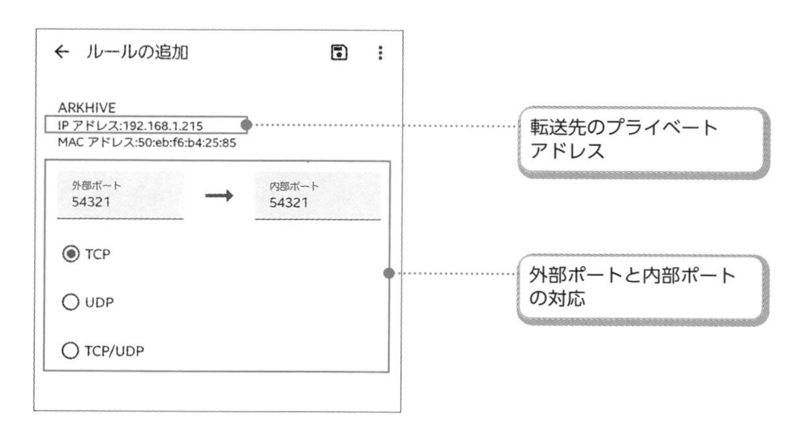

図20　ポート開放のルール設定画面の例（Google Nest WiFi）

具体的なポート開放の動作について考えてみましょう。図21は、インターネットからセキュリティカメラにアクセスする例です。セキュリティカメラのIPアドレスは「192.168.1.1」、カメラのアプリケーションのTCPポート番号は「54321」、インターネットに接続するルーターには、グローバルアドレ

*11　現在の一般的なインターネット接続サービスでは、追加のコストなしにグローバルアドレスは割り当てられませんが、ここではルーターにグローバルアドレスを割り当てられているものとしています。

スとして「G_{R1}」が割り当てられているものとします。

ルーターのポート開放ルールでは、ルーター宛てにきたTCPポート番号「54321」のリクエストを、IPアドレス「192.168.1.1」に変換して転送するように設定しています。外部ポート番号はインターネット側からくるリクエストのポート番号、内部ポート番号はプライベートネットワークのアプリケーションのポート番号のことです。必要であればポート番号の変換もできますが、この例では外部ポート番号も内部ポート番号も同じにしています。

外出先でスマートフォンから自宅のセキュリティカメラを確認するために、まずリクエストをルーターに転送します。宛先IPアドレスは「G_{R1}」で、宛先TCPポート番号は「54321」です。ルーターはこのリクエストを設定されているポート開放のルールにしたがい、宛先IPアドレスを「192.168.1.1」に変換して転送します[*12]。そして、プライベートネットワークのセキュリティカメラまでリクエストが届くようになるのです。

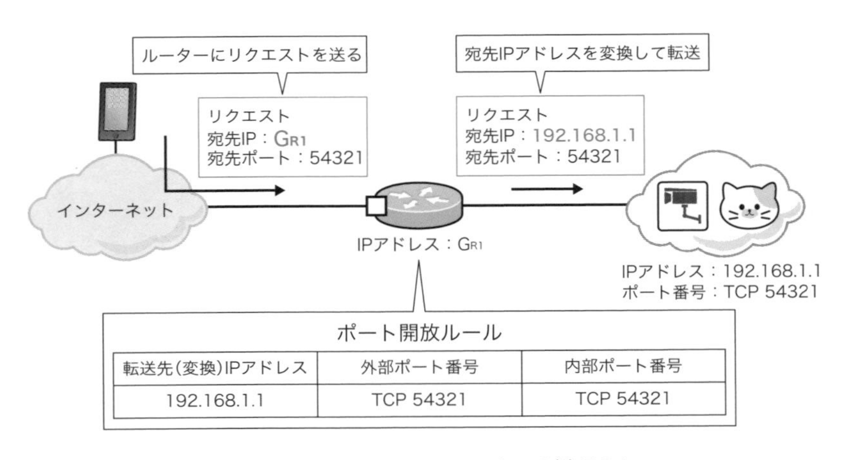

転送先(変換)IPアドレス	外部ポート番号	内部ポート番号
192.168.1.1	TCP 54321	TCP 54321

図21　インターネットからセキュリティカメラへのアクセスの例 その1

*12　この例では、外部ポート番号と内部ポート番号は同じなのでポート番号は変換しません。

また、通信は双方向なため、リクエストに対するレスポンスも考えなくてはいけません。セキュリティカメラからのレスポンスの送信元IPアドレスを、ルーターの「G_{R1}」に変換してスマートフォンへ転送します(図22)。

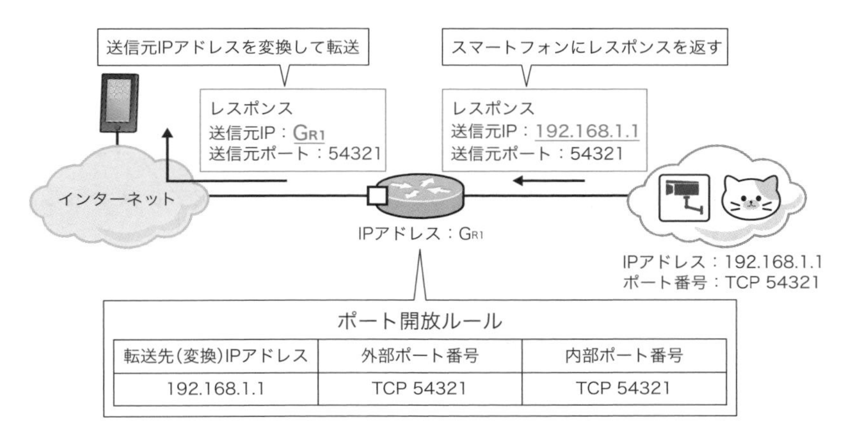

転送先(変換)IPアドレス	外部ポート番号	内部ポート番号
192.168.1.1	TCP 54321	TCP 54321

図22 インターネットからセキュリティカメラへのアクセスの例 その2

なお、ポート開放だけでなく、インターネットからプライベートネットワーク宛てのリクエストを許可する**ファイアウォールのルール設定**も必要です。ほとんどのルーターにはファイアウォール機能が組み込まれているため、ポート開放の設定を行えば、自動的にファイアウォールのルールにも反映されます。ただし、これによって不正な第三者にプライベートネットワークへアクセスされてしまう危険性も生じてくるため注意するようにしましょう。

NAT/NAPTとポート開放

アドレス変換については、3-5-1でNAT/NAPTの解説をしました。こちらも同じくアドレス変換を行いますが、変換を行う状況がポート開放とは異なるため、2つの要点を整理しておきましょう(表7)。

NAT/NAPTは、プライベートネットワークからインターネットへアクセスするために行うアドレス変換です。自宅や企業のネットワークのPC/スマートフォンからGoogleなどへアクセスする際に必要です。PC/スマートフォンにはプライベートアドレスが割り当てられており、Googleなどへのリクエストの送信元IPアドレスを、プライベートアドレスからNAT/NAPTを行うルーターのIPアドレスに変換します。レスポンスが届いたら、宛先IPアドレスをもとのプライベートアドレスに変換します。

ポート開放は、インターネットからプライベートネットワークへアクセスするために行うアドレス変換です。ポート開放の設定をしたルーターに転送されるリクエストの宛先IPアドレスを、プライベートアドレスに変換してプライベートネットワークの適切な宛先に転送します。そして、リクエストに対するレスポンスの送信元IPアドレスを、プライベートアドレスからルーターのIPアドレスに変換します。

表7　NAT/NAPTとポート開放の違い

	用　途	アドレス変換[*13]
NAT/NAPT	プライベートネットワークからインターネットへアクセスできるようにする	プライベートネットワークからインターネット宛てのリクエストの送信元IPアドレスを変換する
ポート開放	インターネットからプライベートネットワークへアクセスできるようにする	インターネットからプライベートネットワーク宛てのリクエストの宛先IPアドレスを変換する

UPnPの仕組み

このポート開放でインターネットからプライベートネットワークのアプリケーションを利用できますが、そのためにはルーターにポート開放の設定が必要です。設定するためにはネットワークの仕組みを理解する必要があるので難しいかもしれません。このときに活躍する仕組みが**UPnP**（Universal Plug and Play）です。UPnPに対応しているルーターやアプリケーションを利用すると、ポート開放の設定を自動的に行ってくれます（図23）。

*13　表にはリクエストのアドレス変換のみをまとめています。レスポンスのアドレス変換について表内では省略しています。

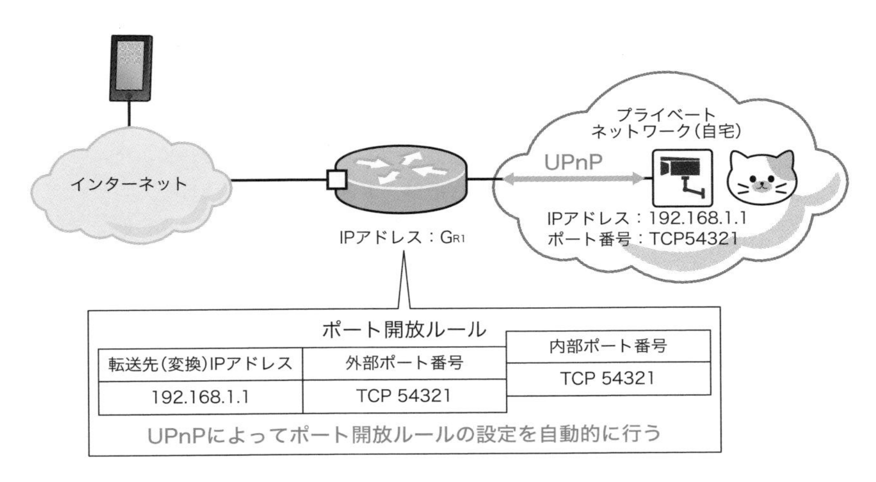

図23　UPnPでルーターにポート開放の設定を行う

第5章のまとめ

- ポート番号によってTCP/IPのアプリケーションを識別する
- サーバーアプリケーションは、ウェルノウンポートまたは登録済みポートでクライアントアプリケーションからのリクエストを待ち受ける
- アプリケーションフローは、IPアドレスとポート番号の組み合わせで識別できる
- TCPは信頼性の高いアプリケーション間のデータ転送を行うためのトランスポート層プロトコルである
- TCPを利用するアプリケーションは、データの転送に先立ってコネクションを確立する
- UDPは適切なアプリケーションへデータを振り分けるシンプルな機能を提供する
- インターネットからプライベートネットワークのアプリケーションを利用するためにポートを開ける必要がある

練習問題

Q1 HTTPのウェルノウンポートはどれでしょうか。

A 80　B 443　C 25　D 21

Q2 ポート番号の利用について正しい記述を2つ選んでください。

A クライアントアプリケーションのポート番号は自動的に割り当てられる
B クライアントアプリケーションのポート番号はあらかじめ決められているウェルノウンポートを利用する
C サーバーアプリケーションのポート番号は自動的に割り当てられる
D サーバーアプリケーションのポート番号はあらかじめ決められているウェルノウンポートを利用する

Q3 TCPでアプリケーションのデータを分割するサイズとして正しいものはどれでしょうか。

A MTU　B MSS　C PPP　D IPSec

Q4 UDPを利用するアプリケーションの特徴で適切なものはどれでしょうか。次から3つ選んでください。

A サイズが小さくデータを分割する必要がないアプリケーション
B サイズが大きくデータを分割する必要があるアプリケーション
C リアルタイムの転送が必要なアプリケーション
D 確実にデータを転送する必要があるアプリケーション
E マルチキャストを利用するアプリケーション

Q5 「ポートを開ける」動作の仕組みとして適切な記述はどれでしょうか。

A プライベートネットワークからインターネット宛てのデータの送信元IPアドレスを変換する
B プライベートネットワークからインターネット宛てのデータの宛先IPアドレスを変換する
C インターネットからプライベートネットワーク宛てのデータの宛先IPアドレスを変換する
D インターネットからプライベートネットワーク宛てのデータの送信元IPアドレスを変換する

解答　**A1.** A　**A2.** A、D　**A3.** B　**A4.** A、C、E　**A5.** C

Chapter

06

TCP/IPの設定を理解しよう

～正しいネットワークの設定が大前提～

TCP/IPを利用したアプリケーションの通信を行うためには、ホストに正しいTCP/IPの設定をすることが必要です。そこで、本章ではTCP/IPの設定を振り返りながら、設定を自動化するDHCPについて解説します。

6-1 やってみよう！

デフォルトゲートウェイの設定を間違えたら？

TCP/IPの設定では、デフォルトゲートウェイのIPアドレスの設定も重要です。ここではデフォルトゲートウェイのIPアドレスをあえて間違ったものに設定すると、どんな問題が起こるのかを見てみましょう。

Step1 コマンドプロンプトを開く

ツールバーの検索ボックスに「cmd」と入力して、コマンドプロンプトを開きます。

Step2 ipconfigコマンドでデフォルトゲートウェイを確認する

コマンドプロンプトからipconfigコマンドを実行してください。すると、デフォルトゲートウェイのIPアドレスが表示されます。次に挙げたのはコマンドのサンプルです。

```
C:¥Users¥gene>ipconfig

Windows IP 構成

イーサネット アダプター イーサネット :

   接続固有の DNS サフィックス.: lan
   IPv6 アドレス ...........: fda4:6d8e:4537:97a4:8843:ba67:6ded:7962
   一時 IPv6 アドレス .......: fda4:6d8e:4537:97a4:81e6:1f54:d8da:54b
   リンクローカル IPv6 アドレス: fe80::e3be:e39b:c799:e58f%19
   IPv4 アドレス ...........: 192.168.1.215
   サブネット マスク .........: 255.255.255.0
   デフォルト ゲートウェイ.....: 192.168.1.1
～省略～
```

あとで設定をもとに戻せるように、IPアドレス／サブネットマスク、デフォルトゲートウェイのIPアドレスを控えておいてください。また、Webブラウザーで Webサイトを問題なく表示できることを確認します。

Step3 デフォルトゲートウェイの設定を間違える

利用しているイーサネットインターフェイスの[インターネット プロトコルバージョン 4(TCP/IPv4)のプロパティ]を開きます。[次のIPアドレスを使う]をチェックして、Step2で確認したIPアドレス／サブネットマスクを入力します。

そして、デフォルトゲートウェイとして間違ったIPアドレスを入力してください。間違ったIPアドレスにするには、4バイト目に＋1や＋10などしてみましょう。

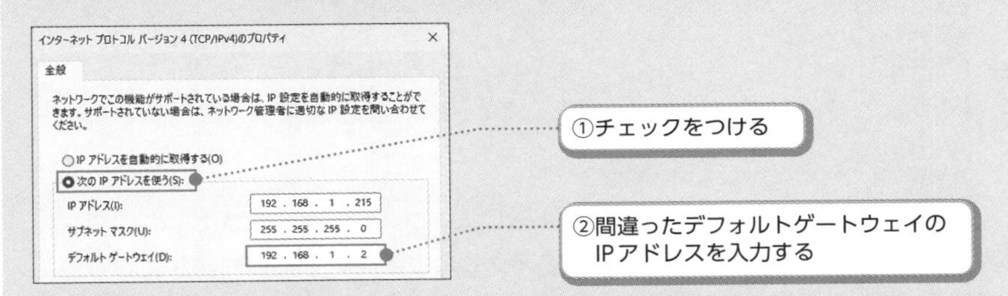

Step4 Webサイトにアクセスする

インターネットの任意のWebサイトにアクセスします。すると、Webサイトにアクセスできなくなっていることがわかります。

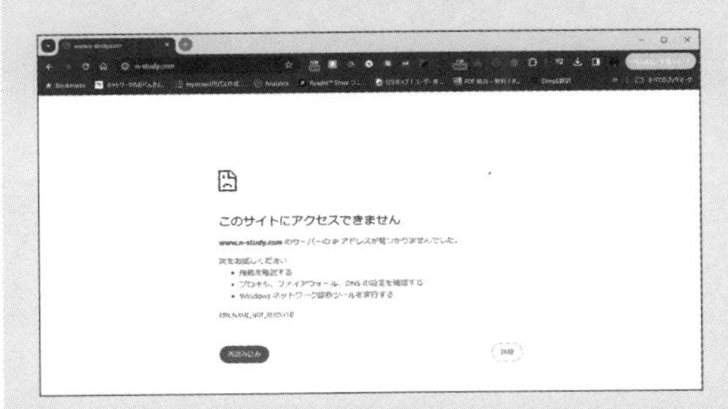

間違ったデフォルトゲートウェイの設定では、インターネットのWebサイトにアクセスできないということがわかります。

Step5 設定をもとに戻す

Step3で変更した設定をもとに戻します。利用しているイーサネットインターフェイスの［インターネット プロトコルバージョン 4（TCP/IPv4）のプロパティ］で［IPアドレスを自動的に取得する］にチェックをつけてください。

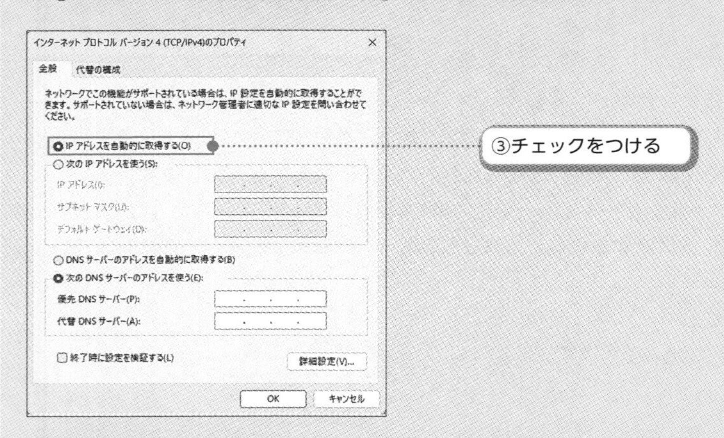

これで設定がもとに戻ります。このように、デフォルトゲートウェイのIPアドレスを間違えると、正しくWebサイトにアクセスできないなどの問題が生じるのです。それでは、デフォルトゲートウェイのIPアドレスの設定の意味を詳しく考えていきましょう。

6-1-1 学ぼう！

他のネットワークへの入口 デフォルトゲートウェイ

デフォルトゲートウェイの役割

TCP/IPの設定について、Chapter 3でIPアドレスとサブネットマスク、Chapter 4でDNSサーバーのIPアドレスを見てきました。さらに、TCP/IPの設定で大事なのが**デフォルトゲートウェイ**のIPアドレスです。

デフォルトゲートウェイとは、同じネットワーク上のルーターやレイヤー3スイッチのことです。**デフォルトゲートウェイのIPアドレスには同じネットワーク上のルーターやレイヤー3スイッチのIPアドレスを指定**します。

ルーターやレイヤー3スイッチは、ネットワークの相互接続を行うネットワーク機器です。つまり、ホストが接続している以外のネットワークは、**ルーターやレイヤー3スイッチの向こう側**にあります。そのため、デフォルトゲートウェイは他のネットワークの入口にあたり、他のネットワーク宛てのデータは、まずデフォルトゲートウェイへ転送されます（図1）[*1]。

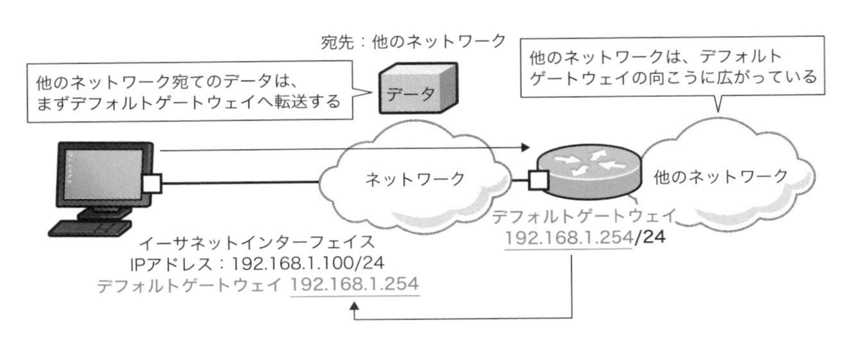

図1　デフォルトゲートウェイの設定

*1　「ゲートウェイ」は入口という意味の言葉ですが、入口と出口は相対的なもののため、筆者としては「自分のネットワークからの出口」と考えるほうが好ましいと思っています。

ここで、Chapter 3のARPを振り返ってみましょう。ホストから他のネットワーク宛てのデータをデフォルトゲートウェイに転送するためには、ARPの問い合わせ対象をデフォルトゲートウェイのIPアドレスにして、デフォルトゲートウェイのMACアドレスを求めます（図2）。

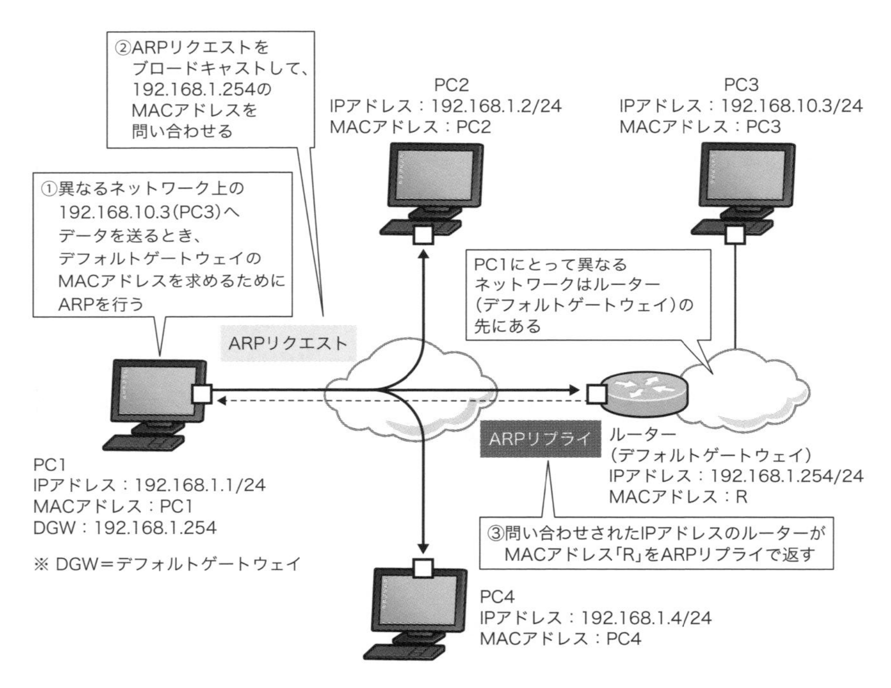

図2　ARPでデフォルトゲートウェイのMACアドレスを求める

MACアドレスを求めたら、イーサネットヘッダーの宛先MACアドレスを付加してネットワークに送信します。すると、デフォルトゲートウェイがデータを受信して宛先IPアドレスにもとづきルーティングします（図3）。

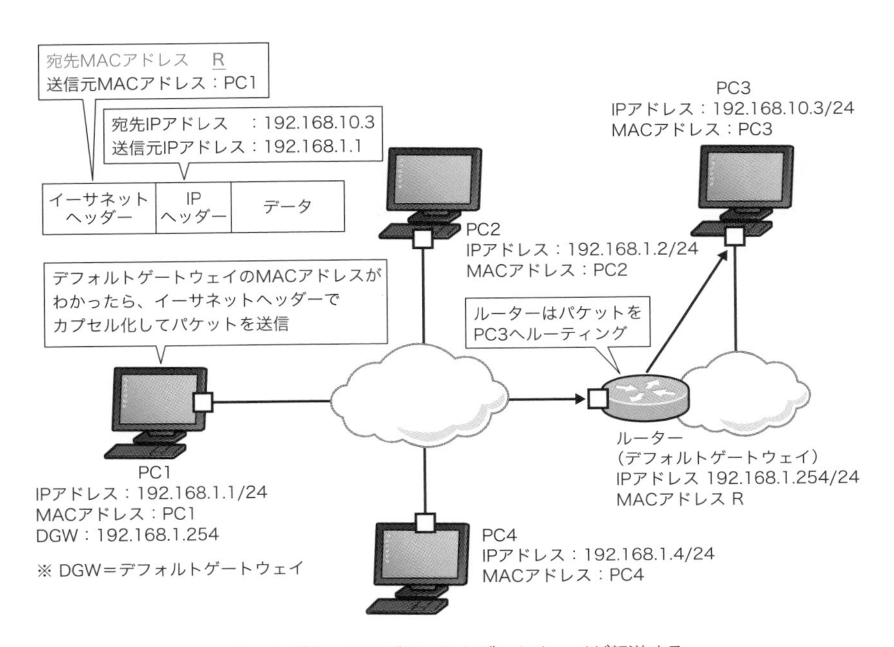

図3　他のネットワーク宛てのパケットをデフォルトゲートウェイが転送する

デフォルトゲートウェイの設定を間違えたらどうすればいい？

「やってみよう！」のように、デフォルトゲートウェイの設定を間違えてしまうと、**異なるネットワークへの通信が一切できなくなってしまいます**（図4）。ちなみに、同じネットワークの通信は問題ありません。

また、デフォルトゲートウェイの設定が正しくても、デフォルトゲートウェイ自体の障害で使えないと、設定が間違っているときと同じ状況になります。私たちが普段利用するアプリケーションは、ほとんどクライアントサーバー型です。サーバーはたいてい、クライアントとは異なるネットワーク上に接続されています。デフォルトゲートウェイの設定を間違えてしまったり、障害で使えないとほとんど何もできなくなってしまうことになります。

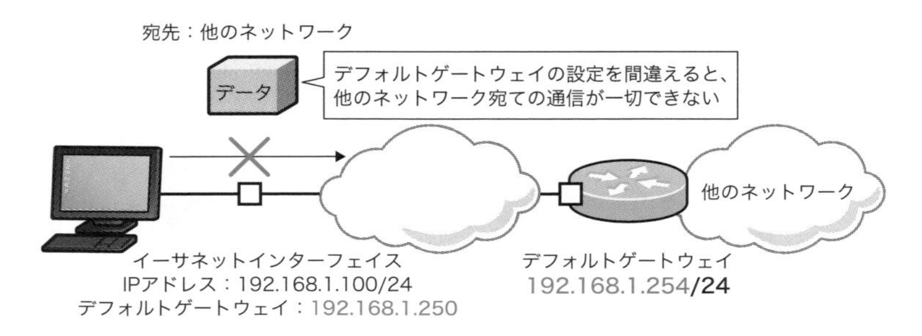

図4　デフォルトゲートウェイの設定ミス

デフォルトゲートウェイの障害に対応するためには、接続するルーター／レイヤー3スイッチと同じ機能をもつスペアを用意するようにしましょう。その上で、**VRRP**（Virtual Router Redundancy Protocol）などの複数のデフォルトゲートウェイを自動的に切り替えるプロトコルを利用します。

このように、同じネットワークの通信はできる一方、他のネットワークへの通信ができないときは、**デフォルトゲートウェイの設定が正しいかどうかや障害の有無**を確認するようにしましょう。

TCP/IPの設定のまとめ

TCP/IPの設定について、ここであらためてまとめておきます。まず、次のTCP/IPの設定を正しく行わなければなりません。

- **IPアドレス／サブネットマスク**
- **DNSサーバーのIPアドレス**
- **デフォルトゲートウェイのIPアドレス**

IPアドレス／サブネットマスク

イーサネットやWi-FiなどのインターフェイスにIPアドレス／サブネットマスクを設定することで、IPネットワークへ接続します。すると、**IPパケットを送受信できる**ようになります。

　このIPアドレスの前半のネットワークアドレスを特定するために**サブネットマスクが必要**です。ホストのインターフェイスからIPパケットを送信するとき、送信元IPアドレスとして設定しているIPアドレスを指定します。IPアドレス／サブネットマスクの設定が正しくないと、IPパケットを正しく送受信できなくなってしまいます。

DNSサーバーのIPアドレス

　ホストからIPパケットを送信するときには、IPヘッダーの宛先IPアドレスを指定しなければなりません。そこで、**DNSサーバーに問い合わせる**ことで適切な宛先IPアドレスを求めます。DNSサーバーのIPアドレスの設定が正しくないと、宛先IPアドレスがわからず、通信そのものができません。

デフォルトゲートウェイのIPアドレス

　ホストと同じネットワーク上のルーターまたはレイヤー3スイッチのIPアドレスを、デフォルトゲートウェイのIPアドレスとして設定します。他のネットワーク宛てのIPパケットは、デフォルトゲートウェイへ転送します。このとき、他のネットワーク宛てのIPパケットに付加するイーサネットヘッダーの宛先MACアドレスを求めるために、正しいデフォルトゲートウェイのIPアドレスを設定しなければなりません。設定を間違えてしまうと、他のネットワーク宛てにIPパケットを送信できなくなります。

　これらのTCP/IPの設定を正しく行うことで、ホストから送信するデータの各プロトコルのヘッダーを適切につけられるようになります（図5）。

　しかし、こうした設定を自分で行うのは大変なものです。そのために役立つのがDHCPです。次節では、TCP/IPの設定を自動化するDHCPについて解説します。

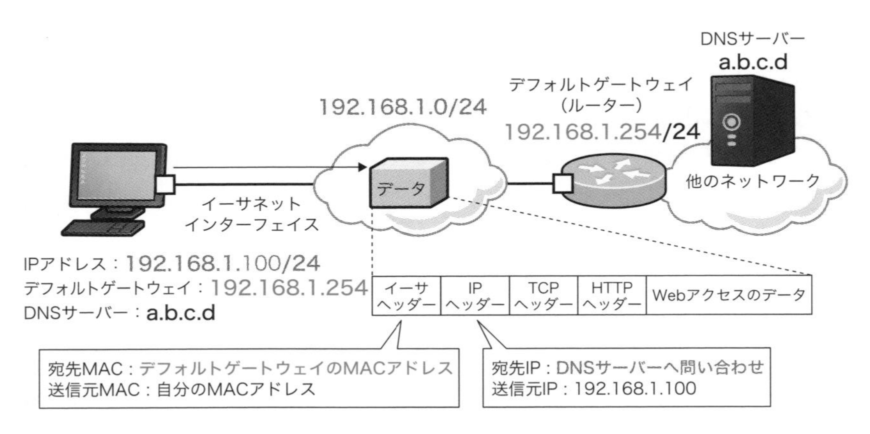

図5　TCP/IPの設定のまとめ

6-2 やってみよう!

DHCPでIPアドレスを自動取得しよう

TCP/IPの設定をユーザーが個々に行うのは面倒ですし、設定を間違えてしまうこともあります。そのため、今ではほとんどDHCPによって自動的に設定は行われます。その仕組みを実際に体験してみましょう。

Step1 コマンドプロンプトを開く

ツールバーの検索ボックスに「cmd」と入力して、コマンドプロンプトを開きます。

Step2 ipconfigコマンドでDHCPサーバーを確認する

コマンドプロンプトから、ipconfig /allコマンドを実行してください。すると、DHCPサーバーのIPアドレスが表示されます。次に挙げたのはコマンドのサンプルです。

```
C¥Users¥gene>ipconfig /all

Windows IP 構成

   ホスト名 ................: ARKHIVE
   プライマリ DNS サフィックス.:
   ノード タイプ ............: ハイブリッド
   IP ルーティング有効 .......: いいえ
   WINS プロキシ有効 ........: いいえ
   DNS サフィックス検索一覧 ...: lan

イーサネット アダプター イーサネット:

   接続固有の DNS サフィックス.: lan
   説明 ...................: Realtek Gaming 2.5GbE Family Controller
   物理アドレス .............: 50-EB-F6-B4-25-85
   DHCP 有効 ..............: はい
```

6

```
   自動構成有効 .............: はい
  IPv6 アドレス ...........: fda4:6d8e:4537:97a4:8843:ba67:6ded:7962(優先)
   一時 IPv6 アドレス .......: fda4:6d8e:4537:97a4:81e6:1f54:d8da:54b(優先)
   リンクローカル IPv6 アドレス: fe80::e3be:e39b:c799:e58f%19(優先)
   IPv4 アドレス ...........: 192.168.1.215(優先)
   サブネット マスク .........: 255.255.255.0
   リース取得...............: 2024年1月9日 10:33:32
   リースの有効期限 ..........: 2024年1月10日 10:33:32
   デフォルト ゲートウェイ.....: 192.168.1.1
   DHCP サーバー ...........: 192.168.1.1
   DHCPv6 IAID............: 105966582
   DHCPv6 クライアント DUID .: 00-01-00-01-2A-BE-BB-22-50-EB-F6-B4-25-85
   DNS サーバー ............: 192.168.1.1
   NetBIOS over TCP/IP....: 有効
~省略~
```


Step3 DHCPで取得したIPアドレスを解放する

次に「ipconfig /release」コマンドを実行しましょう。DHCPで取得するIPアドレスは一時的な貸し出し(リース)です。PCがシャットダウンするときなどに、自動的にIPアドレスを解放(返却)します。「ipconfig /release」コマンドは、IPアドレスの解放を手動で行います。

```
C:¥Users¥gene>ipconfig /release

Windows IP 構成

メディアが接続されていないと、ローカル エリア接続* 1 に対する処理はいずれも実行できません。
メディアが接続されていないと、ローカル エリア接続* 2 に対する処理はいずれも実行できません。
メディアが接続されていないと、Wi-Fi に対する処理はいずれも実行できません。
メディアが接続されていないと、Bluetooth ネットワーク接続 に対する処理はいずれも実行できません。

イーサネット アダプター イーサネット:

   接続固有の DNS サフィックス.:
   IPv6 アドレス ...........: fda4:6d8e:4537:97a4:8843:ba67:6ded:7962
   一時 IPv6 アドレス .......: fda4:6d8e:4537:97a4:81e6:1f54:d8da:54b
   リンクローカル IPv6 アドレス: fe80::e3be:e39b:c799:e58f%19
   デフォルト ゲートウェイ.....:
~省略~
```

Step4 DHCPでIPアドレスを再取得する

続いて「ipconfig /renew」コマンドを実行します。すると、次のサンプルのように、DHCPサーバーからIPアドレスなどの設定情報を自動で再取得することができます。

```
C:¥Users¥gene>ipconfig /renew
Windows IP 構成

メディアが接続されていないと、ローカル エリア接続* 1 に対する処理はいずれも実行できません。
メディアが接続されていないと、ローカル エリア接続* 2 に対する処理はいずれも実行できません。
メディアが接続されていないと、Wi-Fi に対する処理はいずれも実行できません。
メディアが接続されていないと、Bluetooth ネットワーク接続 に対する処理はいずれも実行でき
ません。

イーサネット アダプター イーサネット:
   接続固有の DNS サフィックス.: lan
   IPv6 アドレス ...........: fda4:6d8e:4537:97a4:8843:ba67:6ded:7962
   一時 IPv6 アドレス .......: fda4:6d8e:4537:97a4:81e6:1f54:d8da:54b
   リンクローカル IPv6 アドレス: fe80::e3be:e39b:c799:e58f%19
   IPv4 アドレス ...........: 192.168.1.215
   サブネット マスク .........: 255.255.255.0
   デフォルト ゲートウェイ.....: 192.168.1.1
～省略～
```

IPアドレスなどの設定情報を自動で再取得

それでは、DHCPでどのようにIPアドレスなどの設定を自動的に取得するのか、その仕組みを見ていきましょう。

設定を自動化するDHCP

DHCPの概要

DHCPとは、IPアドレスなどのTCP/IPの通信に必要な設定を自動的に行うためのプロトコルです。DHCPによってホストをネットワークに接続すれば、自動的に必要なTCP/IPの設定を行うことができます。これにより、ITに詳しくないユーザーでも正しい設定が行えます。また、単純な設定ミスによるトラブルを防ぐこともできます。なお、DHCPはトランスポート層にUDPを利用しており、ウェルノウンポートは「67」「68」で、そのうちDHCPサーバーが「67」、DHCPクライアントが「68」です。

DHCPの仕組み

DHCPを利用するには、あらかじめDHCPサーバーを用意し、配布するIPアドレスなどのTCP/IPの設定を登録しておきます。このDHCPサーバーに登録するTCP/IPの設定情報を**DHCPプール**と呼びます。DHCPサーバーには、Windowsサーバーや Linuxサーバーを利用することもでき、ルーター／レイヤー3スイッチを利用することもできます。ルーター／レイヤー3スイッチには、もともとDHCPサーバー機能が組み込まれています。そして、PC／スマートフォンなどはDHCPクライアントとして設定します。

それでは、DHCPクライアントのホストがネットワークに接続したとき、DHCPサーバーと行うやり取りを見てみましょう。次の4つのメッセージを送りあいながら、自動的にTCP/IPの設定を行っていきます（図6）。

①**DHCP DISCOVER**
②**DHCP OFFER**
③**DHCP REQUEST**

④DHCP ACK

DHCP DISCOVERは、DHCPクライアントがDHCPサーバーを探すメッセージです。DHCP DISCOVERをサーバーが受信すると、DHCP OFFERを返します。DHCP OFFERでクライアントに使えるIPアドレスなどの設定情報を提案します。DHCP REQUESTでDHCPクライアントはIPアドレスの利用を要求し、最後にDHCPサーバーはDHCP ACKでIPアドレスの利用を了解します。この4つのステップでDHCPでのIPアドレスの割り当てが完了します。

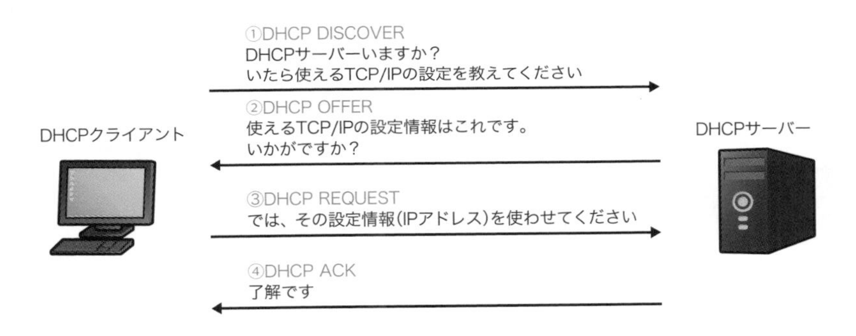

図6　DHCPのやり取り

図6のようなDHCPのやり取りには**ブロードキャスト**を利用します。DHCPクライアントは自分のIPアドレスを知らないため、DHCPサーバーのIPアドレスもわかりません。このようにアドレスがわからなくても、とりあえずデータを送りたいときにブロードキャストを利用します。ブロードキャストで同じネットワーク上のすべてにデータを送れば、DHCPサーバーもつながっている場合、返事をくれるだろうという考えです。ブロードキャストを利用するため、DHCPサーバーとDHCPクライアントは原則**同じネットワーク上に接続されている必要があります**。ネットワークを相互接続するルーターはブロードキャストで送られたデータを他のネットワークに転送しないからです。

また、DHCPで設定情報を取得すると、ホストのIPアドレスが変わる可能性があり、ホストの特定に手間がかかります。そこで、DHCPによりIPアドレスを自動的に設定する際、決まったIPアドレスを配布することもできます。

DHCPクライアントの設定と確認(Windows)

DHCPを使うためには、まずDHCPクライアントの設定が必要です。例として、Windows OSでの手順を見てみます。Windows OSのホストをDHCPクライアントにするには、[インターネット プロトコルバージョン 4 (TCP/IPv4) のプロパティ]から[IPアドレスを自動的に取得する][DNSサーバーのアドレスを自動的に取得する]にチェックします(図7)。

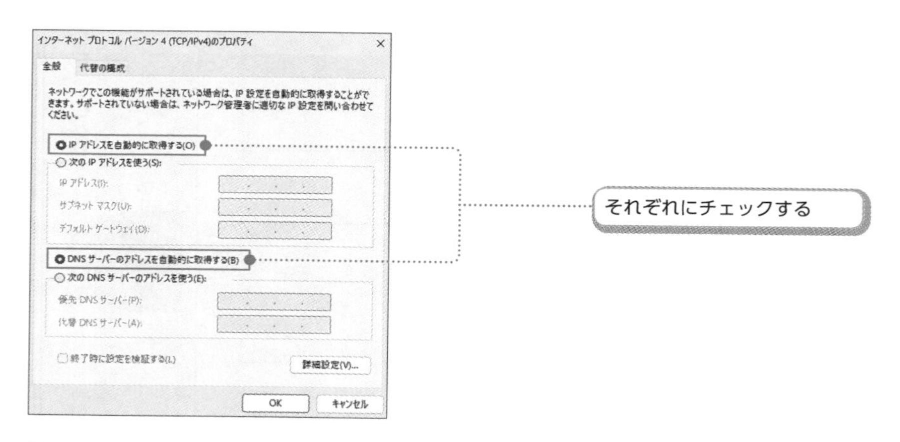

図7　Windows OSをDHCPクライアントに設定する

また、「やってみよう!」で実践したように、DHCPで取得したIPアドレスを解放したり、再取得したりすることもできます。IPアドレスの解放や再取得は、コマンドプロンプトでipconfigコマンドのオプションを指定して実行します。このときに使用するオプションを表1にまとめています。

表1　ipconfigコマンドのオプション

ipconfigコマンドのオプション	動　作
ipconfig /release	DHCPで割り当てられたIPアドレスを解放する
ipconfig /renew	DHCPでIPアドレスを再取得する

これらのコマンドプロンプトの「ipconfig /release」と「ipconfig /renew」を実行すると、次のように表示されます。DHCPでIPアドレスの取得がうまくできないときは、これらのコマンドを試してみてください。

```
C:¥Users¥gene>ipconfig /release

Windows IP 構成

 イーサネット アダプター イーサネット:

   接続固有の DNS サフィックス  ・・:
   リンクローカル IPv6 アドレス・・: fe80::25ac:bcfc:7e54:5fa7%2
   デフォルト ゲートウェイ ・・・・・:

C:¥Users¥gene>ipconfig /renew

Windows IP 構成

イーサネット アダプター イーサネット :

   接続固有の DNS サフィックス  ・・: lan
   リンクローカル IPv6 アドレス・・: fe80::25ac:bcfc:7e54:5fa7%2
   IPv4 アドレス ・・・・・・・・・・: 192.168.1.169
   サブネット マスク・・・・・・・・: 255.255.255.0
   デフォルト ゲートウェイ ・・・・・: 192.168.1.1
```

DHCPサーバーの配置

個人ユーザーの家庭内ネットワークでは必要ありませんが、企業の社内ネットワークでは**DHCPサーバーの配置をきちんと検討して決める必要があります**。企業の社内ネットワークは、1つのネットワークだけで構成されていることがほとんどなく、部署ごとなど複数のネットワークをルーター／レイヤー3スイッチで相互接続しているからです。そのため、色々なネットワークにつながっているDHCPクライアントにIPアドレスを配布するDHCPサーバーの適切な配置を検討しなければなりません。

DHCPサーバーの配置について、次の3つの選択肢が考えられます。

①ネットワークごとにDHCPサーバーを配置する
②ルーター／レイヤー3スイッチをDHCPサーバーとする
③1台のDHCPサーバーを配置する（DHCPリレーエージェント）

これらのDHCPサーバーの配置の選択肢では、たいてい②か③が選ばれます。①のようなDHCPサーバーの配置は一般的ではありません。以降で、それぞれのDHCPサーバーの配置について詳しく見ていきましょう。

①ネットワークごとにDHCPサーバーを配置する

「DHCPサーバーとDHCPクライアントは原則として同一ネットワークに接続する」という制約を忠実に守るのが、このDHCPサーバーの配置です（図8）。DHCPクライアントが存在する各ネットワーク上にDHCPサーバーを配置するので、DHCPサーバーをその分配置しなければなりません。DHCPサーバーの構築は難しくありませんが、数が多くなると面倒になります。

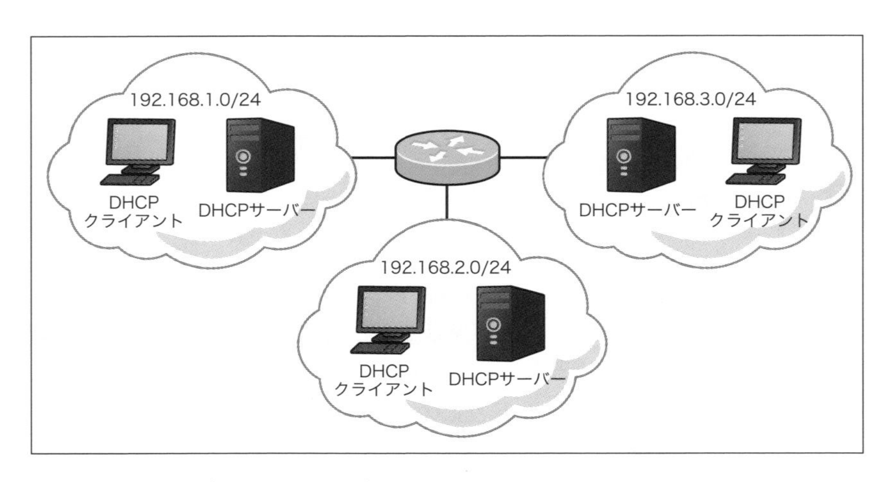

図8　ネットワークごとにDHCPサーバーを配置

②ルーター／レイヤー3スイッチをDHCPサーバーとする

ルーター／レイヤー3スイッチは、ネットワークを相互接続しています。つまり、DHCPクライアントがつながっているネットワークは、ルーター／レイヤー3スイッチによって、その他のネットワークと相互接続していることになります。そのため、DHCPクライアントにとって**ルーター／レイヤー3スイッチ（デフォルトゲートウェイ）は必ず同一ネットワーク上にあるもののためDHCPサーバーとします**（図9）。すると、DHCPサーバーの配置の制約にもしたがうことになります。ルーター／レイヤー3スイッチでDHCPサーバー機能が備わっていないことはまずありません。

ただし、1台のルーター／レイヤー3スイッチだけで、DHCPクライアントのすべてのネットワークを相互接続しているわけではありません。状況によっては、複数のルーター／レイヤー3スイッチをDHCPサーバーとして動作させなければならないこともあります。個人ユーザーの家庭内ネットワークなどの小規模なネットワークは、たいてい、このようなルーター／レイヤー3スイッチをDHCPサーバーとします。

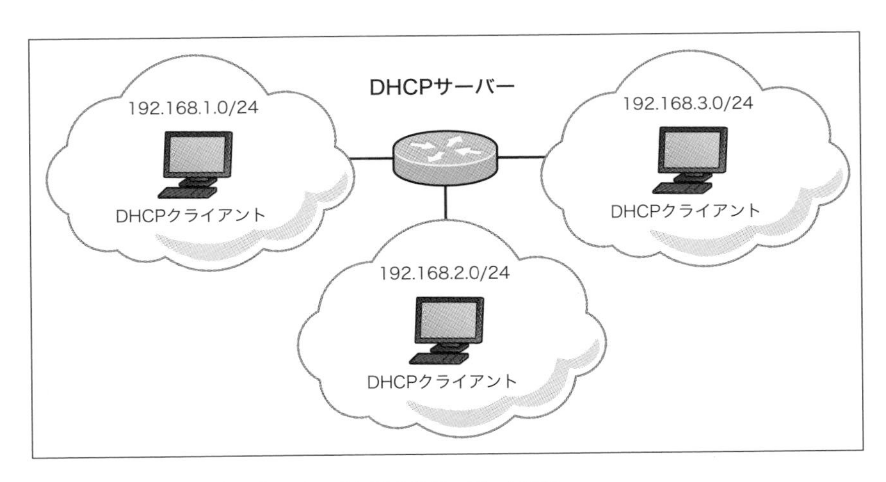

図9　ルーター／レイヤー3スイッチをDHCPサーバーとする

③1台のDHCPサーバーを配置する（DHCPリレーエージェント）

①のように、多くのDHCPサーバーを構築して配置するのは大変です。そこで、1台のDHCPサーバーで複数のネットワーク上のDHCPクライアントにIPアドレスを配布できるようにします。そのために、**DHCPサーバーにIPアドレスを配布したいネットワークごとのDHCPプールを作成します**（図10）。

ただし、前述の通り原則としてDHCPサーバーとDHCPクライアントは同じネットワーク上に接続しなければいけない制約があります。この制約を回避するために、さらに**DHCPリレーエージェント**が必要です。DHCPリレーエージェントとは、**DHCPクライアントからのブロードキャストのDHCPメッセージをDHCPサーバーへユニキャストで転送する機能**です。

多くの場合、DHCPクライアントのネットワークを接続するルーター／レイヤー3スイッチが、DHCPリレーエージェントになります。DHCPクライアントから送信されたブロードキャストのDHCPメッセージを、他のネットワーク上のDHCPサーバーへ転送（ユニキャスト）します。ユニキャストは異なるネットワークへも転送できるため、DHCPクライアントとDHCPサーバーを同一ネットワーク上に接続しなければいけない制約を回避します。

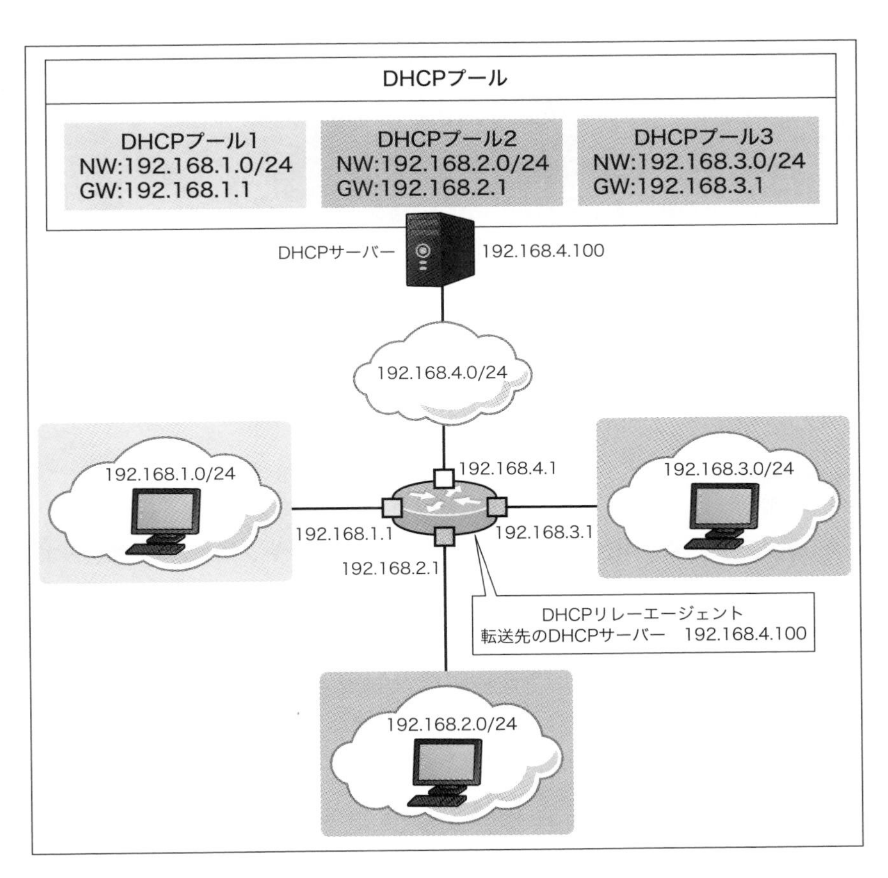

図10　1台のDHCPサーバーを配置する（DHCPリレーエージェント）

6-3 やってみよう！

トラブルの原因を通信確認コマンドで調べよう

「ネットワークがつながらない！」というとき、原因を調べるために役立つのが通信確認のコマンドです。すでに紹介したコマンドもありますが、主な通信確認コマンドを実行してみましょう。

Step1 コマンドプロンプトを開く

ツールバーの検索ボックスに「cmd」と入力して、コマンドプロンプトを開きます。

Step2 ipconfigコマンドで設定情報を確認する

通信するためには、IPアドレスなどが正しく設定されていることが大前提です。「ipconfig」コマンドでIPアドレスなどの設定を確認します。これまでに何度も実行している、「設定を確認する」という最も基本的で重要なコマンドです。次はそのサンプルです。

```
C:¥Users¥gene>ipconfig

Windows IP 構成

イーサネット アダプター イーサネット：

   接続固有の DNS サフィックス.: lan
   IPv6 アドレス ...........: fda4:6d8e:4537:97a4:8843:ba67:6ded:7962
   一時 IPv6 アドレス .......: fda4:6d8e:4537:97a4:81e6:1f54:d8da:54b
   リンクローカル IPv6 アドレス: fe80::e3be:e39b:c799:e58f%19
   IPv4 アドレス ...........: 192.168.1.215
   サブネット マスク .........: 255.255.255.0
   デフォルト ゲートウェイ.....: 192.168.1.1
～省略～
```

Step3 pingコマンドで通信できるかを確認する

特定のホストと通信できるかを確認するために「ping」コマンドを利用します。ネットワークのトラブルの切り分けのために必ず利用するコマンドです。次のIPアドレスおよびホスト名を指定してpingコマンドを実行しましょう。

- デフォルトゲートウェイのIPアドレス
- www.google.co.jp（GoogleのWebサイトのホスト名）

```
C:¥Users¥gene>ping 192.168.1.1

192.168.1.1 に ping を送信しています 32 バイトのデータ：
192.168.1.1 からの応答： バイト数 =32 時間 <1ms TTL=64
192.168.1.1 からの応答： バイト数 =32 時間 <1ms TTL=64
192.168.1.1 からの応答： バイト数 =32 時間 <1ms TTL=64
192.168.1.1 からの応答： バイト数 =32 時間 <1ms TTL=64

192.168.1.1 の ping 統計：
    パケット数： 送信 = 4、受信 = 4、損失 = 0 (0% の損失)、
ラウンド トリップの概算時間 (ミリ秒)：
    最小 = 0ms、最大 = 0ms、平均 = 0ms

C:¥Users¥gene>ping google.co.jp

google.co.jp [142.251.222.35]に ping を送信しています 32 バイトのデータ：
142.251.222.35 からの応答： バイト数 =32 時間 =5ms TTL=116
142.251.222.35 からの応答： バイト数 =32 時間 =4ms TTL=116
142.251.222.35 からの応答： バイト数 =32 時間 =4ms TTL=116
142.251.222.35 からの応答： バイト数 =32 時間 =4ms TTL=116

142.251.222.35 の ping 統計：
    パケット数： 送信 = 4、受信 = 4、損失 = 0 (0% の損失)、
ラウンド トリップの概算時間 (ミリ秒)：
    最小 = 4ms、最大 = 5ms、平均 = 4ms
```

Step4 nslookupコマンドで名前解決を手動で行う

URLやメールアドレスなど、ユーザーが触れるアプリケーションのアドレスからIPアドレスを求めなくてはなりません。そのためにDNSを利用します。通常、DNSサーバーへの問い合わせは自動的に行われますが、「nslookup」コマンドでDNSサーバーへの問い合わせを手動で実行できます。次のホスト名に対するIPアドレスを求めてみましょう。

- www.n-study.com
- www.google.co.jp

```
C:¥Users¥gene>nslookup www.n-study.com
サーバー：  UnKnown
Address:  192.168.1.1

権限のない回答：
名前：    www.n-study.com.cdn.cloudflare.net
Addresses:  2606:4700:3036::ac43:c383
          2606:4700:3033::6815:3c61
          172.67.195.131
          104.21.60.97
Aliases:  www.n-study.com

C:¥Users¥gene>nslookup www.google.co.jp
サーバー：  UnKnown
Address:  192.168.1.1

権限のない回答：
名前：    www.google.co.jp
Addresses:  2404:6800:4004:822::2003
          142.250.199.99
```

Step5 tracertコマンドで通信経路を確認する

ルーターが遠く離れたサーバーまで適切にデータを転送してくれますが、「tracert」コマンドでは宛先までどんなルーターを経由するかを調べることができます。「tracert」コマンドで次のホスト名のサーバーまで、どのようなルーターを経由するかを調べてみましょう。

- www.n-study.com
- www.google.co.jp

```
C:¥Users¥gene>tracert www.n-study.com

www.n-study.com.cdn.cloudflare.net [104.21.60.97] へのルートをトレースしています
経由するホップ数は最大 30 です:

  1    <1 ms    <1 ms    <1 ms  192.168.1.1
  2     1 ms    <1 ms    <1 ms  172.31.1.1
  3    41 ms     8 ms     4 ms  ike-bbrt10.transix.jp [14.0.9.141]
  4     6 ms     4 ms     4 ms  210.173.176.127
  5     5 ms     7 ms     6 ms  172.68.116.2
  6     4 ms     4 ms     3 ms  104.21.60.97

トレースを完了しました。

C:¥Users¥gene>tracert www.google.co.jp

www.google.co.jp [142.250.196.131] へのルートをトレースしています
経由するホップ数は最大 30 です:

  1    <1 ms    <1 ms    <1 ms  192.168.1.1
  2     1 ms    <1 ms    <1 ms  172.31.1.1
  3     6 ms     3 ms     3 ms  ike-bbrt10.transix.jp [14.0.9.141]
  4     6 ms     5 ms     5 ms  72.14.222.189
  5     4 ms     3 ms     3 ms  66.249.95.159
  6     3 ms     4 ms     3 ms  142.250.224.213
  7     4 ms     3 ms     3 ms  nrt12s36-in-f3.1e100.net [142.250.196.131]

トレースを完了しました。
```

6-3-1 学ぼう！

主な通信確認コマンド

トラブルの原因を調べるにはどうすればいい？

「今まで普通に使えていたのに、突然ネットワークにつながらなくなった」ということはよく起こります。そのようなときに、「何が原因で」ネットワークにつながらなくなったのかを調べることができれば、自分でトラブルを解決して利用できる可能性が高くなります。そこで、通信確認コマンドを適切に利用すれば、ネットワークのトラブルの原因を調べることができます。これまでにも「やってみよう！」で試した主な通信確認コマンドを表2にまとめています。

表2　主な通信確認コマンド

コマンド	概　要
ipconfig	PCのTCP/IP設定を確認する
nslookup	DNSサーバーによる名前解決を確認する
ping	指定したIPアドレスまたはホスト名まで通信できるかどうかを確認する
tracert	指定したIPアドレスまたはホスト名への通信経路（経由するルーター）を確認する

図11では、表2の主な通信確認コマンドでどのようなことを確認しているかをまとめています。各コマンドについて、詳しく見ていきましょう。

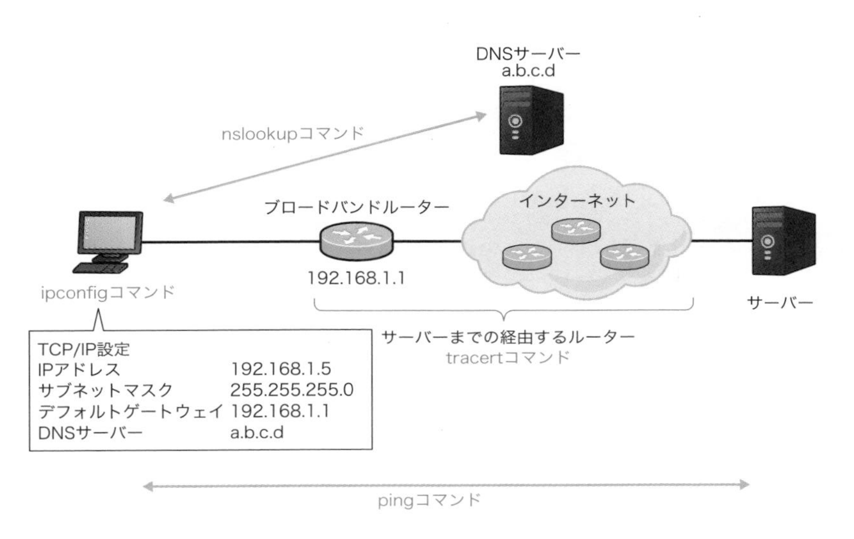

図11　主な通信確認コマンドで確認していること

ipconfigコマンド

ネットワーク上で通信するためには、TCP/IPの設定を正しく行わなければいけません。**PCのTCP/IP設定を確認する**ためにはipconfigコマンドを利用します。ここまでの「やってみよう！」や解説で何度も取り上げていますが、基本の確認コマンドなのできちんと押さえておきましょう。ipconfigコマンドは、コマンドプロンプトで利用し、次のような構文になります。

```
C:¥>ipconfig
```

また、ipconfigコマンドは次のサンプルのような表示となります。

ipconfigコマンドを実行すると、イーサネットやWi-Fiのネットワークアダプター（インターフェイス）ごとのTCP/IP設定が表示されます。オプションを指定しなければ、IPアドレス／サブネットマスク、デフォルトゲートウェイといった内容が表示されます。現在のWindows OSは、IPv6もデフォルトで有効になっているので、IPv6アドレスも表示されます。

```
C:¥Users¥gene>ipconfig

Windows IP 構成

イーサネット アダプター イーサネット :

   接続固有の DNS サフィックス . . . : lan
   IPv6 アドレス . . . . . . . . . . : fda4:6d8e:4537:97a4:8843:ba67:6ded:7962
   一時 IPv6 アドレス. . . . . . . . : fda4:6d8e:4537:97a4:d04a:766:df2b:2899
   リンクローカル IPv6 アドレス. . . : fe80::e3be:e39b:c799:e58f%19
   IPv4 アドレス . . . . . . . . . . : 192.168.1.215
   サブネット マスク . . . . . . . . : 255.255.255.0
   デフォルト ゲートウェイ . . . . . : 192.168.1.1
```

また、ipconfigコマンドには色々なオプションがあります。ipconfigコマンドの主なオプションは、表3の通りです。

表3　ipconfigコマンドの主なオプション

ipconfigコマンドのオプション	オプションの意味
/all	詳細な設定情報を表示する
/release	DHCPで割り当てられた設定を解放する
/renew	DHCPで設定情報を再取得する
/displaydns	DNSキャッシュの情報を表示する

pingコマンド

pingコマンドは、**特定のPCやサーバーとの間で通信できるかどうかを確認する**ために利用します。ネットワークのトラブルの原因を調べるために、非常によく使われる確認コマンドです。

pingコマンドの仕組みはとてもシンプルです（図12）。pingコマンドを実行すると、指定された通信相手に何らかのデータ（Windowsではアルファベットの羅列）をそのまま返すように要求します。これを**ICMP**[*2]**エコーリクエスト**と呼びます。ICMPエコーリクエストを受け取った通信相手は、返事

*2　ICMP（Internet Control Message Protocol）は、pingコマンドやtracertコマンドなど、IPでのデータの転送を確認するときに利用するプロトコルです。また、何らかのエラーでIPパケットが失われたとき、送信元に通知するためにも利用します。

としてデータをそっくりそのまま返します。これを**ICMPエコーリプライ**と呼びます。ICMPエコーリプライが返ってくると、通信相手との間で往復のデータのやり取りができることが確認できます。

また、pingコマンドで往復のデータのやり取りにかかる目安の時間もわかります。往復のデータのやり取りに要する時間を**応答時間**や**ラウンドトリップ時間**（Round Trip Time：RTT）と呼び、俗に「ping値」とも表します。

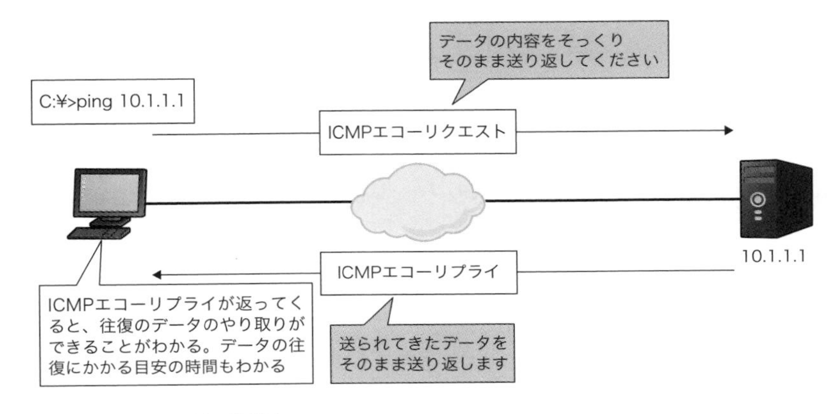

図12　pingコマンドの仕組み

pingコマンドも、コマンドプロンプトで実行します。pingコマンドの構文は次の通りです。

```
C:¥>ping <IPアドレスまたはホスト名>
```

ホスト名を指定すると、DNSサーバーに問い合わせてホスト名に対するIPアドレスを自動的に取得し、IPアドレスへICMPエコーリクエストを送ります。

図13のように、指定したIPアドレスから応答（ICMPエコーリプライ）が返ると、正常に通信できることがわかります。通信確認に加えて、pingコマンドで応答時間の目安もわかるため、簡単なネットワークのパフォーマンス計測にもなります。

```
C:¥Users¥gene>ping www.google.co.jp

www.google.co.jp [142.250.196.99]に ping を送信しています 32 バイトのデータ:
142.250.196.99 からの応答: バイト数 =32 時間 =5ms TTL=117
142.250.196.99 からの応答: バイト数 =32 時間 =3ms TTL=117
142.250.196.99 からの応答: バイト数 =32 時間 =5ms TTL=117
142.250.196.99 からの応答: バイト数 =32 時間 =7ms TTL=117

142.250.196.99 の ping 統計:
 パケット数: 送信 = 4、受信 = 4、損失 = 0 (0% の損失)、
ラウンド トリップの概算時間 (ミリ秒):
 最小 = 3ms、最大 = 7ms、平均 = 5ms
```


図13　pingコマンドの実行結果の例　その1

pingコマンドを実行する際にも、表4のようなオプションを指定できます。

表4　pingコマンドの主なオプション

pingコマンドのオプション	意味
-t	継続的にpingコマンドを実行する。停止するときには、Ctrl + Cを入力する
-l サイズ	pingコマンドを実行したときに送信するデータサイズを指定する
-w 時間	応答を待つ時間をミリ秒単位で指定する
-n 数	pingコマンドを実行したときにデータを送信する回数を指定する

pingコマンドで通信相手から正常に応答が返ってこない場合は、通信相手との間のどこかで問題が起きています。pingコマンドが失敗すると、単純にタイムアウトする場合もあれば、通信相手以外からの応答が返ってくる場合もあるので注意してください。**通信相手以外からの応答は、データを送り届けることができなかったというエラーの報告です。**

例えば、次の図14で「ping 10.10.10.10」とコマンドを実行すると、応答が返っていますが、これは指定した「10.10.10.10」からではありません。「10.10.10.10へのデータを転送することができなかった」ことを途中の「219.103.128.145」がpingコマンドを実行した送信元へ報告しています。

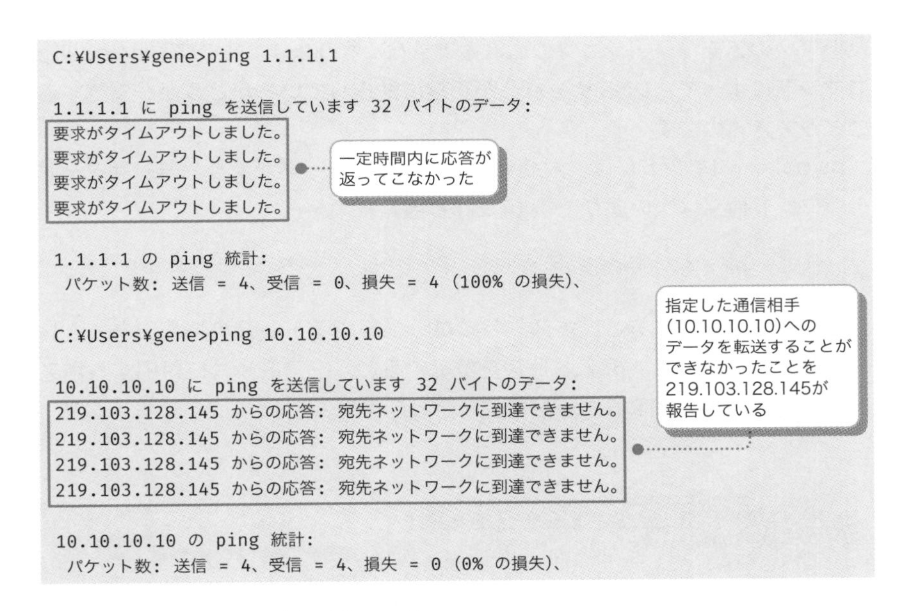

図14　pingコマンドの実行結果の例　その2

なお、pingコマンドが失敗したからといって、ネットワークにトラブルがあるとは限りません。悪意をもったユーザーがpingコマンドで利用するICMPを悪用して、ネットワークや特定のサーバーを攻撃することがあります。それらを防止するために、セキュリティソフトやファイアウォールなどでpingコマンドに対し応答しないようにしている場合もあります。また、IPアドレスの指定が間違っていることもよくあります。pingコマンドを実行するときには、IPアドレスの指定も間違えないように気をつけてください。

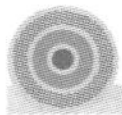

nslookupコマンド

nslookupコマンドによって、**DNSサーバーへのホスト名に対応するIPアドレスの問い合わせを確認する**ことができます。DNSサーバーにトラブルが発生すると、ホスト名に対応するIPアドレスの問い合わせができなくなるため、たいていのアプリケーションの通信もできなくなります。そこで、nslookupコマンドによって、**DNSサーバーが正常に動作しているかどうか**を確認することができるのです。

nslookupコマンドには、対話モードと非対話モードがあり、非対話モードのコマンド構文は次の通りです（4-2-1参照）。

```
C:¥>nslookup <ホスト名またはIPアドレス>
```

ホスト名を指定すると、ホスト名に対応するIPアドレスの情報であるAレコードを問い合わせ、IPアドレスを指定すると、IPアドレスに対応するホスト名の情報であるPTRレコードを問い合わせます。

```
C:¥Users¥gene>nslookup www.google.co.jp
サーバー: UnKnown
Address: 192.168.1.1

権限のない回答:
名前: www.google.co.jp
Addresses: 2404:6800:4004:822::2003
 142.250.196.131

C:¥Users¥gene>nslookup 142.250.196.131
サーバー: UnKnown
Address: 192.168.1.1

名前: nrt12s36-in-f3.1e100.net
Address: 142.250.196.131
```


図15　nslookupコマンドの例

tracertコマンド

ルーターによって多くのネットワークが相互接続されており、異なるネットワーク上の通信相手にデータを送信するときはルーターを経由します。tracertコマンドは通信経路を調べるためのコマンドで、**通信相手へデータを送信するときに経由するルーターを調べる**ことができるのです。

tracertコマンドは、**TTL**（Time To Live）**を利用して経路上のルーターでデータを破棄する**ようにしています。TTLとは、**データが経由できるルーターの台数**です。ルーターを経由するごとにTTLが減り、0になるとそのデータを破棄し、ICMPによって送信元にデータを破棄したことを通知します。

具体的には、図16のようにtracertコマンドを実行すると、はじめは「TTL＝1」でデータを送信します。すると、1台目のルーターでそのデータは破棄されて、ルーターがデータを破棄したことを送信元に通知します。これで1台目のルーターのIPアドレスがわかります。次に「TTL＝2」でデータを送信すると、2台目のルーターで破棄されて、同じように2台目のルーターがデータを破棄したことを通知します。すると、2台目のルーターのIPアドレスがわかります。以降も同じくTTLを増やすことによって、経由するルーターがわかるようになるのです。

なお、tracertコマンドで送信するデータは、pingコマンドと同じICMPエコーリクエストです[*3]。また、tracertコマンドの構文は次の通りです。

```
C:¥>tracert <IPアドレスまたはホスト名>
```

ホスト名を指定した場合は、pingコマンドと同じようにDNSサーバーに問い合わせてIPアドレスを取得します。図17は、tracertコマンドの実行結果の例です。

*3　Windows以外のプラットフォームでは、ICMPエコーリクエストではなくUDPデータグラムを送信します。

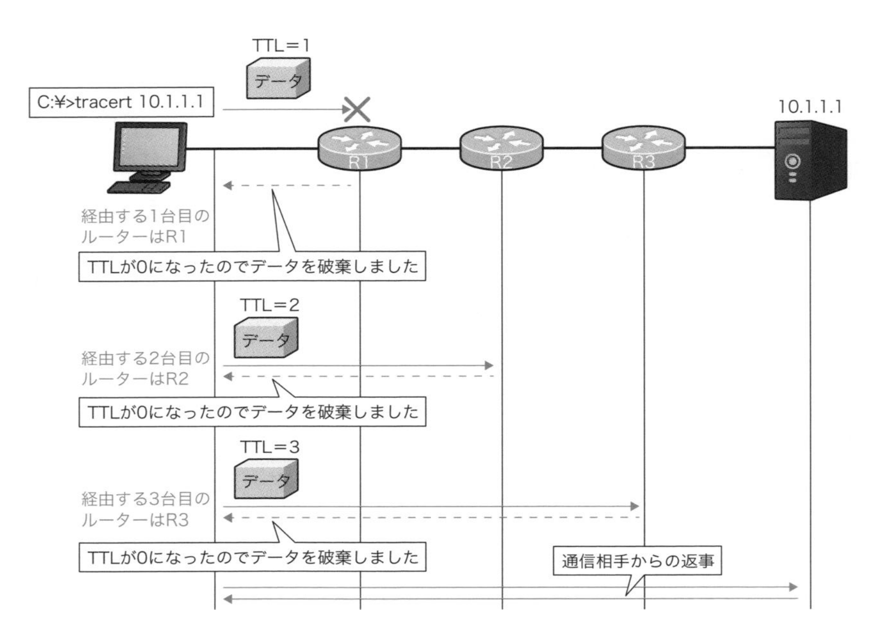

図16　tracertコマンドの仕組み

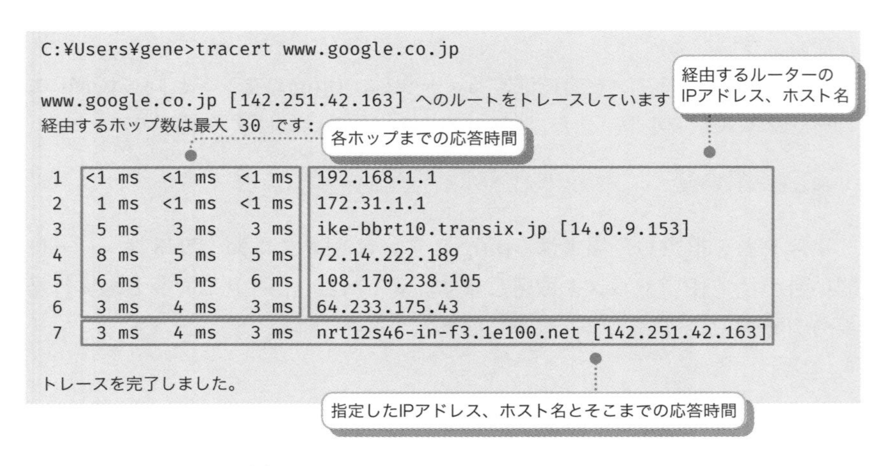

```
C:¥Users¥gene>tracert www.google.co.jp

www.google.co.jp [142.251.42.163] へのルートをトレースしています
経由するホップ数は最大 30 です:

  1   <1 ms   <1 ms   <1 ms  192.168.1.1
  2    1 ms   <1 ms   <1 ms  172.31.1.1
  3    5 ms    3 ms    3 ms  ike-bbrt10.transix.jp [14.0.9.153]
  4    8 ms    5 ms    5 ms  72.14.222.189
  5    6 ms    5 ms    6 ms  108.170.238.105
  6    3 ms    4 ms    3 ms  64.233.175.43
  7    3 ms    4 ms    3 ms  nrt12s46-in-f3.1e100.net [142.251.42.163]

トレースを完了しました。
```


図17　tracertコマンドの例

　tracertコマンドでは、デフォルトで3つずつデータを送ります。データを送信してから各ルーターでデータが破棄されて、その通知が返ってくるまでの時間で応答時間の目安を立てるのですが、3回データを送ることによって、**応答時間が平均してどの程度であるか**がわかります。

　各ルーターからの通知では、**ルーターのIPアドレス**がわかります。さらに、PC側ではルーターのIPアドレスから逆引きしてホスト名を調べています。

　なお、tracertコマンドの最後の行は、コマンドで指定した通信相手です。つまり、図17の例では「www.google.co.jp」まで6台のルーターを経由していることがわかります[*4]。

*4　自宅のPCからインターネット上のサーバーまでの通信経路は契約しているISPによって異なります。そのため、実行したtracertコマンドは上記の表示結果と同じにはなりません。

6-3-2 学ぼう！

ネットワークのトラブルの切り分け手順

ネットワークがつながらないときにはどうすればいい？

今やネットワークはつながっていて当たり前のものです。ネットワークにつながっていないと仕事もできず、プライベートでも色々な行動が制約されてしまいます。つながらないときには、様々な原因が考えられますが、トラブルの切り分け、すなわち**どこに問題があるのかを調べるとき、基本的にはユーザーに近い部分から見ていきます。**

トラブルの切り分け手順（個人ユーザーのネットワーク）

それでは、個人ユーザーの家庭内ネットワークからインターネットの特定のサーバーにつながらない場合を想定します。その場合のトラブルの切り分け手順は、次のようになります。それぞれ詳しく見ていきましょう。

Step1：**LANケーブルが正しく接続されているかを確認する**
Step2：**ルーター、スイッチなどのネットワーク機器の電源が入っていることを確認する**
Step3：**PCのTCP/IP設定が正しいことを確認する**
Step4：**デフォルトゲートウェイと通信できることを確認する**
Step5：**DNSサーバーによる名前解決ができることを確認する**
Step6：**GoogleやYahoo!などインターネット上の有名なサーバーと通信できることを確認する**
Step7：**利用しているアプリケーションの設定が正しいかを確認する**

Step1：LANケーブルが正しく接続されているかを確認する

トラブルの原因は案外単純なものが多いです。その一例として、LANケーブルが抜けていたり、ネットワーク機器の電源が入っていないということがあります。LANケーブルは少し引っ張ったくらいでは抜けないようになっていますが、ケーブルのコネクタの爪が折れていると簡単に抜けてしまいます。また、ケーブルを重いもので踏んだりすると、内部で断線してしまうこともあります。まずは**LANケーブルがきちんと差し込まれていて、ネットワーク機器のリンクランプがついていること**を確認しましょう（図18）。

Step2：ルーター、スイッチなどのネットワーク機器の電源が入っていることを確認する

ルーターやスイッチなどのネットワーク機器は、電源を切ることがあまりありません。そのため、ネットワーク機器の電源が入っていないことになかなか気がつかず、トラブルの原因を調べるときの盲点になりやすいです。**ネットワーク機器の電源が入っていること**も、きちんと確認しておきましょう（図18）。

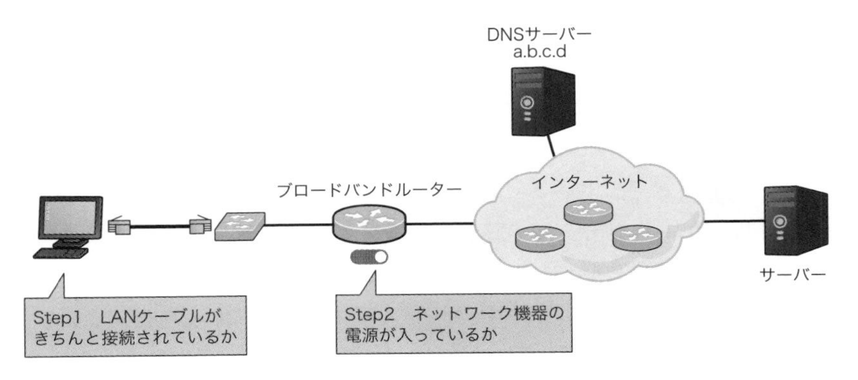

図18　トラブルの切り分け Step1 ～ Step2

Step3：PCのTCP/IP設定が正しいことを確認する

通信を行うためには、適切なTCP/IPの設定をする必要があります。外出先でノートPCを利用したときに、TCP/IPの設定を変えるような場合もあります。そのため、**適切なTCP/IP設定がされていることをipconfigコマンドで確認します**（図19）。DHCPのときは、DHCPサーバーから正しく設定情報を取得できているかを確認しましょう。取得できていない場合は、ipconfig /renewコマンドでDHCPサーバーから再取得します。

Step4：デフォルトゲートウェイと通信できることを確認する

TCP/IPの設定情報が正しいことを確認したら、同じネットワーク内の通信ができているかを確認します（図19）。この通信確認のために、**デフォルトゲートウェイのIPアドレスに対してpingコマンドを実行します**。失敗する場合は、間のデフォルトゲートウェイであるブロードバンドルーターやスイッチに問題があるかもしれません。電源が入っていてリンクランプが点灯していても、正常に動作しないこともあるので、ブロードバンドルーターやスイッチなどのネットワーク機器の再起動を試してみましょう。もし、スイッチでVLANを利用しているなら、VLANのポートの割り当ての設定やトランクポートなどのVLAN関連の設定が正しいことを確認してください*5。

Step5：DNSサーバーによる名前解決ができることを確認する

デフォルトゲートウェイまで通信ができても問題が解決できない場合は、DNSサーバーが正常に動作しているかどうかを確認しましょう（図19）。ほとんどの通信では、通信相手のIPアドレスではなくホスト名を指定します。DNSサーバーが正常に動作していないと、宛先のIPアドレスがわからないため正常な通信ができません。そこで、**DNSサーバーに対してpingコマンド、nslookupコマンドを実行して、正常に動作していることを確認します**。

*5　VLAN（Virtual LAN）とは、レイヤー2スイッチでネットワークを分割する機能です。本書では、VLANの詳細には触れません。

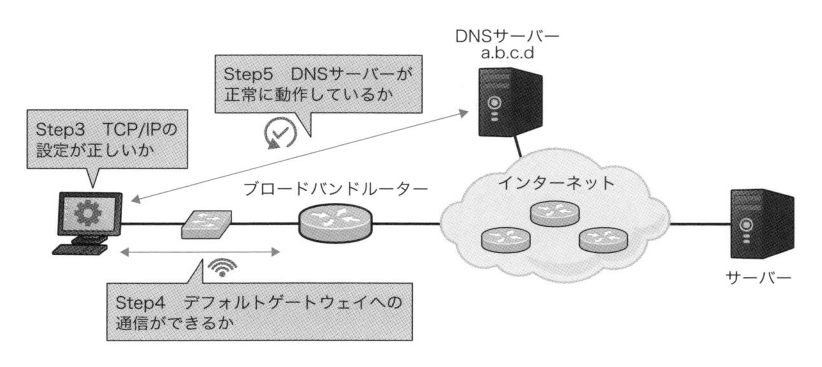

図19　トラブルの切り分け Step3 ～ Step5

DNSサーバーに対するpingコマンドやnslookupコマンドの応答が正常に返ってこない場合は、DNSサーバーまでの通信経路やDNSサーバー自体に問題があります。家庭内ネットワークの環境では、ブロードバンドルーターから先は契約しているISPの管理下のため、ISPに連絡してトラブルに対応してもらう必要があります。

Step6：GoogleやYahoo!などインターネット上の有名なサーバーと通信できることを確認する

DNSサーバーも正常に動作しているのに通信がうまくできない場合は、Googleなどの有名なWebサーバーと通信できるかを確認しましょう（図20）。そのときは、**pingコマンドやWebブラウザーを利用する**とよいでしょう。こうしたWebサーバーは、サーバーもネットワーク自体も冗長化していてダウンすることがまずないと考えられます。通信できないようであれば、**契約しているISPに問題がある**と考えられます。やはり、ISPに連絡してトラブルに対応してもらう必要があります。

GoogleのWebサーバーとの通信ができるのに、特定のサーバーとの通信ができない場合は、その特定のサーバーまでの通信経路やサーバー自体の問題が考えられます。その場合も、トラブルの状況を連絡して対応を待つ必要があります。

Step7：利用しているアプリケーションの設定が正しいかを確認する

アプリケーション自体の設定を間違えている可能性もあります。アプリケーションとして、最もよく利用するWebブラウザーは特別な設定をしなくても動作しますが、アプリケーションによっては事前に設定が必要です。Webブラウザーでも、プロキシサーバー経由でWebアクセスをするのならば、プロキシサーバーの設定が必要です。そのため、**利用しているアプリケーションの設定が正しいことを確認してください**（図20）。

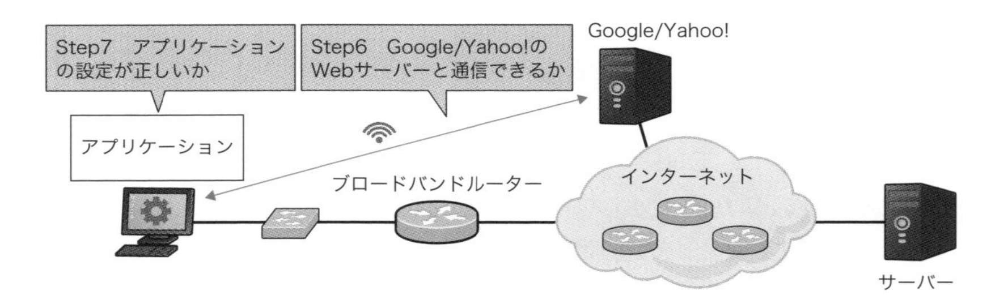

図20 トラブルの切り分け Step6 ～ Step7

以上のトラブルの切り分けの手順は、必ず順番通りに確認しなければならないわけではありません。しかし、こうした手順に沿えば効率よくトラブルの切り分けを行うことができます。ネットワークの通信に何か問題があれば、基本的には近い部分から確認することを念頭に置いておきましょう。

また、ここまでの内容は個人ユーザーの家庭内ネットワークを想定していますが、企業の社内ネットワークも同様です。**ユーザーに近い部分から一歩ずつ確認していくことがトラブルの切り分けの基本**です。

ユーザーがトラブルを修復できる範囲

　トラブルの原因を切り分けたあとは、ネットワークを利用できる状態に修復します。ただし、ユーザーがトラブルの修復をできる範囲は自分で構築、管理する家庭内ネットワークだけで、その外は契約している回線業者やISP、別のISPなどといった他の組織が管理しているため、ユーザーの管理が及ぶ範囲ではありません。もし、家庭内ネットワークの外にトラブルの原因があるとわかっても、管理している組織に通知してトラブルの対応を促すことしかできません。図21は、ユーザーの管理できる範囲を表しています。

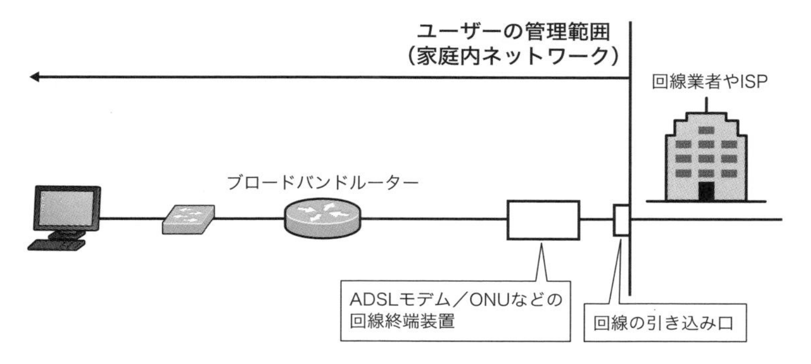

図21 ユーザーの管理範囲

　ブロードバンドルーターの先には、ONUなど**回線終端装置**という機器を接続しています。その先に電話線や光ファイバーなどの回線の引き込み口があり、そこから家の中の範囲がユーザーの管理できる範囲です。この範囲にトラブルがある場合、ユーザーは自分で修復できますが、範囲外で何かトラブルがあればユーザーは手出しできません。この場合、インターネット回線を契約しているNTT地域会社などの回線事業者やISPに連絡してください。

第6章のまとめ

- 通信するための大前提は、TCP/IPの設定が正しいこと
- デフォルトゲートウェイとは、PCやスマートフォンと同じネットワーク上のルーターまたはレイヤー3スイッチのこと。他のネットワーク宛てのデータは、まずデフォルトゲートウェイへ転送する
- DHCPによって、PCやスマートフォンのTCP/IP設定を自動化できる
- DHCPサーバーとDHCPクライアントは原則として同一ネットワーク上に接続する。異なるネットワークになるときは、DHCPリレーエージェントが必要
- pingコマンドで、指定したIPアドレスまでIPパケットを転送できることを確認する
- tracertコマンドで、指定したIPアドレスまでの転送経路を確認する

練習問題

Q1 デフォルトゲートウェイのIPアドレスを間違えると何が起きますか。

A 宛先IPアドレスがわからずに通信そのものがまったくできなくなる
B 他のネットワーク宛ての通信ができなくなる
C 宛先のネットワークが同じなのか、異なるのかを判断できなくなる
D IPパケットの分割ができず大きなサイズのデータを転送できなくなる

Q2 DHCPクライアントがDHCPサーバーを探すためのメッセージはどれでしょうか。

A DHCP DISCOVER　**B** DHCP OFFER
C DHCP REQUEST　**D** DHCP ACK

Q3 DHCPで取得したIPアドレスを再取得するためのコマンドはどれでしょうか。

A ipconfig /release　**B** ipconfig /displaydns
C nslookup　**D** ipconfig /renew

Q4 pingコマンドやtracertコマンドで利用するプロトコルとして適切なものはどれでしょうか。

A ARP　**B** HTTPS　**C** ICMP　**D** FTP

Q5 ネットワークに問題があるとき、まず確認することで適切な記述はどれでしょうか。

A DNSサーバーによる名前解決ができることを確認する
B LANケーブルが正しく接続されているかを確認する
C 利用しているアプリケーションの設定が正しいことを確認する
D デフォルトゲートウェイと通信できることを確認する

解答　**A1.** B　**A2.** A　**A3.** D　**A4.** C　**A5.** B

Chapter

07

Webサイトの仕組みを理解しよう

～ HTTP/HTTPS ～

Webサイトにアクセスするときに利用するプロトコルがHTTPです。HTTPによって、どのようにWebサイトのデータを取得しているかについて詳しく見ていきましょう。

7-1 やってみよう！

HTTPリクエスト/レスポンスを見てみよう

シンプルなWebページへアクセスしたときのHTTPリクエスト／レスポンスの中身をWiresharkキャプチャファイルで見てみましょう。

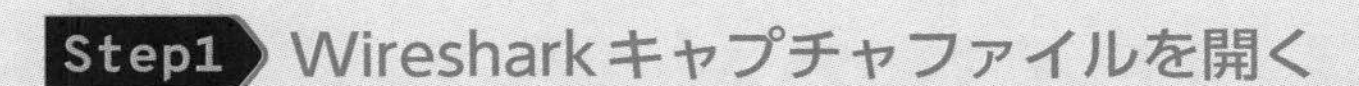

Wiresharkキャプチャファイル「http_capture.pcapng」を開きます。これは、次の図のようなWebアクセスのデータをキャプチャしています。

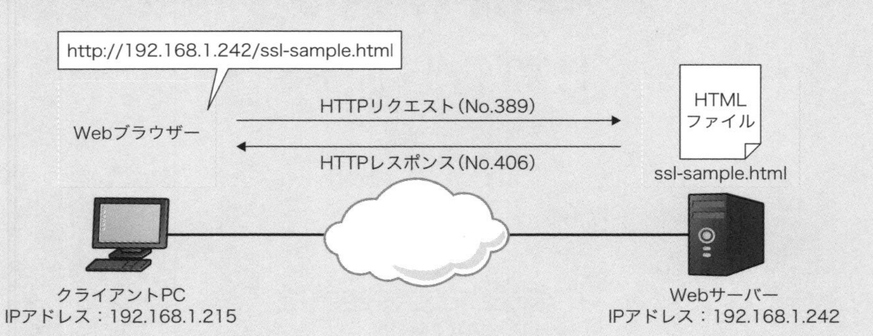

表示フィルターに「http」と入力して、HTTPのメッセージのみを表示します。

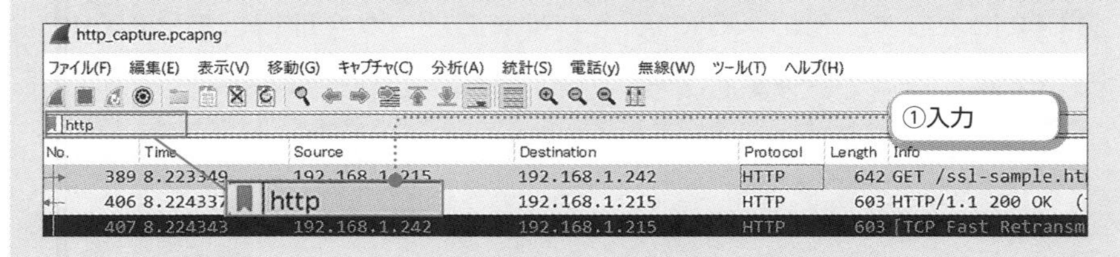

Step2 HTTPリクエストを確認する

「No.389」のキャプチャデータをクリックします。このキャプチャデータはHTTPリクエストです。[Hypertext Transfer Protocol]をクリックして展開してください。すると、HTTPリクエストの詳細が表示されます。次の画面ではHTTPリクエストの1行目にリクエストしているHTMLファイル名「ssl-sample.html」が表示されています。

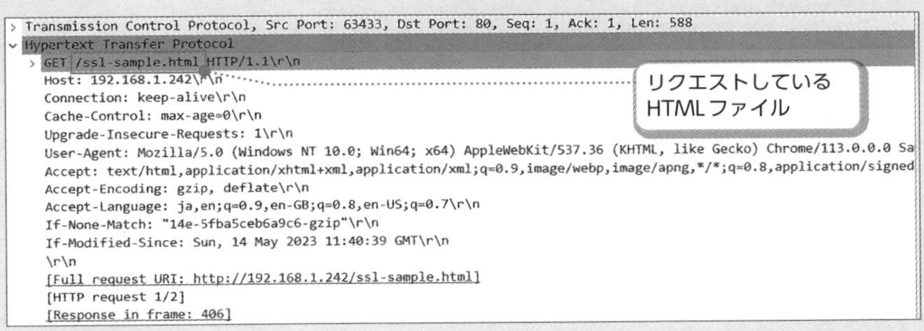

```
> Transmission Control Protocol, Src Port: 63433, Dst Port: 80, Seq: 1, Ack: 1, Len: 588
v Hypertext Transfer Protocol
  > GET /ssl-sample.html HTTP/1.1\r\n
    Host: 192.168.1.242\r\n
    Connection: keep-alive\r\n
    Cache-Control: max-age=0\r\n
    Upgrade-Insecure-Requests: 1\r\n
    User-Agent: Mozilla/5.0 (Windows NT 10.0; Win64; x64) AppleWebKit/537.36 (KHTML, like Gecko) Chrome/113.0.0.0 Sa
    Accept: text/html,application/xhtml+xml,application/xml;q=0.9,image/webp,image/apng,*/*;q=0.8,application/signed
    Accept-Encoding: gzip, deflate\r\n
    Accept-Language: ja,en;q=0.9,en-GB;q=0.8,en-US;q=0.7\r\n
    If-None-Match: "14e-5fba5ceb6a9c6-gzip"\r\n
    If-Modified-Since: Sun, 14 May 2023 11:40:39 GMT\r\n
    \r\n
    [Full request URI: http://192.168.1.242/ssl-sample.html]
    [HTTP request 1/2]
    [Response in frame: 406]
```

リクエストしている
HTMLファイル

Step3 HTTPレスポンスを確認する

次に、「No.406」のキャプチャデータをクリックします。これは、「No.389」のHTTPリクエストに対するHTTPレスポンスです。[Hypertext Transfer Protocol]の部分にはHTTPリクエストヘッダーが表示されています。

[Line-based text data: text/html (10 lines)]をクリックして展開します。すると、HTTPリクエストでリクエストしたHTMLファイルが含まれていることがわかります。

それでは、HTTPリクエストやレスポンスの詳細を見ていきましょう。

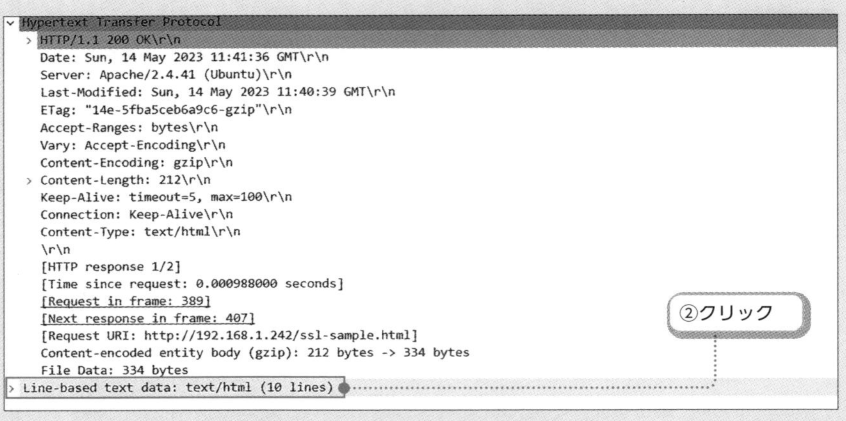

```
v Hypertext Transfer Protocol
  > HTTP/1.1 200 OK\r\n
    Date: Sun, 14 May 2023 11:41:36 GMT\r\n
    Server: Apache/2.4.41 (Ubuntu)\r\n
    Last-Modified: Sun, 14 May 2023 11:40:39 GMT\r\n
    ETag: "14e-5fba5ceb6a9c6-gzip"\r\n
    Accept-Ranges: bytes\r\n
    Vary: Accept-Encoding\r\n
    Content-Encoding: gzip\r\n
  > Content-Length: 212\r\n
    Keep-Alive: timeout=5, max=100\r\n
    Connection: Keep-Alive\r\n
    Content-Type: text/html\r\n
    \r\n
    [HTTP response 1/2]
    [Time since request: 0.000988000 seconds]
    [Request in frame: 389]
    [Next response in frame: 407]
    [Request URI: http://192.168.1.242/ssl-sample.html]
    Content-encoded entity body (gzip): 212 bytes -> 334 bytes
    File Data: 334 bytes
> Line-based text data: text/html (10 lines)
```

②クリック

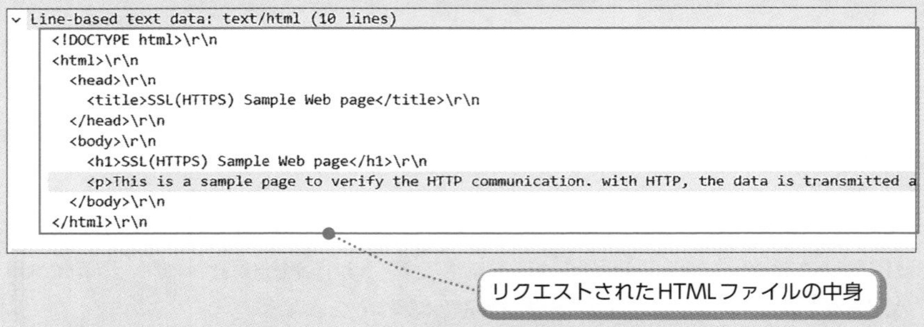

```
v Line-based text data: text/html (10 lines)
    <!DOCTYPE html>\r\n
    <html>\r\n
      <head>\r\n
        <title>SSL(HTTPS) Sample Web page</title>\r\n
      </head>\r\n
      <body>\r\n
        <h1>SSL(HTTPS) Sample Web page</h1>\r\n
        <p>This is a sample page to verify the HTTP communication. with HTTP, the data is transmitted a
      </body>\r\n
    </html>\r\n
```

リクエストされたHTMLファイルの中身

7-1-1 学ぼう！

Webページを転送するHTTP

HTTP（Hyper Text Transfer Protocol）とは、ハイパーテキスト、すなわち**Webサイトを構成するWebページ（HTMLファイル）を転送するためのプロトコル**です。しかし、HTTPはハイパーテキストに限らず、**様々な種類のファイルを転送する汎用的なファイル転送プロトコル**として利用できます。例えば、HTTPを利用して、JPEGファイルやPNGファイルなどの画像ファイルはもちろんのこと、PDFファイルやWordファイル、Excelファイルなどのドキュメントファイルの転送も可能です。

HTTPは、TCP/IPの最上位のアプリケーション層に位置するプロトコルで、その下のトランスポート層にはTCPを利用します。また、HTTPのウェルノウンポートは「80」です。HTTPによるファイル転送は、HTTPリクエストとHTTPレスポンスのやり取りによって行います（図1）。

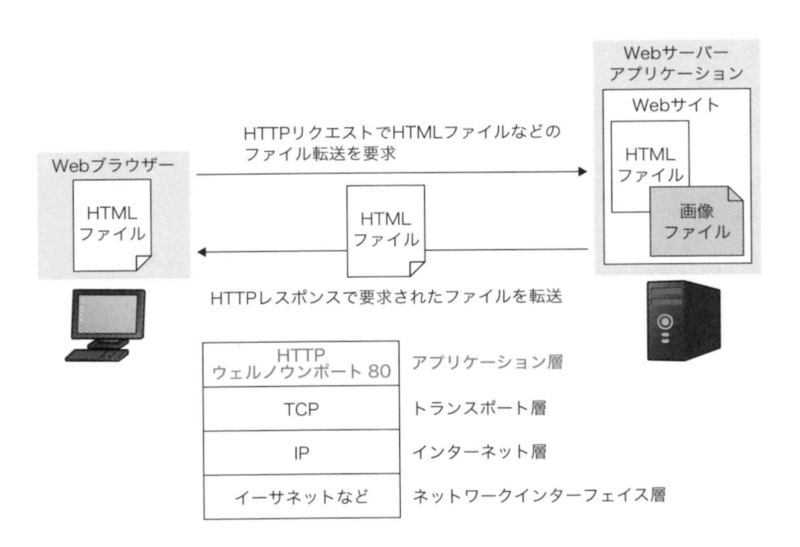

図1　HTTPによるファイル転送の概要

URLの構成

Webサイトのアドレスは、主に「http://」で始まる文字列で、**URL**（Uniform Resource Locator）と呼ばれます。「Resource」は日本語で「資源」という意味で、コンピューター技術の世界ではとても幅広い意味で使われます。PCのCPUの処理能力やメモリ、ハードディスクの容量、ネットワークの通信速度などの意味で使うこともあります。ここでいうResourceは「ファイル」の意味で、**URLによって転送してほしいファイル**を指定します。

また、URLは例えば「http://www.n-study.com/network/index.html」のように表示されます。最初の「http」は**スキーム**といい、**WebブラウザーがWebサーバーのデータにアクセスするためのプロトコル**です。通常はhttpですが、「https」や「ftp」などを利用することもあります。次の「:」と「//」は、そのあとに続く部分がホスト名であることを示しています。Webサーバーへアクセスする際には、DNSによってホスト名からIPアドレスへの名前解決が必要です。また、場合によってはIPアドレスで直接Webサーバーを指定することもできます。

ホスト名の次はポート番号が続きますが、たいていは省略されます。省略されている場合、スキームのウェルノウンポートが入ります。例えば、HTTPならTCPポート番号「80」が入り、そこへアクセスします。ホスト名やポート番号の後ろが**パス**で、**Webサーバー内のどこに目的とするファイルがあるか**を示します（図2）。

このURLは、「www.n-study.com」のWebサーバーに、インターネットで公開しているディレクトリである「network」内の「index.html」というファイルをHTTPで転送するように要求しています。また、最後のパス名は省略することも可能です。そのときは、Webサーバー側であらかじめ設定しているファイル名であると解釈されます。

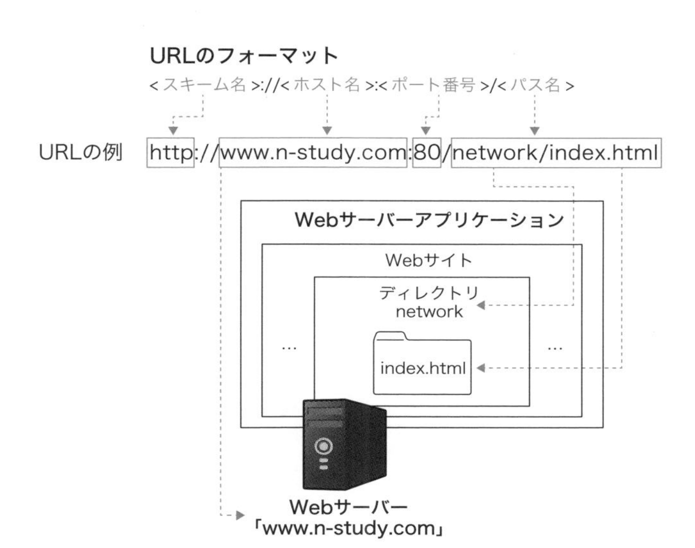

図2　URLの例

7

HTTPリクエストの構成

Webブラウザーからwebサーバーアプリケーションへ送信されるHTTPリクエストは、図3のように**リクエスト行**、**メッセージヘッダー**、**エンティティボディ**の3つの部分に分けられます。その他、メッセージヘッダーとエンティティボディの間には空白行が入ります。

リクエスト行はHTTPリクエストの1行目で、**Webサーバーに対する処理要求**を表します。このリクエスト行は、**メソッド**、**URI**、**バージョン**で構成されます。メソッドは、**サーバーに対する要求**を表しています。主なものを表1にまとめます。

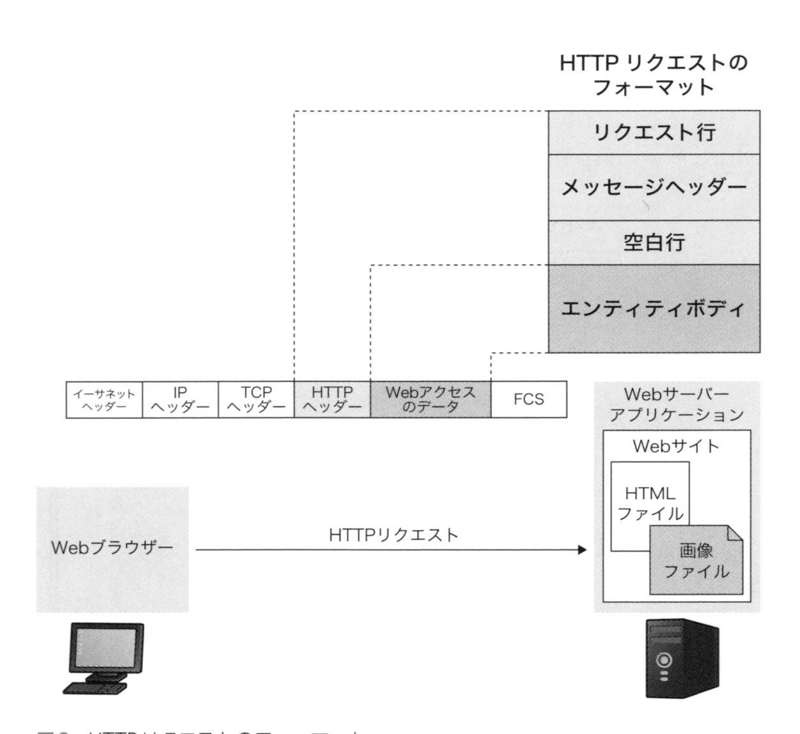

図3　HTTPリクエストのフォーマット

表1　主なHTTPメソッド

メソッド名	意　味
GET	URIで指定したデータを取得する
HEAD	URIで指定したデータのヘッダーのみを取得する
POST	サーバーに対してデータを送信する
PUT	サーバーにファイルを送信する
DELETE	サーバーのファイルを削除するように要求する
CONNECT	プロキシサーバー経由で通信を行う

最もよく用いられるメソッドは**GET**です。WebブラウザーでURLを入力したり、リンクをクリックしたりするとGETメソッドのHTTPリクエストを

Webサーバーアプリケーションへ送信します。URIは**リクエストの対象となるデータ**を示します。バージョンは、**WebブラウザーがサポートするHTTPのバージョンのこと**で、主に「1.0」か「1.1」です。

次のメッセージヘッダーは、リクエスト行に続く複数行のテキスト列です。ここには、Webブラウザーの種類やバージョン、対応するデータ形式などの情報を記述しています。メッセージヘッダーのあとは、区切るために空白行が入り、最後はエンティティボディが入ります。POSTメソッドでWebブラウザーからデータを送るときに用いられます。

「やってみよう！」のHTTPリクエストを例に見てみましょう（図4）。

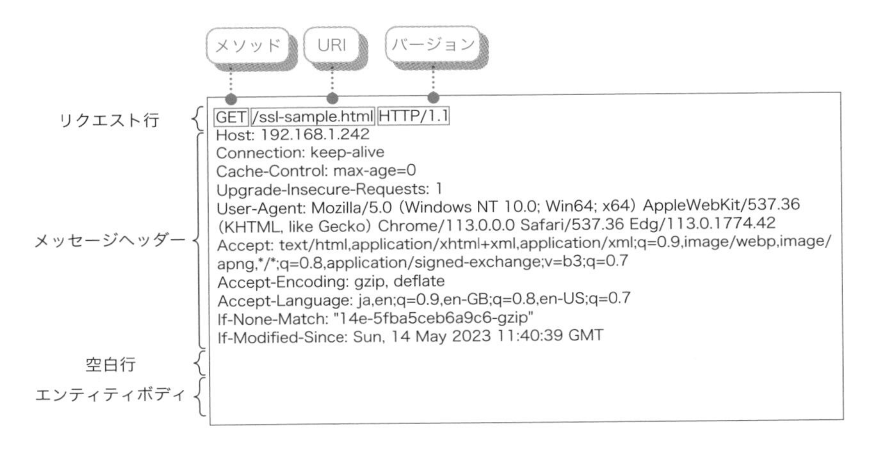

図4　GETメソッドの例

リクエスト行から、GETメソッドで「ssl-sample.html」というURIにHTTPバージョン1.1でアクセスしていることがわかります。URL全体は「http://192.168.1.242/ssl-sample.html」です。リクエスト行に続くメッセージヘッダーの「User-Agent」には、PCのOSやブラウザーのバージョンなどの情報が表示されます。対応するファイルフォーマットや言語の情報も、メッセージヘッダーに含まれます。メッセージヘッダーの次に空白行とエンティティボディが続きます。GETメソッドではエンティティボディに何も入りません。

HTTPレスポンスの構成

HTTPリクエストの返事がHTTPレスポンスです。HTTPレスポンスは、HTTPリクエストと似た構成でレスポンス行、メッセージヘッダー、エンティティボディから構成されます（図5）。

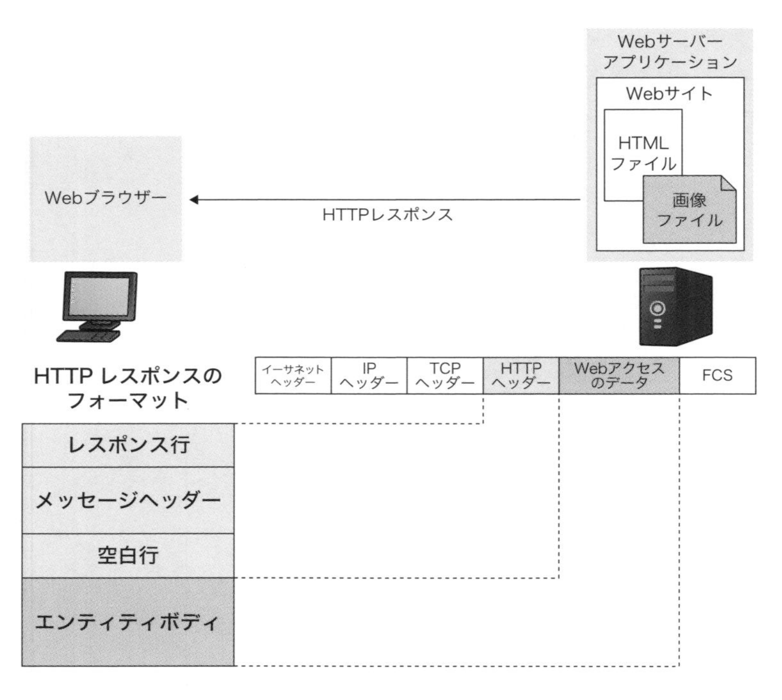

図5　HTTPレスポンスのフォーマット

レスポンス行は、**バージョン**、**ステータスコード**、**説明文**で構成されています。バージョンは、リクエストと同じくHTTPのバージョンを示します。ステータスコードは**リクエストに対するWebサーバーアプリケーションの処理結果を示す3桁の数字**で多くの種類があり、表2のように百の位で大まかな意味が決まっています。

表2 主なHTTPステータスコード

ステータスコードの値	意味
1xx	情報。追加情報があることを伝える
2xx	成功。サーバーがリクエストを処理できたことを伝える
3xx	リダイレクト。別のURIにリクエストし直すよう要求する
4xx	クライアントエラー。リクエストに問題があり、処理できなかったことを伝える
5xx	サーバーエラー。サーバー側に問題があり、処理できなかったことを伝える

説明文とは、**ステータスコードの意味を簡単に示したテキスト**です。Webサーバーアプリケーションが返すステータスコードで一番多いのは「200」です。ステータスコード**「200」はリクエストを正常に処理できた**ことを表します。しかし、リクエストが正常に処理されればWebブラウザーにはリクエストした内容が表示されるのでユーザーがステータスコード「200」を目にすることはほとんどありません。

Webブラウザーを利用しているユーザーが誰でも一度は目にしたことがあるステータスコードは、おそらく「404」でしょう。URLを間違えてしまったり、Webページが削除されていると、Webサーバーはステータスコード「404」を返します。これを受け取ると、Webブラウザーでは「ページが見つかりません」といった表示になります[*1]。

また、オンラインショップでのセール開催時などにアクセスが急増すると、Webサーバーアプリケーションが処理しきれないこともあります。その場合、Webサーバーアプリケーションはステータスコード「503」などを返します。

メッセージヘッダーは、Webサーバーアプリケーションがより詳細な情報をWebブラウザーへ伝えるために利用します。例えば、データの形式や更新された日付などです。その次は区切りの空白行があり、エンティティボディが続きます。エンティティボディにはWebブラウザーに返信すべきデータが入ります。同じく、「やってみよう！」のHTTPレスポンスの例を見てみます（図6）。

*1 URLを間違えたり、Webページが削除されているとき、どのような表示になるかはWebサーバーアプリケーション側の設定によって決まります。

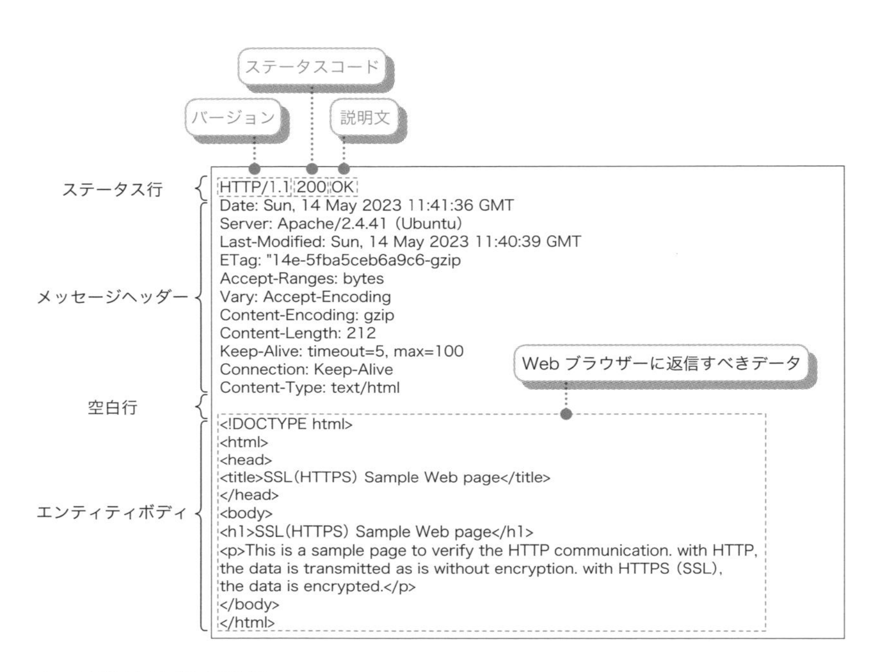

図6　HTTPレスポンスの例

このHTTPレスポンスは、「http://192.168.1.242/ssl-sample.html」のGETメソッドに対するレスポンスです。ステータス行でHTTP1.1でのアクセスを正常に処理ができていることを、ステータスコード「200」でWebブラウザーに通知しています。メッセージヘッダーには「ssl-sample.html」のファイルの更新日時やファイルの種類、対応する文字コードなどの情報が入っています。そして、エンティティボディには、リクエストされた「ssl-sample.html」ファイルの中身がそのまま含まれています。

Webサイトの通信の流れ

Webサイトへアクセスするために使うアプリケーションがWebブラウザーです。広く使われるWebブラウザーには、次のものが挙げられます。

- **Google Chrome**
- **Microsoft Edge/Internet Explorer**
- **Mozilla Firefox**
- **Apple Safari**

Webブラウザーは、たいていの場合、特別な設定を行う必要はありません(図7) *2。対して、WebサーバーにはWebサーバーアプリケーションが必要です。主なWebサーバーアプリケーションには、次のものが挙げられます。

- **Apache**
- **NGINX**

このWebサーバーアプリケーションには、公開しているWebサイトのファイルを置いておく場所（ディレクトリ）などの設定が必要です。

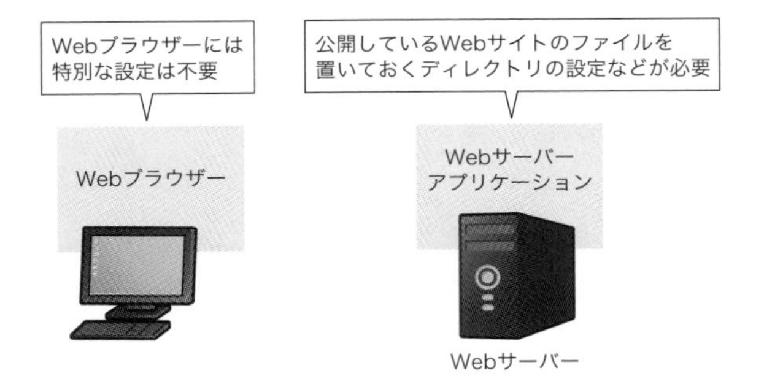

図7 Webアクセスに利用するアプリケーション

利用するプロトコル

WebアクセスでHTTP利用するプロトコルはHTTPです。その他、トランスポート層にはTCP、インターネット層にはIPを使います。HTTPのウェルノウンポートは「80」でした*3。ネットワークインターフェイス層は多くの場合、イー

*2 プロキシサーバーを利用するときは、プロキシサーバーのIPアドレスやポート番号を設定します。

*3 Webアクセスの通信を暗号化する場合は、アプリケーション層にHTTPS（ウェルノウンポート443）を利用します。HTTPSについては、7-2-1で詳しく解説します。

サネットを利用します。また、WebサイトのURLからWebサーバーのIPアドレスを求める（名前解決）ためにDNSも必要です。イーサネットのMACアドレスを求めるためにはARPを利用します。

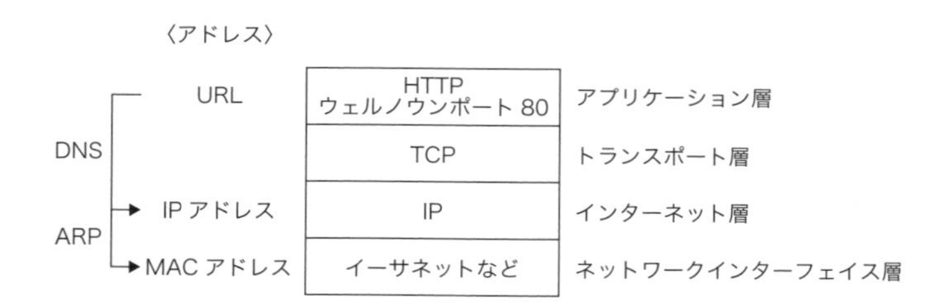

図8　Webアクセスで利用するプロトコル

Webサイトへのアクセスの動作の流れ

Webサイトへアクセスするとき、HTTPリクエストとHTTPレスポンスのやり取りが行われると解説してきましたが、その前段階でDNSの名前解決やARPのアドレス解決の動作、TCPでのコネクションの確立も行っています。ここで、図9のようなネットワーク構成を例にしながら、DNSやARP、TCPも含めたWebサイトへのアクセスの流れを考えてみましょう。

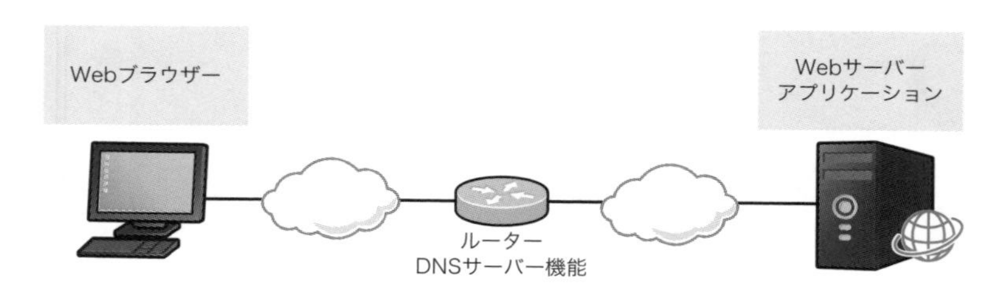

図9　ネットワーク構成の例

Webブラウザーから Webサイトにアクセスするときの流れは次のようになります。それぞれ順に見ていきましょう。

①Webブラウザーで URLを入力
②Webサーバーの IPアドレスを解決
③TCPコネクションの確立
④HTTPリクエストの送信とHTTPレスポンスの送信

①Webブラウザーで URLを入力

Webサイトにアクセスするときには、Webブラウザーで URLを入力するか、Webページのリンクをクリックします。

②Webサーバーの IPアドレスを解決

TCP/IPでは、必ずIPアドレスを指定する必要があります。URLに含まれるWebサーバーのホスト名からDNSサーバーへ問い合わせて、Webサーバーの IPアドレスを解決します（図10）。DNSサーバーへ問い合わせを送信するときは、イーサネットのMACアドレスを求めるためにARPも行います。

7

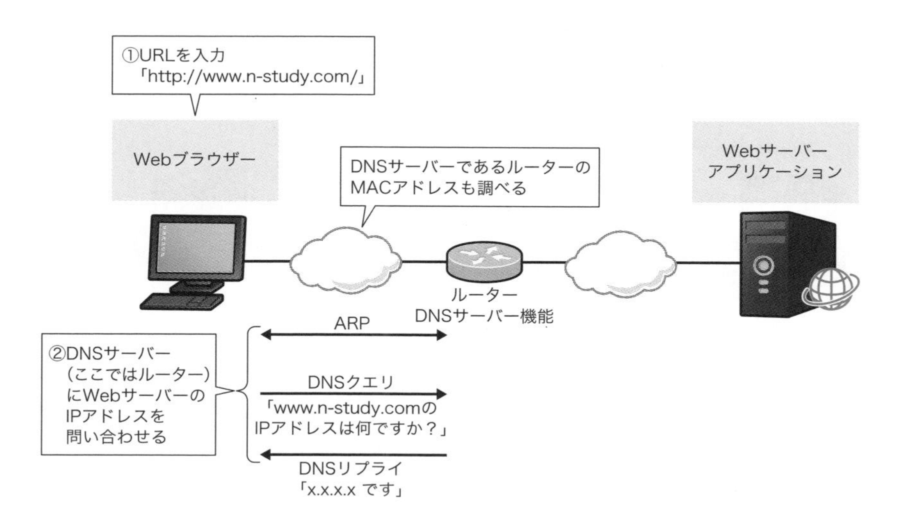

図10　Webサーバーの名前解決

なお、目的のWebサーバーの情報がクライアントPCに設定しているDNSサーバーに登録されているとは限りません。登録されていなければ、さらに別のDNSサーバーへ問い合わせます。図中のルーターにはDNSサーバー機能とありますが、ルーター自体にホスト名とIPアドレスの対応を登録しているのではありません。図では省略していますが、ルーターはDNSクエリをさらに別のDNSサーバーへ転送してIPアドレスを問い合わせています。

③TCPコネクションの確立

WebサーバーのIPアドレスがわかれば、そのIPアドレスを指定してWebブラウザーとWebサーバーアプリケーション間でTCPコネクションを確立します（図11）。Webサーバーアプリケーションのポート番号は、HTTPのウェルノウンポートの「80」です。Webブラウザーのポート番号は「49152」以降のダイナミック／プライベートのポート番号となります。

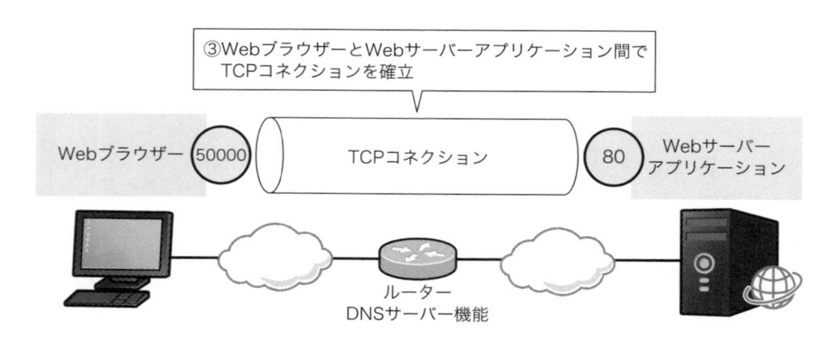

図11　TCPコネクションの確立

クライアントPCとWebサーバーは、たいてい別のネットワークに接続されています。そのため、クライアントPCからWebサーバーにTCPコネクションを確立するときには、ルーターとやり取りをする必要があります。そのルーターのMACアドレスを求めるためにも、やはりARPが行われます[*4]。

*4　ARPキャッシュにルーターのMACアドレスの情報が保存されていれば、ARPの問い合わせは省略できます。

④HTTPリクエストの送信とHTTPレスポンスの送信

Webブラウザーと Webサーバーアプリケーション間のTCPコネクションを確立して、HTTPリクエストとHTTPレスポンスのやり取りが行われます。

Webブラウザーで指定したURLを含んだHTTPリクエスト（GETメソッド）をWebサーバーアプリケーションへ送信します（図12）。HTTPリクエストを受け取ったWebサーバーアプリケーションは、リクエストされたWebページのファイルをHTTPレスポンスとして返します。このとき、HTTPレスポンスのファイルサイズは大きくなることがほとんどなため、TCPの機能で複数に分割されることが多いです。

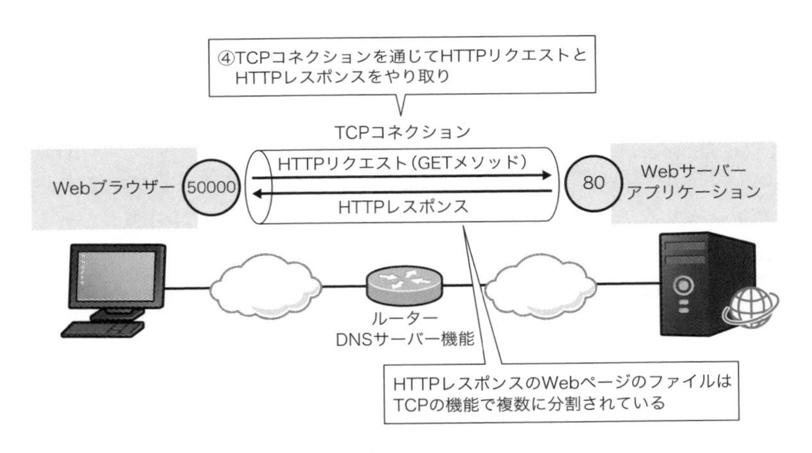

図12　HTTPリクエストとHTTPレスポンス

こうした流れを理解しておくと、Webサイトにアクセスできないときに何が原因なのかがわかりやすくなるでしょう。

ここまで見てきたHTTPはデータを暗号化していません。しかし、現在のWebアクセスはほとんどの場合、暗号化されています。次節では、Webアクセスを暗号化するHTTPS（HTTP over SSL/TLS）について解説します。

7-2 やってみよう！

暗号化されたHTTPSのデータを見てみよう

HTTPSでWebアクセスを暗号化できます。Wiresharkキャプチャデータで、HTTPSによってWebアクセスが暗号化されていることを実際に見てみましょう。

Step1 Wiresharkキャプチャファイルを開く

Wiresharkキャプチャファイル「https_capture.pcang」を開きます。HTTPSで暗号化した図のようなHTTPリクエスト／レスポンスをキャプチャしています。

次に、表示フィルターに「tcp.port == 443」と入力して、HTTPSのメッセージのみを表示します。

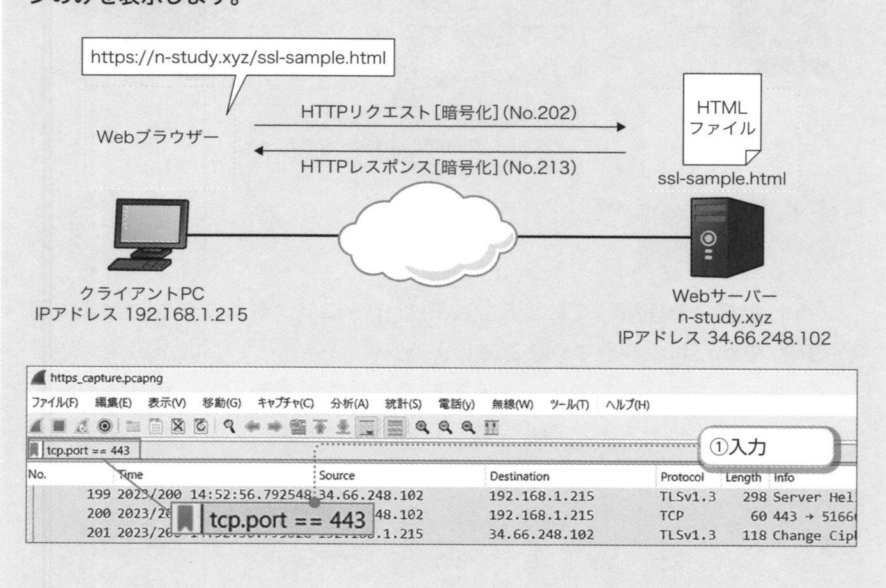

Step2 暗号化されたHTTPリクエストを確認する

「No.202」のキャプチャデータをクリックします。このキャプチャデータがHTTPリクエストです。[Transport Layer Security]をクリックして展開します。

SSL/TLSで暗号化されており、このままではHTTPリクエストの中身はわかりません。

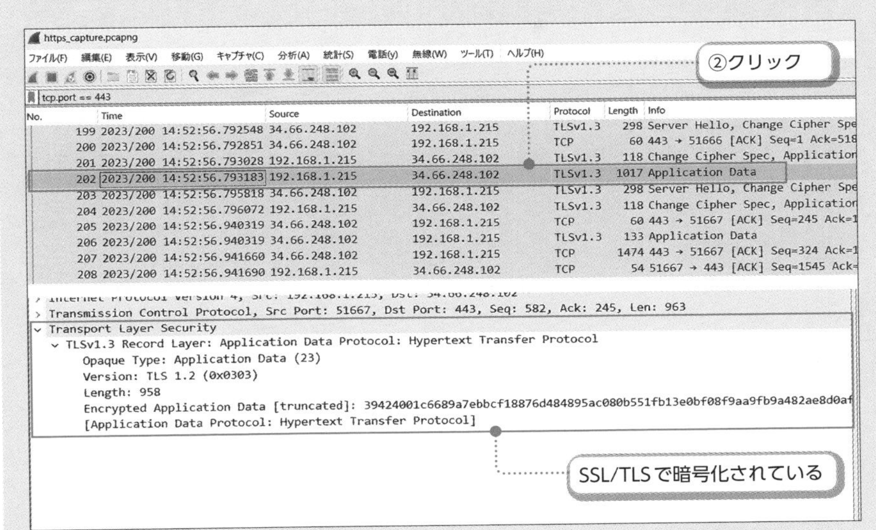

Step3 TLSセッションキーの読み込み

HTTPSの暗号化を行うTLSセッションキーをWiresharkで読み込むと、復号することができます。この実習のHTTPSキャプチャデータを取得したときのTLSセッションキーを「tls.key」ファイルに保存しているので、「tls.key」ファイルをWiresharkで読み込みましょう。次に、Wiresharkのメニューの[編集]→[設定]をクリックして設定画面を開きます。

設定画面を開いたら[Protocol]→[TLS]をクリックして、[(Pre)-Master-Secret log filename]にダウンロードした「tls.key」のパスを指定します。

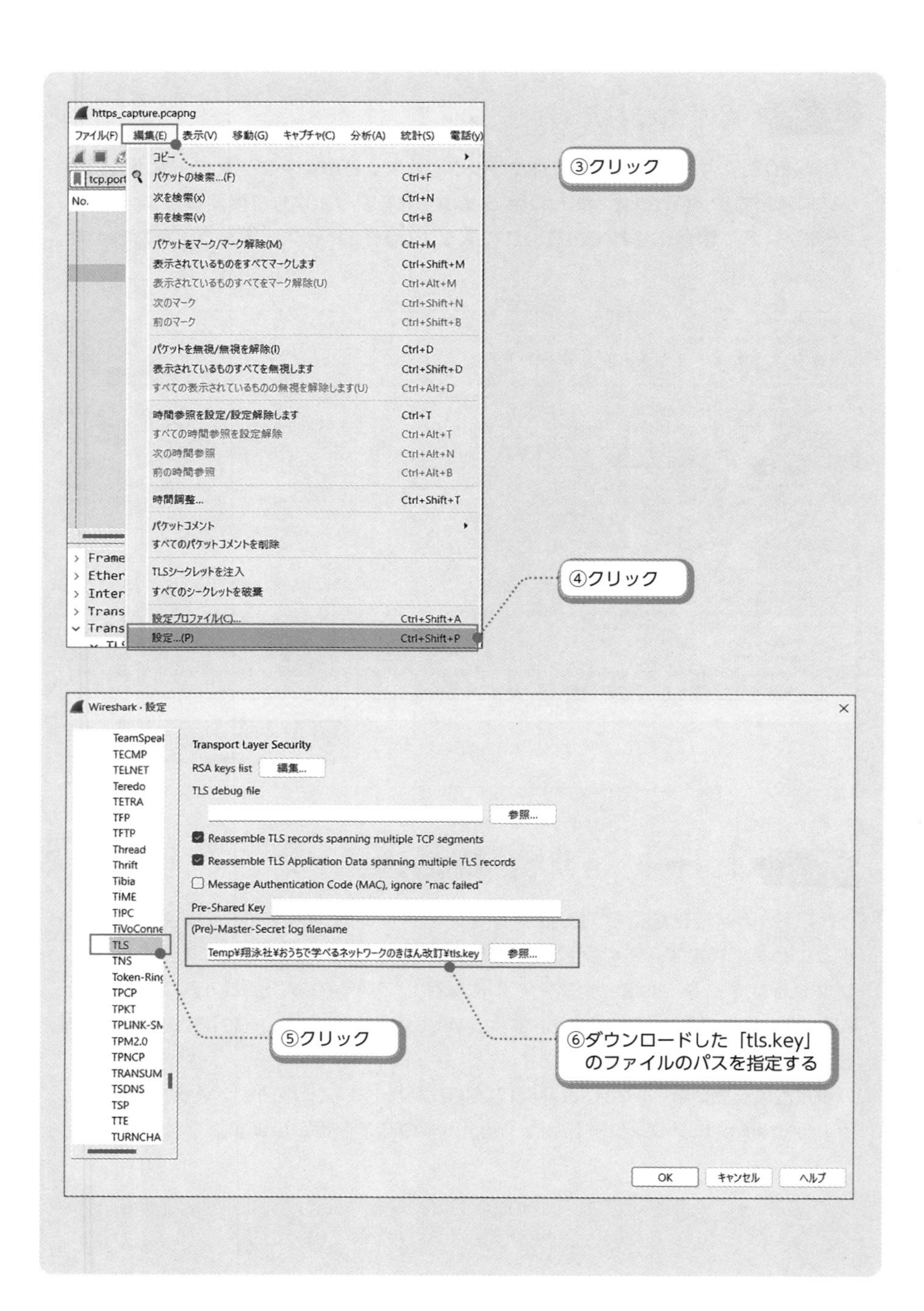
③クリック
④クリック
⑤クリック
⑥ダウンロードした「tls.key」のファイルのパスを指定する

Step4 HTTPリクエストを確認する

「tls.key」を読み込むと、Wireshark上で暗号化されたデータが復号されます。「No.202」のキャプチャデータをあらためて確認してみてください。すると、今度はHTTPリクエストの中身がわかるようになります。

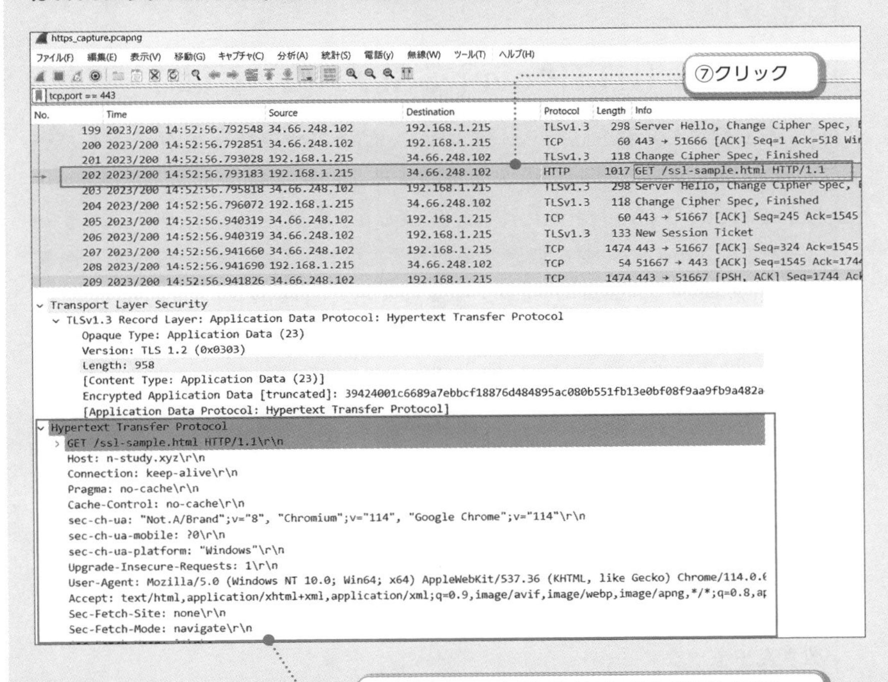

現在のWebアクセスは、ほとんどがこのようにHTTPSで暗号化されています。それでは、HTTPSの仕組みについて考えていきましょう。

7-2-1 学ぼう！

WebアクセスをWeb暗号化する HTTPS

HTTPS（HTTP over SSL/TLS）とは？

HTTPS（HTTP over SSL/TLS）によって、**WebブラウザーとWebサーバーアプリケーション間のHTTP通信を保護する**ことができます。**SSL**（Secure Sockets Layer）/**TLS**（Transport Layer Security）は、TCP/IPのアプリケーションプロトコルのデータを保護するためのプロトコルです。SSL/TLSの最も典型的な利用例は、Webアクセスを保護するこのHTTPSとなります。

前述したHTTPのWebアクセスのデータは暗号化されません。それは、単にインターネットの公開Webサイトを見るだけなら暗号化されていなくても支障がないためです。しかし、ネットショッピングで名前や住所、クレジットカードなどの個人情報を送信するときは心配です。そこで、HTTPSによって送った情報を保護します。具体的には次のようなことを行います。

- **アクセス先のWebサーバーが本物であることを認証する**
- **WebブラウザーとWebサーバーアプリケーション間のデータの暗号化と改ざんチェック**

例えば、Amazonで買い物するときを考えてみましょう。Amazonにログインするときにはユーザー名／パスワードを送信します。また、注文内容や住所／名前／クレジットカード番号などの情報を送信します。その宛先がニセのAmazonのWebサーバーである危険性も潜んでいるため、HTTPSによりアクセス先が本物のAmazonのWebサーバーであることを確認します。

また、AmazonのWebサーバーに送信する情報が不正な第三者に盗聴されたり、改ざんされたりする危険性もあります。クレジットカード番号が流出したり、身に覚えのない注文をされてしまうかもしれません。そこで、HTTPSによって情報の暗号化と改ざんチェックを行います。これによってAmazon

に送信した情報は途中で変更されることなく、本物のAmazonのWebサーバーだけが見られるようになるのです（図13）。

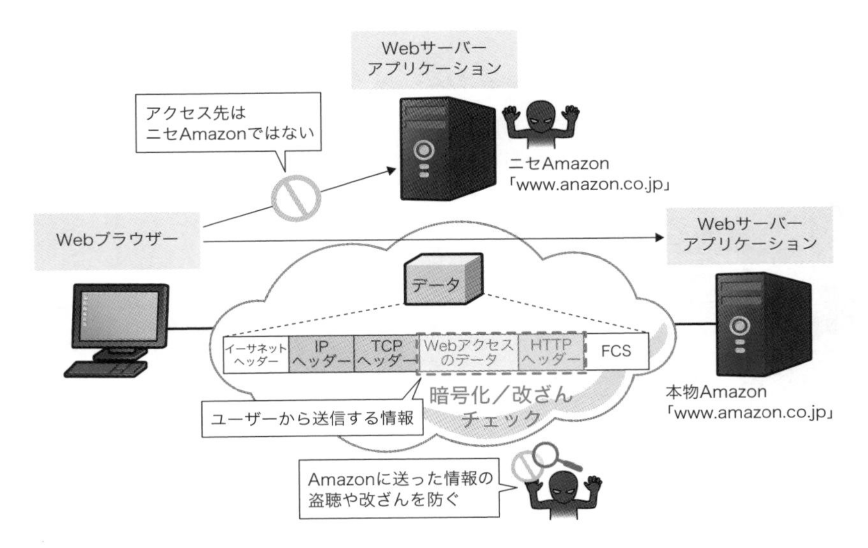

図13 HTTPSの概要

常時SSL化

以前は、個人のWebサイトなどの情報提供だけを目的とし、ユーザーからの情報が送信されないとき、HTTPSを利用することはほとんどありませんでした。HTTPSを利用するためには、デジタル証明書を取得する必要があり、コストや手間がかかってしまうからです。

しかし、GoogleがWebサイトのすべての通信をHTTPSで保護する、**常時SSL化**を推奨するようになりました。これによりSSL化していないWebサイトは、検索エンジンとしての評価も下がってしまうため、今ではほとんどのWebサイトは、HTTPSで通信を保護する「常時SSL化」が当たり前になっています。SSL化していない＝HTTPSを利用していないWebサイトへアクセスすると、Webブラウザーに警告が表示されることもあります（図14）。

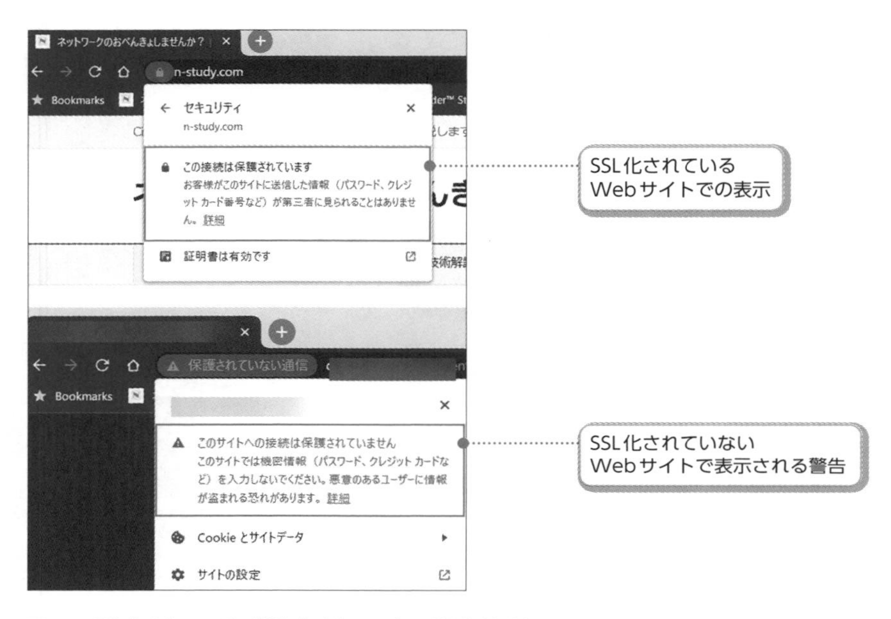

図14　SSL化されている／SSL化されていないWebサイト

その他SSLの用途

HTTPSが最も多いSSL/TLSの用途ですが、HTTPだけを保護するために利用しているわけではありません。冒頭でも触れていますが、HTTP以外のTCP/IPアプリケーションプロトコルも保護することができます*5。

SSL/TLSで保護するアプリケーションプロトコルには、HTTPSも含めて表3のようなものがあります。

*5　基本的にはTCPを利用するアプリケーションプロトコルです。

表3　SSL/TLSで保護するアプリケーションプロトコル

プロトコル	ウェルノウンポート	概　要
HTTPS	443	HTTPの通信をSSL/TLSで保護する
FTPS	21/990	FTPの通信をSSL/TLSで保護する
SMTPS	456	SMTPの通信をSSL/TLSで保護する
POP3S	995	POP3の通信をSSL/TLSで保護する
IMAP4S	993	IMAP4の通信をSSL/TLSで保護する

SSLとTLS

ここまで「SSL」と「TLS」という言葉を組み合わせて利用してきましたが、「SSL」と「TLS」の使い分けは明確な基準がなく統一されていないため、ここで少し2つの言葉の背景を整理しておきます。もともと、Webアクセスの通信を暗号化するために、米Netscape Communications社が開発したのがSSLでした。しかし、様々な脆弱性が見つかりSSLの利用はすでに禁止され、IETFにより引き継がれて、TLSとして標準化されました。ちなみに、2024年4月のTLSの最新バージョンはTLS1.3です。

つまり、**SSLはもうすでに利用しておらず、実際にはTLSを利用しています。** しかし、SSLという言葉自体はすでに幅広く浸透しているため、今でもSSLと呼んだり、「SSL/TLS」のように併記することもあるのです。

SSL/TLSの仕組みを理解するために重要な技術

SSL/TLSで安全に通信するための仕組みを理解するには、キーワードとなる次の技術への理解が必要です（図15）。それぞれ解説していきます。

- **デジタル証明書**
- **デジタル署名**
- **ハッシュ関数**
- **暗号化（共通鍵暗号／公開鍵暗号）**

デジタル証明書

SSL/TLSの仕組みで最も重要な技術がデジタル証明書です。証明書とは、「誰か」が「何か」を証明するものであり、ここでは次の通りです。

誰が：**認証局**（Certificate Authority / Certification Authority）
何か：**サーバーは証明書に記載の組織が運用する正規のサーバーであること**
証明書が含む公開鍵で暗号化すればサーバーのみが復号できること

例えば、AmazonのWebサーバーのデジタル証明書は、わかりやすくいえば、「サーバーは確かに本物のAmazonのサーバーです！　証明書に含まれる公開鍵で暗号化して情報を送ってもらえれば、他に漏れることはありません！　証明書の発行元の認証局が保証します！」というような内容です。

デジタル署名

デジタル署名は、**データの作成者／送信者の身元と、データが改ざんされていないことを確認する**ために利用します。前述のデジタル証明書に、発行元の認証局のデジタル署名を付加します。

この認証局のデジタル署名によって、デジタル証明書を発行した認証局が確かに本物で、含まれている情報や公開鍵が改ざんされていないことがわかるようになります。

ハッシュ関数

ハッシュ関数は、デジタル署名などで**データの改ざんや誤りがないか検出する**ために利用します。

暗号化（共通鍵暗号／公開鍵暗号）

SSL/TLS（HTTPS）は、「Webブラウザーからのデータをデジタル証明書の公開鍵で暗号化する」などと解説されることが多いですが、この説明は正確ではありません。実際には、SSL/TLSでは、**共通鍵暗号と公開鍵暗号を組み合わせて利用します**。

■ **共通鍵暗号：**

データそのものは処理の負荷が軽い共通鍵暗号を利用します。共通鍵のもとを公開鍵暗号により、クライアントとサーバー間で共有します。

■ **公開鍵暗号：**

デジタル証明書の検証やデータそのものの暗号化で使う共通鍵のもとを、クライアントとサーバー間で共有するために公開鍵暗号を利用します。

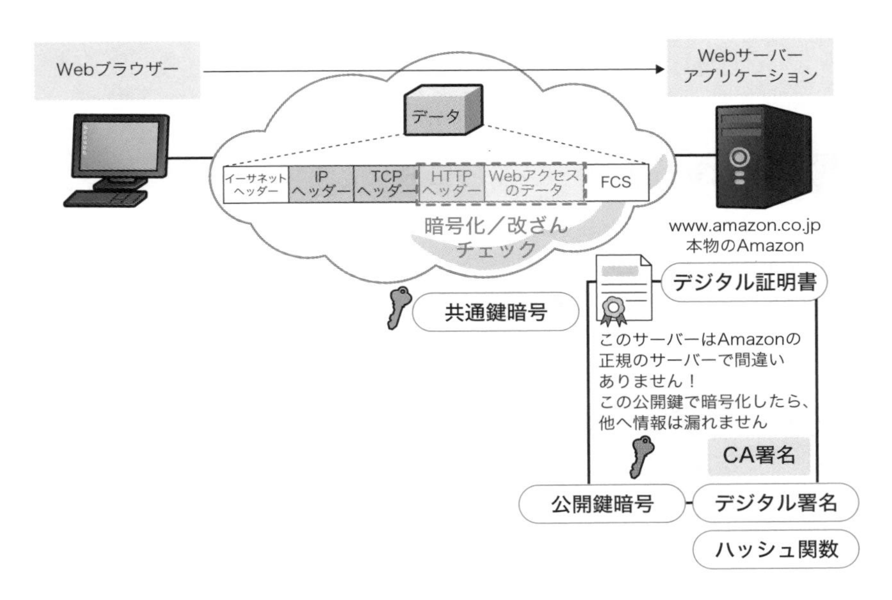

図15　SSL/TLSの仕組みに関連する技術

7-3 やってみよう！

Googleカレンダーを使ってみよう

Webブラウザーをユーザーインターフェイスとするアプリケーションが Webアプリケーションです。ここでは、Webアプリケーションの例の１つであるGoogleカレンダーを使ってみましょう。

Step1 Googleカレンダーにアクセスする

Webブラウザーで Googleカレンダーにアクセスします（https://calendar.google.com/）。[ログイン]をクリックして、Googleアカウントのユーザー名／パスワードを入力してログインしてください。

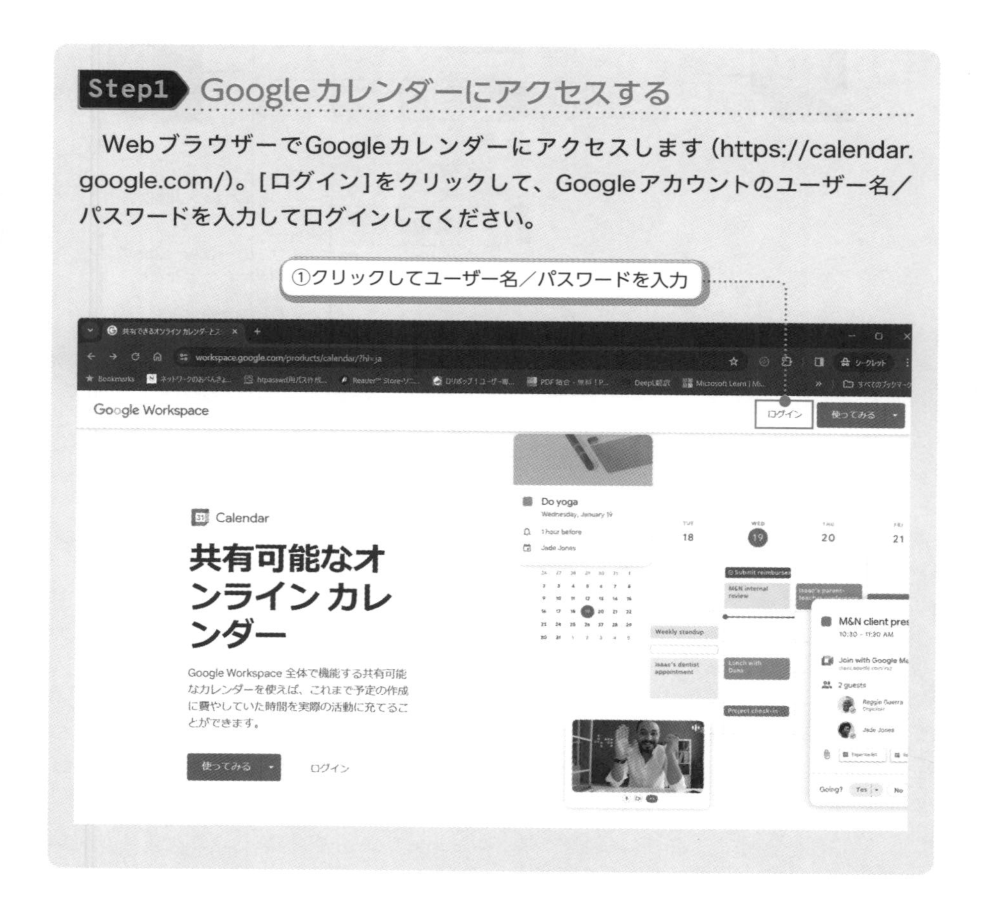

Googleカレンダーにログインすると、次のような画面になります。

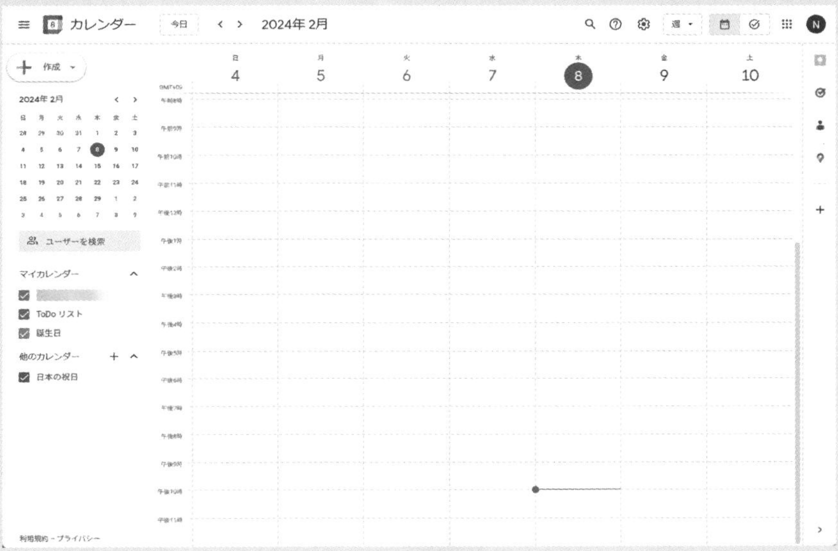

Step2 予定を登録する

[作成]→[予定]をクリックして予定を登録します。

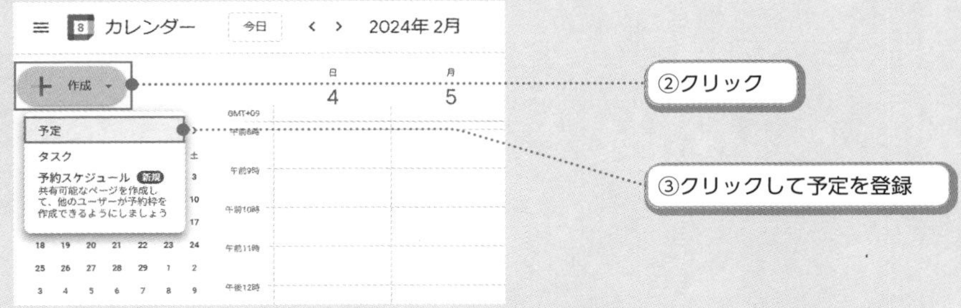

②クリック

③クリックして予定を登録

内容を入力して[保存]をクリックすると、次のように予定が登録されます。

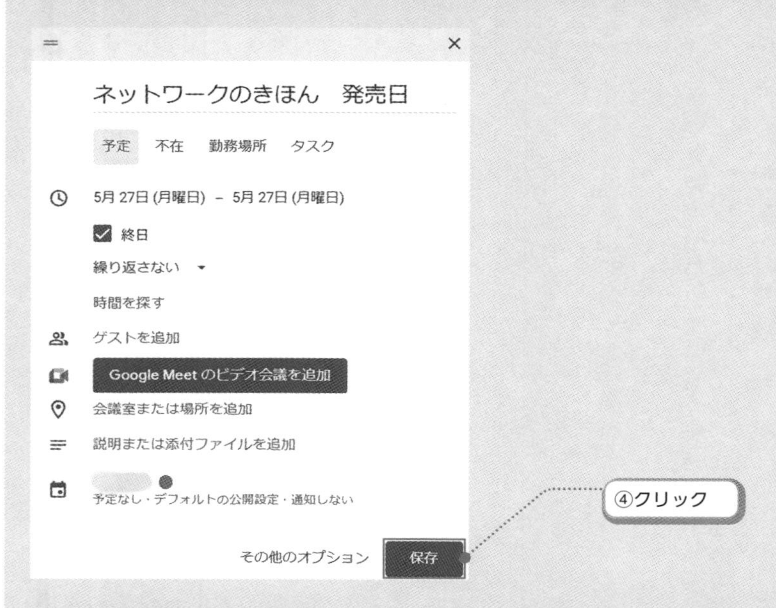

Googleカレンダーのような Webアプリケーションは、とても一般的になっています。それでは、Webアプリケーションの特徴について詳しく見ていきましょう。

7-3-1 学ぼう！

手軽に手元で利用できるWebアプリケーション

Webブラウザーだけで OK

Webブラウザーは、今ではWebサイトを見るだけではなく、アプリケーションのユーザーインターフェイスとしても、広く利用されるようになっています。ユーザーインターフェイスとは、簡単にいえば、ユーザーがアプリケーションを操作する画面のことです。このように、Webブラウザーをユーザーインターフェイスとして利用するアプリケーションを、**Webアプリケーション**と呼びます。「やってみよう！」で挙げたGoogleカレンダーは多くのユーザーが利用しているWebアプリケーションの一例です。Googleカレンダーでは、Webブラウザーだけでユーザーは自身のスケジュールを簡単に管理できます。他にも、主に次のような例が挙げられます。

- **グループウェア**
- **オンライントレード**
- **インターネットバンキング**
- **オンラインショッピング**

以前は企業の場合、社内で独自に開発した業務アプリケーションを利用することが一般的でした。そのため、ユーザーインターフェイス、つまり、ユーザーが触れる画面レイアウトや入力パラメーターの処理などをつくることや、開発した業務アプリケーションをクライアントPCにインストールする必要もありました。また、機能拡張や不具合対応などで業務アプリケーションをアップデートした場合、すべてのクライアントPCで反映させる必要があります。多くの社員が利用するクライアントPCの業務アプリケーションを、常に最新バージョンに保つことは負担の大きい作業になってしまいます。

一方、Webアプリケーションは、Webブラウザーをユーザーインターフェイスとして利用するので、クライアントPC用の専用アプリケーションを開発し、インストールする必要はありません。PCにはWebブラウザーだけインストールされていればOKです。また、インターネットで提供されているWebアプリケーションであれば、ユーザーは利用する機器にも依存しなくて済みます。自宅のノートPCからでも、外出先でスマートフォンからでも同じようにWebアプリケーションを利用できます。

画面レイアウトの構成や入力パラメーターのチェック、処理の仕方などはWebサーバー側で決めます。また、処理そのものはWebサーバーではなく別途アプリケーションサーバーを用いることもあり、アプリケーションサーバーはさらにデータベースサーバーと連携していることがあります。

Webアプリケーションの概要

Webアプリケーションを利用するときには、Webブラウザー上で処理したいデータを入力します①（**図16**）。次に、Webサーバーアプリケーションへデータ処理のリクエストを送信します②。これを**フロントエンド**と呼びます。

Webサーバーアプリケーションから、さらにアプリケーションサーバーやデータベースサーバーへデータの処理要求を転送します③。転送先のアプリケーションサーバーやデータベースサーバーで要求されたデータの処理を行い、その処理結果をWebサーバーアプリケーションへ返します④⑤。このリクエストの処理を行うアプリケーションサーバーやデータベースサーバーを**バックエンド**と呼びます。

Webサーバーアプリケーションは、データの処理結果を表示するWebページを自動的に作成して、Webブラウザーへ返します⑥。すると、最終的にWebブラウザーで処理結果のWebページが表示できるようになります。

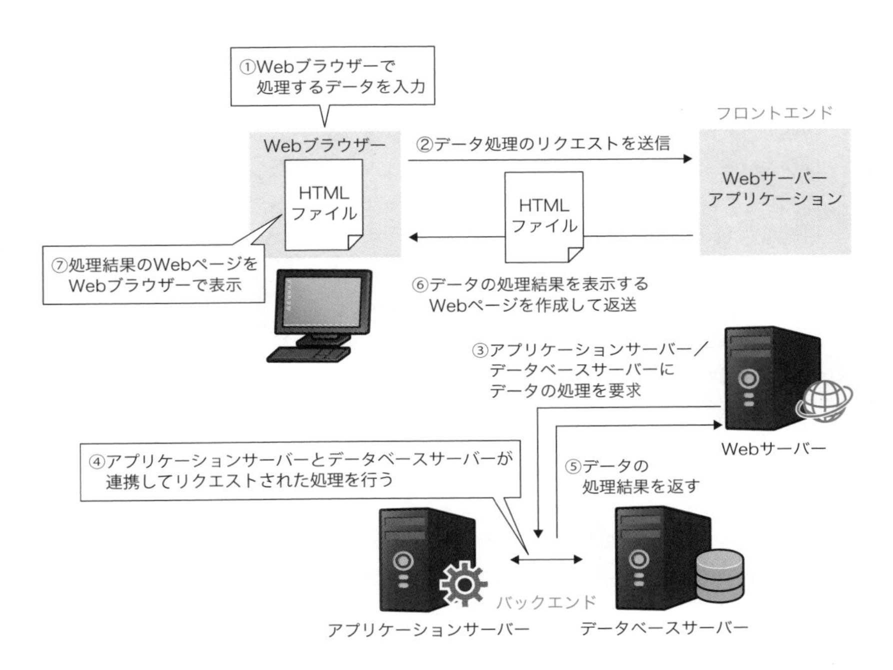

図16　Webアプリケーションの処理

第7章のまとめ

- Webサイトにアクセスすると、HTTPリクエストでコンテンツファイルをリクエストして、HTTPレスポンスでリクエストされたファイルを返す
- WebサイトのアドレスであるURLはスキームとホスト名、ファイルパスから構成される。URLからDNSによりWebサーバーのIPアドレスを求める
- HTTPSはHTTPの通信をSSL/TLSで暗号化するプロトコル。大部分のWebサイトはHTTPSを利用するようになっている
- SSL/TLSはデジタル証明書で、アクセス先のWebサーバーが本物であることを認証し、Webサーバーとの間のHTTPの通信の暗号化と改ざんチェックを行う
- Webアプリケーションとは、Webブラウザーをユーザーインターフェイスとするアプリケーションのこと

練習問題

Q1 Webページのファイルを取得するためのHTTPリクエストのメソッドはどれでしょうか。

A GET　　B PUT
C CONNECT　　D POST

Q2 HTTPリクエストの処理が正常に完了したことを表すHTTPレスポンスのステータスコードはどれですか。

A 200　　B 404　　C 503　　D 505

Q3 Webアクセスの際のアドレスの関連付けについて正しい記述はどれでしょうか。次から2つ選んでください。

A URLからARPによって宛先IPアドレスを求める
B URLからDNSによって宛先IPアドレスを求める
C 宛先IPアドレスからARPによって宛先MACアドレスを求める
D 宛先IPアドレスからDNSによって宛先MACアドレスを求める

Q4 SSLとTLSについて正しい記述はどれでしょうか。

A SSLはTLSの後継として開発され、現在はTLSを利用していない
B TLSはSSLの後継として開発され、現在はSSLを利用していない
C SSLもTLSも両方とも利用している
D SSLはHTTPにしか使えないが、TLSはHTTP以外にも使える

Q5 Webアプリケーションを利用するためにクライアントに必要なものは何でしょうか。

A 専用の業務アプリケーション
B 業界標準として開発されたアプリケーション
C スマートフォンと連携するためのアプリケーション
D Webブラウザー

解答　**A1.** A　**A2.** A　**A3.** B、C　**A4.** B　**A5.** D

Chapter

08

スイッチ＆ルーターについて学ぼう

～データが転送される仕組み～

ネットワークに送り出されたデータは、レイヤー 2スイッチ／ルーター／レイヤー 3スイッチといったネットワーク機器で適切な宛先まで転送されます。本章でネットワーク機器の転送の仕組みを見ていきます。

8-1

8-1-1 学ぼう！

ネットワーク機器の概要

ネットワーク機器のポイント

PC／スマートフォンからネットワークに送り出されたデータを、レイヤー2／ルーター／レイヤー3スイッチなどのネットワーク機器が適切な宛先のサーバーまで転送します。本章で基本となる**レイヤー2スイッチ**／**ルーター**／**レイヤー3スイッチ**のネットワーク機器の転送の仕組みを解説します。まずは「やってみよう！」の代わりに、各ネットワーク機器の役割や仕組みのポイントを押さえましょう（**表1**）。

表1　ネットワーク機器のポイント

ネットワーク機器	役　割	データの転送範囲	転送時に参照する情報
レイヤー2スイッチ	1つのイーサネットのネットワークをつくる	1つのネットワーク内	MACアドレス（イーサネットヘッダー）、MACアドレステーブル
ルーター	ネットワーク同士を相互接続する	ネットワーク間	IPアドレス（IPヘッダー）、ルーティングテーブル
レイヤー3スイッチ	レイヤー2スイッチ兼ルーター。ルーターと同じように使う	レイヤー2スイッチ兼ルーター	レイヤー2スイッチ兼ルーター

レイヤー2スイッチのポイント

レイヤー2スイッチの役割は、**1つのイーサネットのネットワークを構築する**ことです[*1]。レイヤー2スイッチにはCisco Catalyst 1000シリーズ製品があり、たくさんのイーサネットインターフェイスが搭載されています。

*1　個人向けのレイヤー2スイッチは一般的に「スイッチングハブ」と呼び、どちらも同じ意味です。

図1　レイヤー２スイッチの製品例　Cisco Catalyst 1000シリーズ[*2]

１台のレイヤー２スイッチと複数のPCを接続すると、それらのPCは1つの同じイーサネットのネットワークにつながることになります。PCを有線のイーサネットネットワークに接続するには、まずレイヤー２スイッチに接続する必要があることから**ネットワークの入口**という見方もできます。

レイヤー２スイッチで1つのネットワークをつくったとき、データを転送できる範囲は同じ１つのネットワーク内に限られます。複数台のレイヤー２スイッチを接続しても範囲が広がることはなく、全体で1つのネットワークであることに変わりありません[*3]。また、レイヤー２スイッチが転送の対象とするデータは**イーサネットフレーム**です。受信したイーサネットフレームはそのまま適切なインターフェイスから転送します。このときに、**イーサネットヘッダーのMACアドレスを参照**しています（図2）。

*2　出典　Cisco Systems,Inc.

*3　VLAN（Virtual LAN）機能を利用していると、レイヤー２スイッチで複数のネットワークとすることもできます。なお、VLANについての詳細は本書の対象外です。

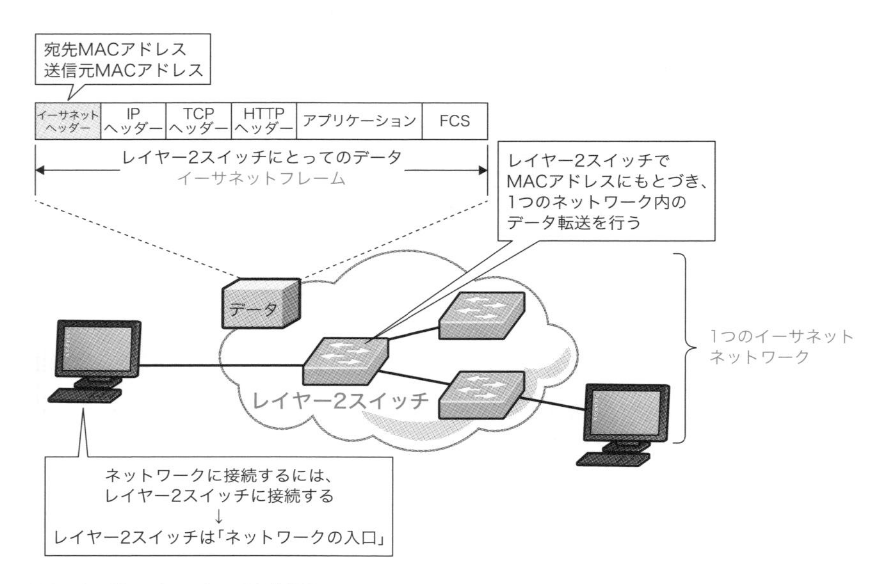

図2　レイヤー 2スイッチの仕組み

ルーターのポイント

ルーターの役割は、**複数のネットワークを相互接続する**ことです。ルーターには、イーサネットインターフェイス以外のインターフェイスを搭載することもできます。ただ、図3で挙げているCisco ISR 900シリーズのように、レイヤー 2スイッチほど多くのインターフェイスを搭載していません。1つのインターフェイスで1つのネットワークを接続することになります。

図3　ルーターの製品例　Cisco ISR 900シリーズ*4

*4　出典　Cisco Systems,Inc.

ルーターで複数のネットワークを相互接続すると、**異なるネットワーク間でデータを転送する**ことができます。また、ルーターが転送の対象とするデータは**IPパケット**です。ルーターから転送するときに、データのイーサネットなどのレイヤー2ヘッダーは書き換えられます。IPパケットの適切な転送先を判断するために**IPヘッダーの宛先IPアドレスを参照**します（図4）。

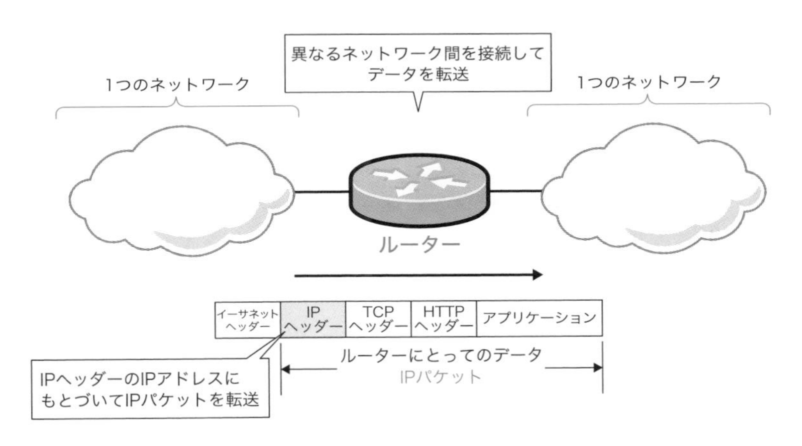

図4　ルーターの仕組み

レイヤー3スイッチのポイント

レイヤー3スイッチは、**レイヤー2スイッチにルーター機能を組み込んでいるネットワーク機器**です。そのため、レイヤー2スイッチとしてもルーターとしても利用できますが、多くの場合ルーターと同じ役割で使うため、レイヤー3スイッチも**複数のネットワークを相互接続する**役割を担うといえます。一方、レイヤー3スイッチはレイヤー2スイッチよりもかなり高価なため、レイヤー2スイッチの用途としてだけで使うと高くつくことになります。

ルーターのような用途がメインのレイヤー3スイッチですが、図5のCisco Catalyst 3850シリーズのように外観はレイヤー2スイッチと似ており、多くのイーサネットインターフェイスを搭載しています。すなわち、外身はレイヤー2スイッチ、中身はルーターなのです。

図5　レイヤー3スイッチの製品例　Cisco Catalyst 3850シリーズ[*5]

データの転送範囲や転送の仕組みは、レイヤー2スイッチやルーターと同じで、**同じネットワーク内へ転送するときにはイーサネットヘッダーのMACアドレス**を、**ネットワーク間でデータを転送するときにはIPヘッダーのIPアドレス**を参照します（図6）。

それでは、レイヤー2スイッチから順にネットワーク機器の仕組みを詳しく見ていきます。

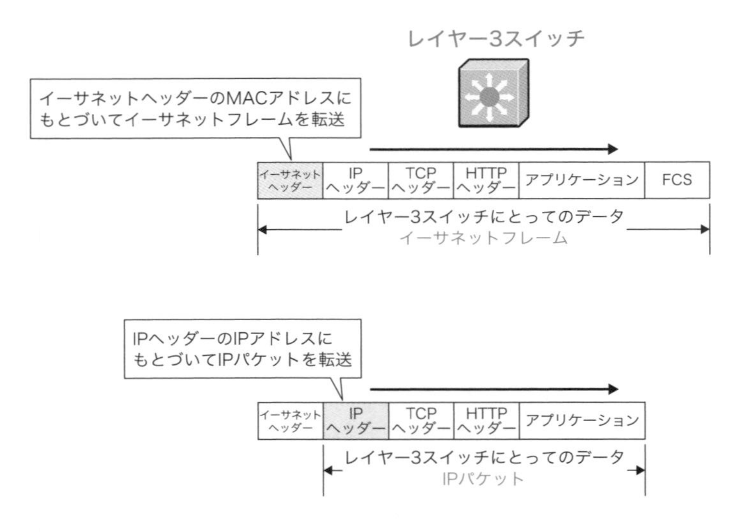

図6　レイヤー3スイッチの仕組み

*5　出典　Cisco Systems,Inc.

8-2 やってみよう！

あらためてMACアドレスを確認しよう

レイヤー2スイッチは、MACアドレスにもとづいてイーサネットフレームを転送します。そのようなレイヤー2スイッチの転送の仕組みに関わるMACアドレスを、ここであらためて見てみましょう。

Step1 コマンドプロンプトを開く

ツールバーの検索ボックスに「cmd」と入力して、コマンドプロンプトを開きます。

Step2 ipconfig /allコマンドでPCのMACアドレスを確認する

コマンドプロンプトから「ipconfig /all」コマンドを実行します。

すると、「物理アドレス」にPCのイーサネットインターフェイスのMACアドレスが表示されます。

```
C:¥Users¥gene>ipconfig /all

Windows IP 構成

～省略～

イーサネット アダプター イーサネット：

   接続固有の DNS サフィックス.: lan
   説明 ...................: Realtek Gaming 2.5GbE Family Controller
   物理アドレス .............: 50-EB-F6-B4-25-85
   DHCP 有効 ..............: はい
   自動構成有効 .............: はい
～省略～
```

PCのイーサネットインターフェイスのMACアドレス

Step3 arp -aコマンドでARPキャッシュを確認する

自分のMACアドレスは簡単にわかり、送信元MACアドレスとして指定できます。宛先MACアドレスも必要なためARPで求めます。ARPで求めたMACアドレスを保存している、ARPキャッシュも見ておきましょう。「arp -a」コマンドを実行します。

```
C:¥Users¥gene>arp -a

インターフェイス: 192.168.1.215 --- 0x15
  インターネット アドレス 物理アドレス              種類
  192.168.1.1           28-bd-89-d3-42-1c     動的
  192.168.1.23          ac-80-0a-32-ec-c0     動的
  192.168.1.29          fe-8e-90-a0-01-95     動的
  192.168.1.34          48-d6-d5-71-11-7b     動的
  192.168.1.36          f0-72-ea-15-1d-d0     動的
  192.168.1.160         00-25-dc-58-6a-71     動的
  192.168.1.170         14-c1-4e-74-d4-85     動的
  192.168.1.247         76-bd-05-8c-58-aa     動的
  192.168.1.255         ff-ff-ff-ff-ff-ff     静的
  224.0.0.2             01-00-5e-00-00-02     静的
  224.0.0.22            01-00-5e-00-00-16     静的
  224.0.0.250           01-00-5e-00-00-fa     静的
  224.0.0.251           01-00-5e-00-00-fb     静的
  224.0.0.252           01-00-5e-00-00-fc     静的
  224.0.1.178           01-00-5e-00-01-b2     静的
  239.192.152.143       01-00-5e-40-98-8f     静的
  239.255.255.250       01-00-5e-7f-ff-fa     静的
  239.255.255.251       01-00-5e-7f-ff-fb     静的
  255.255.255.255       ff-ff-ff-ff-ff-ff     静的
```

それでは、確認したMACアドレスにもとづいて、レイヤー２スイッチがイーサネットフレームを転送する仕組みを詳しく見ていきましょう。

8-2-1 学ぼう!

レイヤー２スイッチの仕組み

信号が流れるインターフェイスを「スイッチ（切り替え）」する

レイヤー２スイッチでのデータ（イーサネットフレーム）の転送の仕組みについて見ていきましょう。レイヤー２スイッチは**特別な設定をしなくても動作するネットワーク機器**です。電源を入れてPCやサーバーなどとレイヤー２スイッチのイーサネットインターフェイスを接続するだけで使えます。

このとき、複数のPCやサーバーなどを接続します。2-2-1で解説した通り、イーサネットは「0」「1」の論理的なデータを物理信号にして伝えるためのプロトコルです。レイヤー２スイッチは流れてきたこの物理信号を、適切なインターフェイスのみに流すようスイッチ（切り替え）します（図7）。

宛先に応じて適切なインターフェイスへ信号を流すために、**レイヤー２スイッチは、インターフェイスの先につながっている機器や宛先を把握しなければいけません。**イーサネットでは、信号の送信元と宛先はMACアドレスで認識してイーサネットヘッダーに指定しますが、レイヤー２スイッチでは、信号をイーサネットフレームと見てイーサネットヘッダーを参照し転送処理を行います。

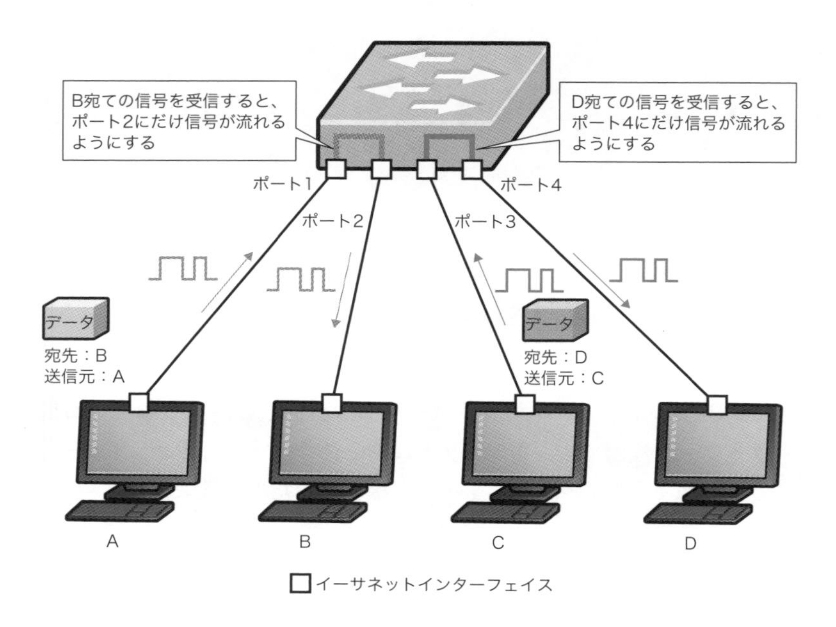

図7　信号が流れるインターフェイスをスイッチする

この転送処理の流れは次の通りです。

①送信元MACアドレスを覚える

受信したイーサネットフレームの送信元MACアドレスを、レイヤー2スイッチのインターフェイス先に接続されたMACアドレスの情報が集められている**MACアドレステーブル**に登録します。

②宛先MACアドレスを見て転送する

宛先MACアドレスとMACアドレステーブルから転送先インターフェイスを決定して、イーサネットフレームを転送します。MACアドレステーブルに登録されていない宛先MACアドレスの場合は、受信したインターフェイス以外のすべてのインターフェイスにイーサネットフレームを転送します。これを**フラッディング**といいます。

レイヤー 2スイッチのデータ転送の例

次の図8の簡単なネットワーク構成で、レイヤー 2スイッチのデータ転送の具体的な動作を考えましょう。SW1とSW2の2台のレイヤー 2スイッチを相互接続して、全体で1つのイーサネットネットワークとなっています。

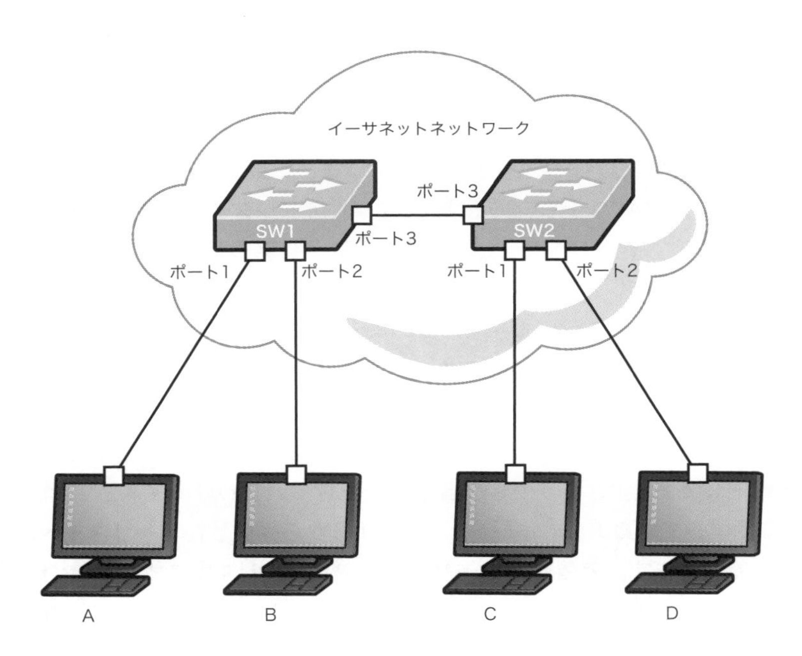

図8　レイヤー 2スイッチの動作

ホストAからホストDへのイーサネットフレームの転送 ～ SW1の動作～

図8のネットワーク構成でホストAからホストDへイーサネットフレームを転送する場合の動作を考えてみましょう（図9）。まず、イーサネットフレームのMACアドレスは次のように指定します①。

宛先MACアドレス：D[*6]
送信元MACアドレス：A

SW1はポート1でイーサネットフレームを受信します。ここで、電気信号を「0」「1」のビットに変換して、イーサネットフレームとして認識すると同時に、イーサネットフレームのFCSで受信したデータにエラーがないかもチェックします。

次に、イーサネットフレームのイーサネットヘッダーにある送信元MACアドレスAをMACアドレステーブルに登録します。これでSW1は、ポート1の先に「A」というMACアドレスが接続されていると認識できるのです②。

SW1は次に宛先MACアドレスDを見て、MACアドレステーブルからどのポートに転送するべきかを判断します。MACアドレスDはMACアドレステーブルに登録されていないため、受信したポート以外のすべてのポートへ転送するフラッディングを行います③。このようなMACアドレステーブルに登録されていないMACアドレスが、宛先のイーサネットフレームを**Unknownユニキャストフレーム**と呼びます。

レイヤー2スイッチのイーサネットフレームの転送は、「わからないからとりあえず転送しておく」という少し適当な動作をしているわけです。SW1はポート1で受信しているので、ポート2とポート3から受信したイーサネットフレームを転送します。受信したイーサネットフレームは1つですが、SW1がフラッディングするためにコピーしています。このとき、受信したイーサネットフレームの内容は一切変更されていません。

ポート2から転送されたイーサネットフレームは、ホストBに届きます。ホストBは、宛先MACアドレスが自身のMACアドレスではないので、イーサネットフレームを破棄します。そして、ポート3から転送されたイーサネットフレームはSW2で処理されることになります。

---

*6　宛先MACアドレスを求めるARPでのアドレス解決は、ここでは省略しています。また、ARPの過程でMACアドレステーブルにMACアドレスが登録されますが、MACアドレステーブルには何も登録されていないものとしています。

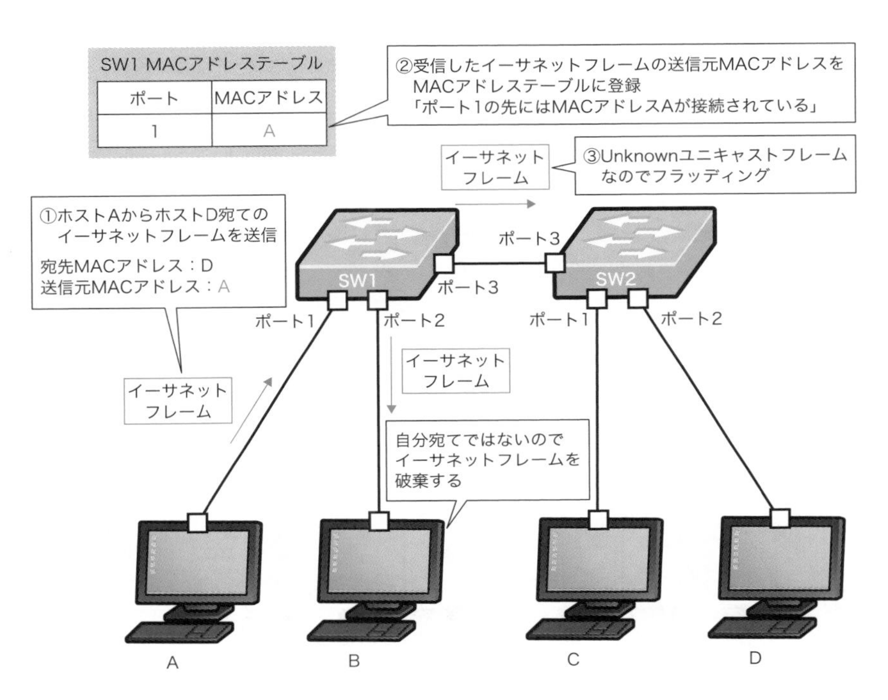

図9　ホストAからホストDへのイーサネットフレームの転送　SW1

ホストAからホストDへのイーサネットフレームの転送 ～SW2の動作～

SW1からフラッディングされたホストDへのイーサネットフレームは、SW2のポート3で受信します（図10）。動作はSW1と同じで、送信元MACアドレスAをSW2のMACアドレステーブルに登録します①。

宛先MACアドレスDはMACアドレステーブルに登録されていないため、フラッディングされることになり、受信したポート3以外のポート1とポート2へ転送されます②。ホストCは宛先MACアドレスが自分宛てではないのでイーサネットフレームを破棄し、ホストDは宛先MACアドレスが自分宛てのため、イーサネットフレームを受信してIPなどの上位プロトコルで処理を行います。

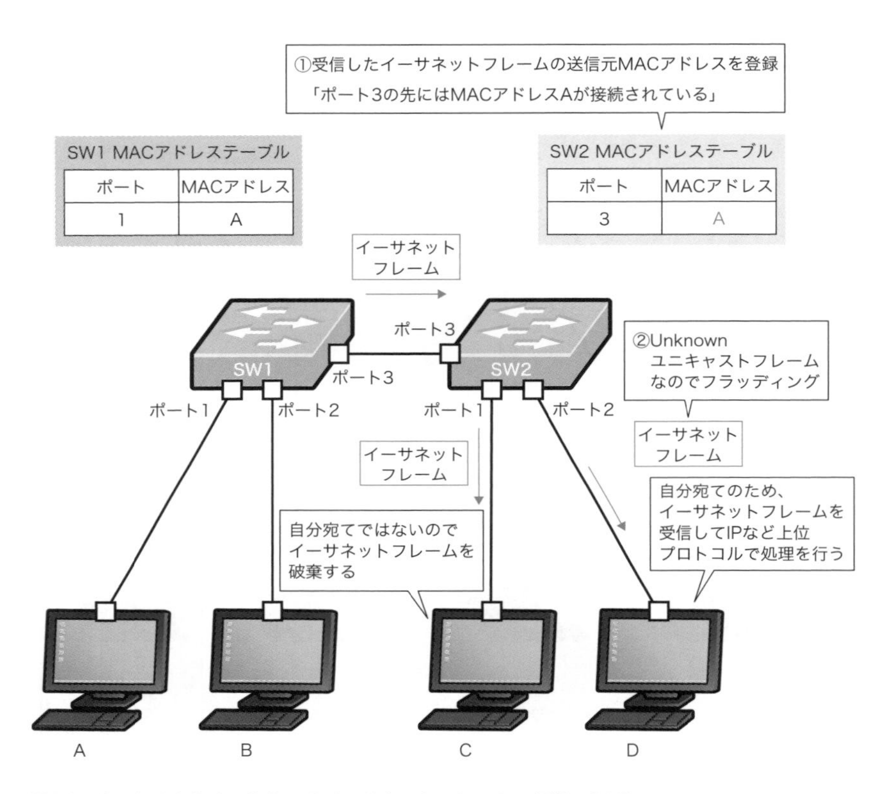

図10　ホストAからホストDへのイーサネットフレームの転送　SW2

ホストDからホストAへのイーサネットフレームの転送 ～SW2の動作～

通信は原則、双方向で行われるため、ホストAからホストDへイーサネットフレームを送信したら、たいていはホストDからホストAへ返事を送ります。今度は、ホストDからホストAへの転送の動きを考えてみましょう。

まず、ホストDからホストAへのイーサネットフレームは、次のMACアドレスを指定します（図11）。

宛先MACアドレス：A
送信元MACアドレス：D

ホストＤからホストＡ宛てのイーサネットフレームを送信すると、SW2のポート２で受信します①。これまで解説した動作と同じように、送信元MACアドレスをMACアドレステーブルに登録します。すると、SW2のMACアドレステーブルに新たにMACアドレスＤを登録します。つまり、SW2はポート２の先にMACアドレスＤが接続されていると認識することになります②。

次に、宛先MACアドレスＡとMACアドレステーブルを照合します。MACアドレステーブルからMACアドレスＡはポート３の先に接続されていることがわかるので、ポート３だけにイーサネットフレームを転送します③。

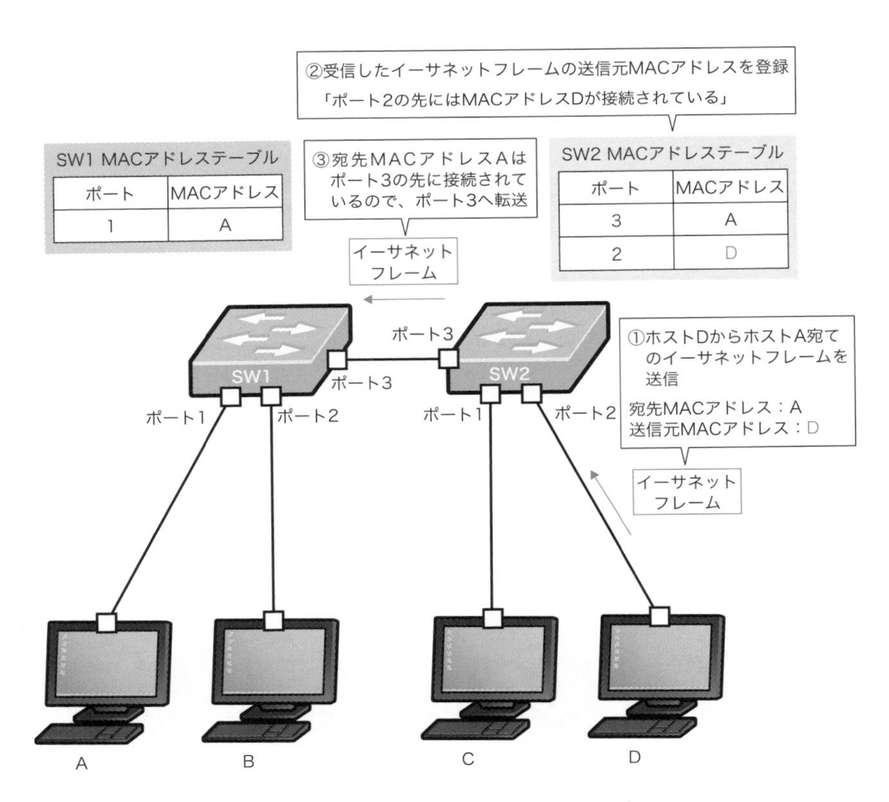

図11　ホストＤからホストＡへのイーサネットフレームの転送　SW2

ホストDからホストAへのイーサネットフレームの転送 ～SW1の動作～

SW1がホストDからホストAへのイーサネットフレームを受信したあとの動作も同じです（図12）。送信元MACアドレスをMACアドレステーブルに登録して、SW1はMACアドレスDがポート3の先に接続されていると認識します①。また、MACアドレステーブルから宛先MACアドレスAはポート1の先に接続されているとわかるので、ポート1へ転送します②。すると、ホストAはSW1から転送されたイーサネットフレームを受信して、IPなどの上位プロトコルの処理を行います。

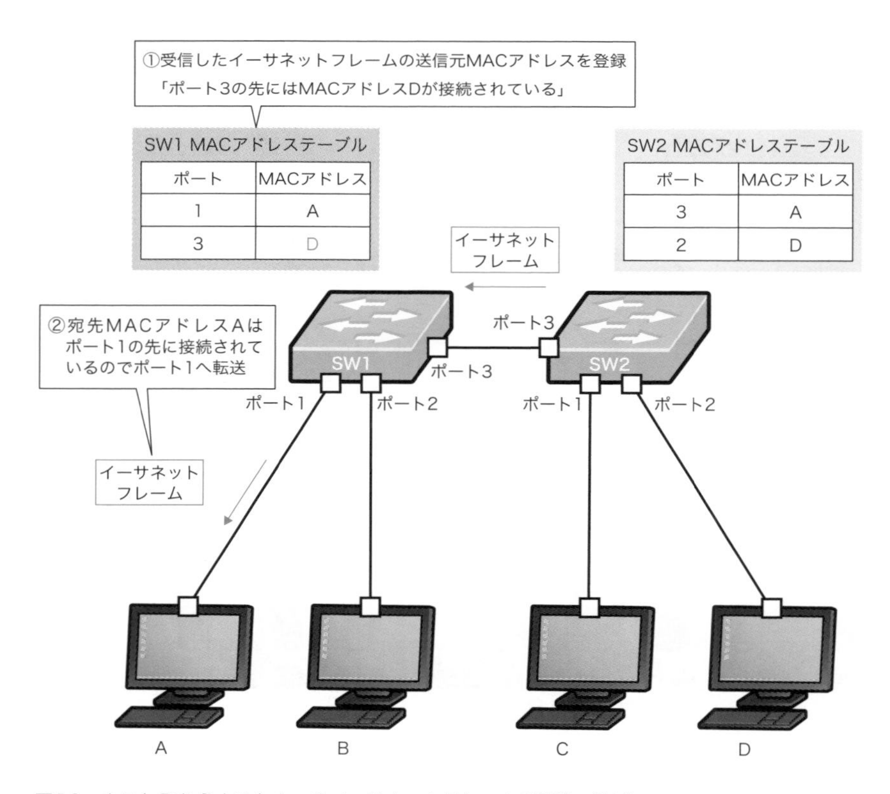

図12　ホストDからホストAへのイーサネットフレームの転送　SW1

最終的なMACアドレステーブル

以上のように、レイヤー２スイッチは受信したイーサネットフレームの送信元MACアドレスをMACアドレステーブルにどんどん登録していきます。MACアドレスを学習できていない間は、フラッディングが発生して余計なイーサネットフレームの転送が発生しますが、MACアドレステーブルができあがってくると、**必要なポートにのみイーサネットフレームの転送を行う**ようになります。今回解説したネットワーク構成におけるSW1とSW2の最終的なMACアドレステーブルは表２の通りです。

表２　SW1とSW2のMACアドレステーブル

<table>
<tr><th></th><th>ポート</th><th>MACアドレス</th></tr>
<tr><td rowspan="4">SW1</td><td>1</td><td>A</td></tr>
<tr><td>2</td><td>B</td></tr>
<tr><td>3</td><td>C</td></tr>
<tr><td>3</td><td>D</td></tr>
<tr><td rowspan="4">SW2</td><td>1</td><td>C</td></tr>
<tr><td>2</td><td>D</td></tr>
<tr><td>3</td><td>A</td></tr>
<tr><td>3</td><td>B</td></tr>
</table>

ここで、１つのポートにMACアドレスが１つだけ登録されるとは限らないことに注意してください。この例のように、レイヤー２スイッチを相互接続しているポートでは**１つのポートに複数のMACアドレスが登録**されます。

なお、MACアドレステーブルに登録されるMACアドレスの情報は、接続するポートが変わることもあるので永続的ではありません。そのため、MACアドレスの情報には制限時間が設けられており、時間がたつと情報は削除されます。登録されたMACアドレスが送信元のイーサネットフレームを再び受信すると、制限時間がリセットされる仕組みです。ケーブルを抜いてリンクがダウンした場合も、MACアドレスは削除されます。また、企業向けのレイヤー２スイッチでは、あらかじめMACアドレステーブルに特定のMACアドレスを登録することも可能です。

ブロードキャストフレームの転送

宛先MACアドレスがブロードキャストになっている、**ブロードキャストフレーム**の転送についても考えてみましょう。ここまで解説しているように、レイヤー2スイッチは宛先MACアドレスとMACアドレステーブルから転送先を判断しますが、**ブロードキャストMACアドレス「FF-FF-FF-FF-FF-FF」はMACアドレステーブルに登録されません**。MACアドレステーブルは送信元MACアドレスを登録するものであり、ブロードキャストMACアドレスは送信元MACアドレスにならないからです。そのため、ブロードキャストフレームは**必ずフラッディングされる**ことになります。

例えば、ホストAからブロードキャストフレームを送信すると、宛先MACアドレスはMACアドレステーブルに登録されていないので、SW1はフラッディングします(図13)。つまり、ポート2とポート3へコピーして転送します。ポート2から転送されたブロードキャストフレームは、ホストBが受信して上位プロトコルの処理をします。また、ポート3から転送されたブロードキャストフレームはSW2が受信して、SW1と同様にフラッディングし、ホストCとホストDが受信して上位プロトコルの処理をします。

このように、ブロードキャストフレームは**レイヤー2スイッチで構成する1つのイーサネットネットワーク全体に転送**されます。このことから、1つのイーサネットネットワークを**ブロードキャストドメイン**とも表現します。

また、ブロードキャストフレームだけでなく、宛先MACアドレスがマルチキャストのマルチキャストフレームも同様です。マルチキャストMACアドレスも送信元MACアドレスにならないので、MACアドレステーブルに登録されません[*7]。ブロードキャストフレームと同様に、**マルチキャストフレームも1つのイーサネットネットワーク全体にフラッディング**されます。

---

*7　企業向けのレイヤー2スイッチでは、MACアドレステーブルにマルチキャストMACアドレスを登録して、マルチキャストのフラッディングを制御することもできます。

SW1 MACアドレステーブル

ポート	MACアドレス
1	A
2	B
3	C
3	D

MACアドレステーブルには
送信元MACアドレスを登録するので、
ブロードキャスト／マルチキャスト
MACアドレスは登録されない
↓
ブロードキャスト／マルチキャスト
フレームはフラッディングされる

SW2 MACアドレステーブル

ポート	MACアドレス
1	C
2	D
3	A
3	B

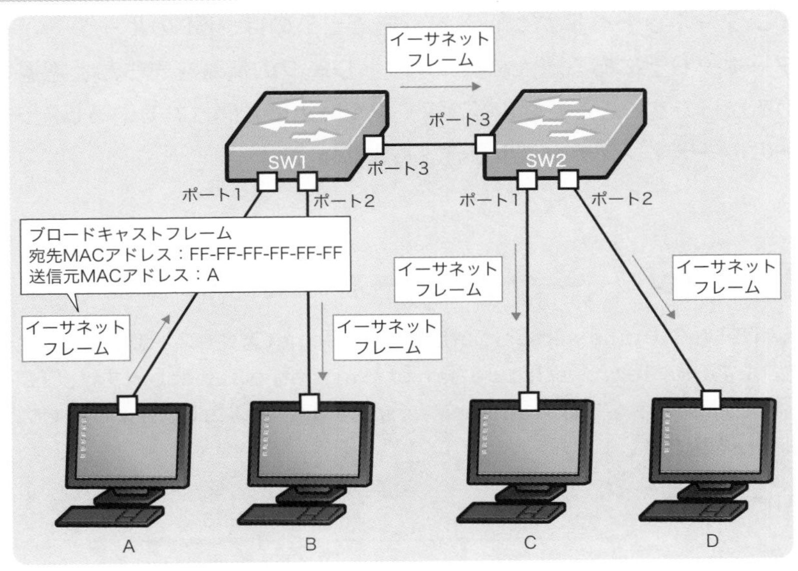

図13　ブロードキャスト／マルチキャストフレームはフラッディングされる

8-3 やってみよう！

インターネットのルーティングテーブルを見てみよう

インターネットへIPパケットを転送できるのは、ISPのルーターがインターネット上にある膨大な数のネットワークの情報をきちんと把握しているからです。ここでは、インターネット上に公開されているISPルーターのルーティングテーブルを確認しましょう。

Step1 インターネット上のルーターにログインする

米AT&T社の「route-server.ip.att.net」は、Telnetアクセスができるルーターです。まずTera Termから「route-server.ip.att.net」へTelnetします[*8]。「TCP/IP」を選び、ホスト名には「route-server.ip.att.net」と入力します。サービスは「Telnet」を選びましょう。

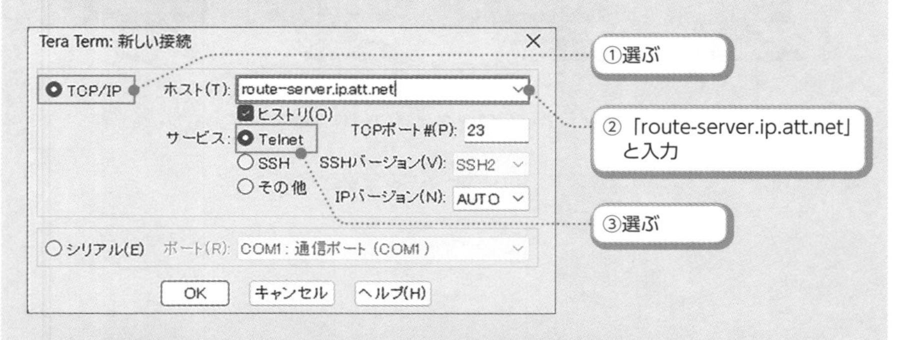

Telnet接続すると、次ページのようなメッセージが表示されます。メッセージ内にログインするためのユーザー名とパスワードも表示されるので、ここではユーザー名とパスワードともに「rviews」でログインします[*9]。

*8 Tera TermについてのWebサイトは次の通りです（https://teratermproject.github.io/）。
*9 パスワードを入力しても画面上には何も変化は起こりません。

```
route-server.ip.att.net ---------------
---------  AT&T IP Services Route Monitor  -----------

The information available through route-server.ip.att.net is offered
by AT&T's Internet engineering organization to the Internet community.

This router maintains eBGP peerings with customer-facing routers
throughout the AT&T IP Services Backbone:

 IPv4:            IPv6:                              City:
 12.122.124.12    2001:1890:ff:ffff:12:122:124:12    Atlanta, GA
 12.122.124.67    2001:1890:ff:ffff:12:122:124:67    Cambridge, MA
 12.122.127.66    2001:1890:ff:ffff:12:122:127:66    Chicago, IL
 12.122.124.138   2001:1890:ff:ffff:12:122:124:138   Dallas, TX
 12.122.83.238    2001:1890:ff:ffff:12:122:83:238    Denver, CO
 12.122.120.7     2001:1890:ff:ffff:12:122:120:7     Fort Lauderdale, FL
 12.122.125.6     2001:1890:ff:ffff:12:122:125:6     Los Angeles, CA
 12.122.125.44    2001:1890:ff:ffff:12:122:125:44    New York, NY
 12.122.125.106   2001:1890:ff:ffff:12:122:125:106   Philadelphia, PA
 12.122.125.132   2001:1890:ff:ffff:12:122:125:132   Phoenix, AZ
 12.122.125.165   2001:1890:ff:ffff:12:122:125:165   San Diego, CA
 12.122.126.232   2001:1890:ff:ffff:12:122:126:232   San Francisco, CA
 12.122.159.217   2001:1890:ff:ffff:12:122:159:217   San Juan, PR
 12.122.125.224   2001:1890:ff:ffff:12:122:125:224   Seattle, WA
 12.122.126.9     2001:1890:ff:ffff:12:122:126:9     St. Louis, MO
 12.122.126.64    2001:1890:ff:ffff:12:122:126:64    Washington, DC

*** Please Note:
Ping and traceroute delay figures measured here are unreliable, due to the
high CPU load experienced when complicated show commands are running.

For questions about this route-server, send email to: jayb@att.com

*** Log in with username 'rviews', password 'rviews' ***

login: rviews
Password:
Last login: Tue Jan 23 01:08:59 from 202.63.62.122

--- JUNOS 23.2R1.13 Kernel 64-bit  JNPR-12.1-20230613.7723847_buil
rviews@route-server.ip.att.net>
```

④表示されたユーザー名とパスワードでログインする

Step2 ルーティングテーブルを表示する

「route-server.ip.att.net」はJuniper Networks社のルーターです。Juniper Networks社は企業向けのネットワーク機器ベンダーで、このルーターでは「show route table inet.0」コマンドでルーティングテーブルを表示します*10。

「 --- (more) ---」という表示は、ルーティングテーブルの表示を中断していることを意味します。[スペース]キーでページ送りすることで続きが表示できますが、延々と終わらないため[q]キーでルーティングテーブルの表示を中止しましょう。

さて、ルーティングテーブルの表示の冒頭部分「924047 destinations, 8315489 routes」に注目してください。これは、ルーティングテーブルに載せられているネットワークアドレスが924047個あり、宛先ネットワークまでの経路には8315489個あることを示しています。このように、インターネット上のISPルーターのルーティングテーブルには膨大な数のネットワークが登録されているのです。

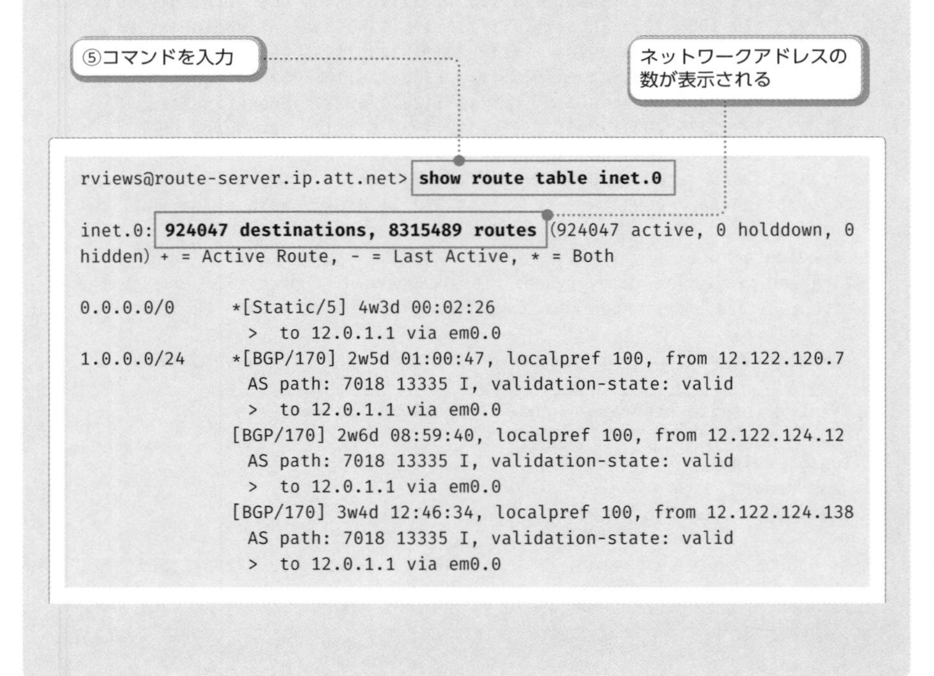

*10 コマンド入力時に若干遅延することがあります。

```
                    [BGP/170] 2w1d 21:32:38, localpref 100, from 12.122.125.6
                      AS path: 7018 13335 I, validation-state: valid
                      >  to 12.0.1.1 via em0.0
                    [BGP/170] 1w0d 00:43:09, localpref 100, from 12.122.125.44
                      AS path: 7018 13335 I, validation-state: valid
                      >  to 12.0.1.1 via em0.0
                    [BGP/170] 1w0d 10:29:19, localpref 100, from 12.122.125.224
                      AS path: 7018 13335 I, validation-state: valid
                      >  to 12.0.1.1 via em0.0
                    [BGP/170] 1w0d 00:43:09, localpref 100, from 12.122.126.64
                      AS path: 7018 13335 I, validation-state: valid
                      >  to 12.0.1.1 via em0.0
                    [BGP/170] 2w6d 08:59:53, localpref 100, from 12.122.126.232
                      AS path: 7018 13335 I, validation-state: valid
                      >  to 12.0.1.1 via em0.0
--- (more) ---
```

ルーティングテーブルの
表示を中断している

ルーターは、このようなルーティングテーブルにもとづいてデータを転送しています。ルーターの仕組み、ルーティングテーブルの詳細を見ていきましょう。

8-3-1 学ぼう！

ルーターの仕組み

ルーターの役割

8-1-1で解説した通り、ルーターは複数のネットワークを相互接続し、ネットワーク間のデータ転送を行うためのネットワーク機器です。このルーターによるネットワーク間のデータ転送を**ルーティング**と呼びます。

ネットワークの相互接続

ルーターがネットワークを相互接続するには、ルーターのインターフェイスの物理的な配線に加えて**インターフェイスにIPアドレスを設定します**。

例えば、ルーターのインターフェイス1に物理的な配線を行い、そのインターフェイスを有効にして、IPアドレス「192.168.1.254/24」を設定すると、ルーターのインターフェイス1は「192.168.1.0/24」のネットワークに接続します。ルーターに複数のインターフェイスが備わっていますが、それぞれに物理的な配線とIPアドレスの設定を行うことで、ルーターは複数のネットワークを相互接続できるようになるのです。

図14のR1には、3つのインターフェイスがあります。その中のインターフェイス1に物理的な配線を行い、IPアドレス「192.168.1.254/24」を設定すると、ネットワーク1の「192.168.1.0/24」に接続します。同じく、インターフェイス2とインターフェイス3もIPアドレスを設定することで、R1はネットワーク1、ネットワーク2、ネットワーク3を相互接続します。また、ネットワーク3には、R1だけでなくR2も接続されています。R2の3つのインターフェイスにも、同じく物理的な配線をしてIPアドレスの設定を行えば、ネットワーク3、ネットワーク4、ネットワーク5と相互接続できるようになるのです。

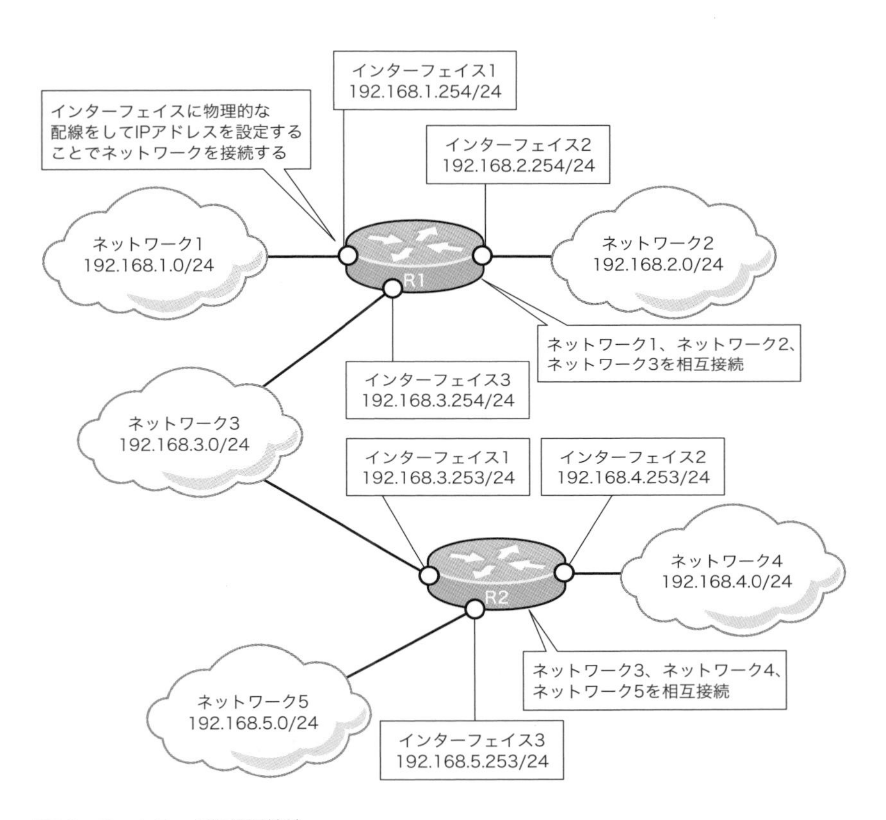

図14　ネットワークの相互接続

ルーティングの概要

ルーターはIPアドレスにもとづきデータ（IPパケット）を適切なネットワークへ転送します。そのためには、あらかじめルーターのルーティングテーブルに転送先のネットワークの情報を登録する必要があります。ルーティングでは、この**ルーティングテーブルを作成すること**がとても重要です。

ルーターはIPパケットが届くと、IPヘッダーの宛先IPアドレスとルーティングテーブルから、次に転送するべきルーターを判断してIPパケットを転送します。このとき、**ルーティングテーブルに登録されていないネットワーク宛てのIPパケットは転送できずに破棄されます**。例えば、図15のR1とR2には、**IPパケットを転送したいすべてのネットワークの情報をルーティングテーブルに登録すること**が必要です①。

図15では、ネットワーク1（192.168.1.0/24）～ネットワーク5（192.168.5.0/24）の5つのネットワークがあります。ホスト（192.168.1.100）からサーバー（192.168.5.100）へデータを転送するときは、宛先IPアドレスにサーバーの「192.168.5.100」が指定されます。R1は宛先IPアドレスと一致するネットワークの情報をルーティングテーブル上で検索します。すると、**ネクストホップ**がR2のため、R2へIPパケットを転送します②。ネクストホップとは、「ホップ」が多くの場合ルーターを意味するため、**次に転送するべきルーター**という意味になります。

R2でも、IPパケットに記されている宛先IPアドレスとルーティングテーブルを見て、直接接続されているネットワーク5（192.168.5.0/24）上のサーバーへIPパケットを転送していきます③。

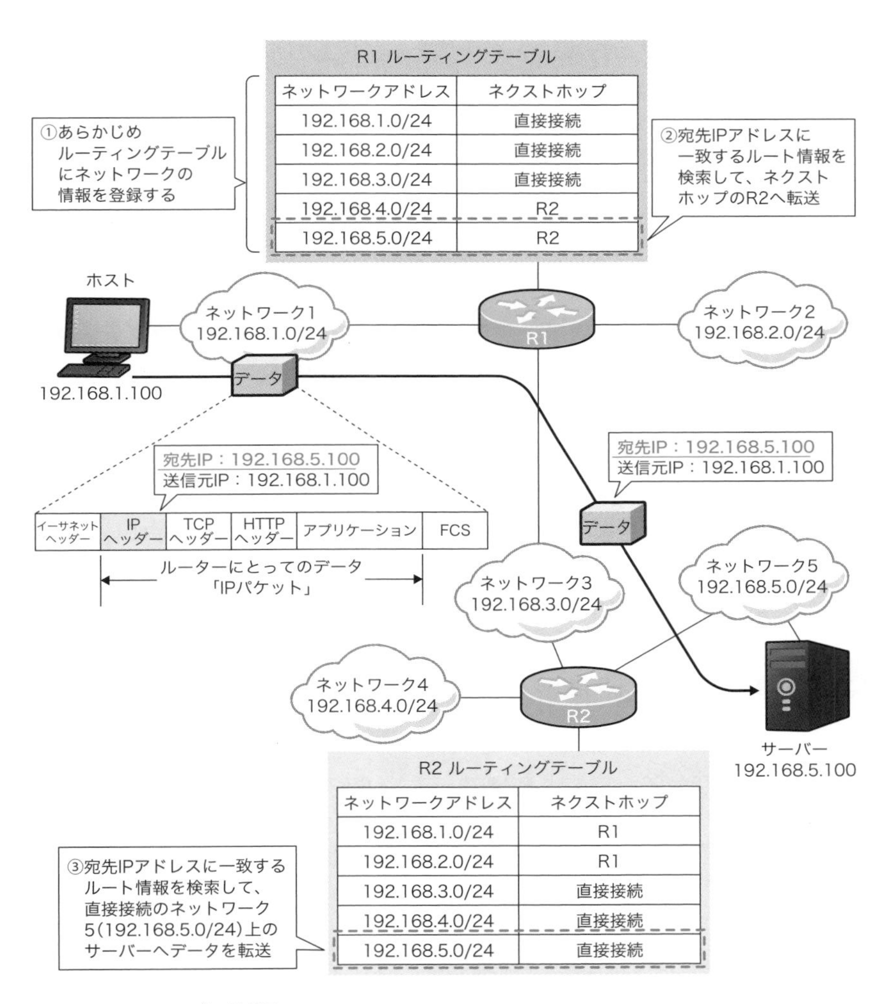

図15　ルーティングの仕組み

ルーティングの動作の流れ

ルーターのデータ（IPパケット）の転送の流れは次のようになります。

①ルーティング対象のIPパケットを受信する

②宛先IPアドレスからルーティングテーブル上のルート情報を検索して、転送先を決定する[*11]

③レイヤー2ヘッダーを書き換えてIPパケットを転送する

前述の通り、ルーターがIPパケットを転送するには、あらかじめルーティングテーブルに転送先のネットワークの情報（ルート情報）が登録されていることが必要です。ルーティングテーブルの詳細やルーティングテーブルにルート情報を登録する方法は次項で解説します。まずは、ルーティングテーブルが完成した状態で、ルーターのルーティングの動作を見ていきます。

ルーティングの具体例

図16のネットワーク構成で、ルーターがホスト1からホスト2にIPパケットを転送する流れを見ます。ここではルーティングテーブルが完成し、すべてイーサネットインターフェイスで接続した状態で、レイヤー2スイッチは介さず、各イーサネットインターフェイス間は直接接続しているとします。

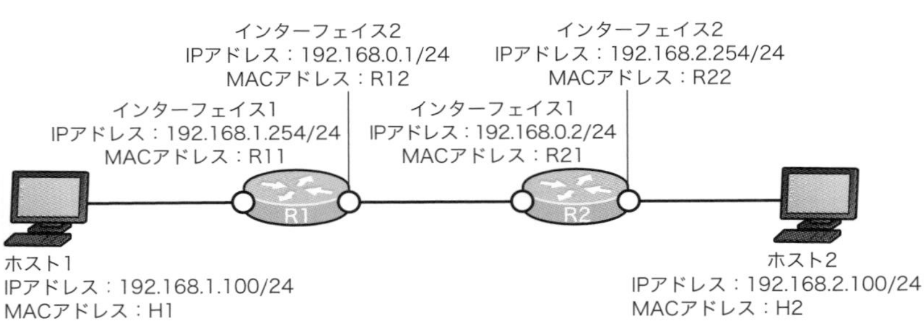

R1 ルーティングテーブル

ネットワークアドレス	ネクストホップ
192.168.0.0/24	直接接続
192.168.1.0/24	直接接続
192.168.2.0/24	192.168.0.2(R2)

R2 ルーティングテーブル

ネットワークアドレス	ネクストホップ
192.168.0.0/24	直接接続
192.168.1.0/24	192.168.0.1(R1)
192.168.2.0/24	直接接続

図16　ルーターのデータ転送〜ネットワーク構成の例〜

*11　本書では詳細な解説をしていませんが、ルート情報の検索方法を「最長一致検索」と呼びます。

ルーティング対象のIPパケットの受信～ R1の動作～

ルーターがルーティングする対象のIPパケットは、次のようなアドレス情報のパケットです。

宛先レイヤー2アドレス（MACアドレス）：ルーター
宛先IPアドレス：ルーターのIPアドレス以外

ホスト1からホスト2宛てのIPパケットは、まずR1へ転送されます。そのときのアドレス情報は、次の通りです[*12]。

宛先MACアドレス：R11
送信元MACアドレス：H1
宛先IPアドレス：192.168.2.100
送信元IPアドレス：192.168.1.100

宛先MACアドレスはR1ですが、宛先IPアドレスはホスト2のものです。つまり、受信したIPパケットはルーティング対象のIPパケットとなります。

ルーティングテーブルの検索～ R1の動作～

R1は、ルーティング対象のパケットの宛先IPアドレスに一致するルーティングテーブルのルート情報を検索します（図17）。すると、宛先IPアドレス「192.168.2.100」に一致するルート情報は「192.168.2.0/24」のため、転送先のネクストホップは「192.168.0.2」、つまりR2だとわかります。

*12 ホスト1はデフォルトゲートウェイのIPアドレスから宛先MACアドレスをARPで求めます。

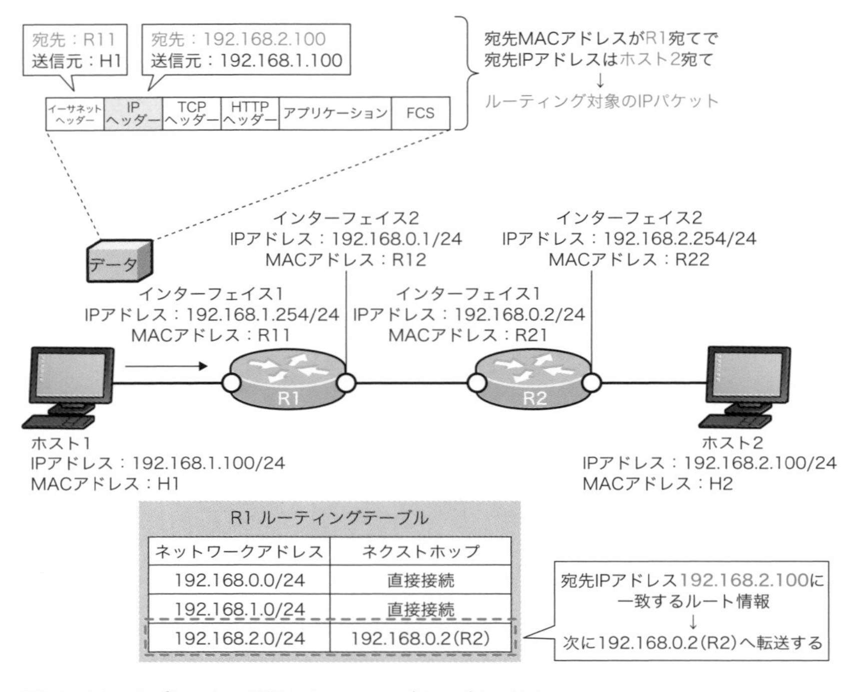

R1 ルーティングテーブル

ネットワークアドレス	ネクストホップ
192.168.0.0/24	直接接続
192.168.1.0/24	直接接続
192.168.2.0/24	192.168.0.2(R2)

図17　R1のIPパケットの受信とルーティングテーブルの検索

■ レイヤー2ヘッダーを書き換えてIPパケットを転送～R1の動作～

R1はルーティングテーブルのルート情報から受信したIPパケットを「192.168.0.2」(R2)へ転送します(図18)。そのために、R2のMACアドレスが必要なためARPを行います。ARPで宛先MACアドレスR21がわかれば、新しいイーサネットヘッダーに書き換えて、IPパケットをインターフェイス2から転送します。レイヤー2ヘッダーであるイーサネットヘッダーは変わりますが、**IPヘッダーのIPアドレスは変わりません**[*13]。

*13 IPヘッダーのTTLを-1して、ヘッダーチェックサムの再計算を行います。また、ルーターでNATを行うときにはIPアドレスが書き換えられます。単純なルーティングを行うときは変わりません。

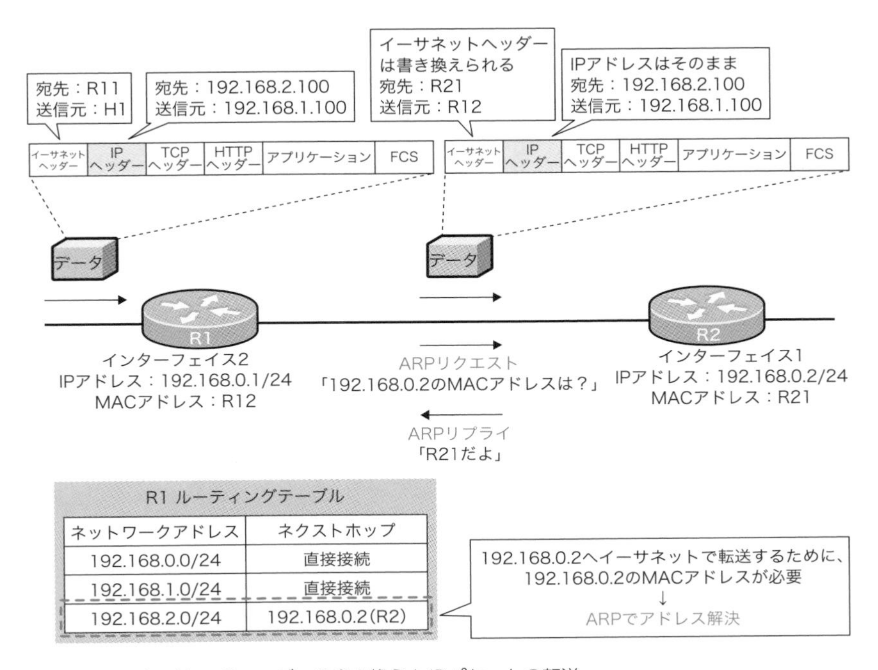

図18　R1のレイヤー2ヘッダーの書き換えとIPパケットの転送

ルーティング対象のIPパケットの受信～R2の動作～

R1から転送されたIPパケットはR2で受信します。このときのIPパケットのアドレス情報は次の通りです。

宛先MACアドレス：R21
送信元MACアドレス：R12
宛先IPアドレス：192.168.2.100
送信元IPアドレス：192.168.1.100

ホスト1が送信したMACアドレスから書き換わっていますが、IPアドレスは同じです。宛先MACアドレスはR2のものですが、宛先IPアドレスはR2のIPアドレスではなく、ルーティング対象のIPパケットのものです。

■ ルーティングテーブルの検索～ R2の動作～

R2はルーティングするために宛先IPアドレス「192.168.2.100」に一致するルート情報を検索します（図19）。すると、「192.168.2.0/24」のルート情報が見つかります。ネクストホップが直接接続のため、最終的な宛先IPアドレス「192.168.2.100」はR2と同じネットワーク上だとわかります。

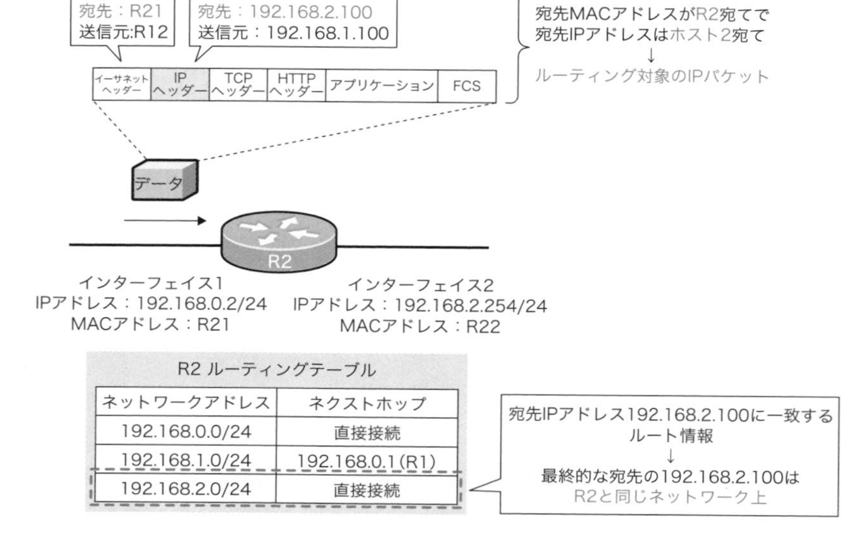

図19　R2のルーティング対象IPパケットの受信とルーティングテーブルの検索

■ レイヤー2ヘッダーを書き換えてIPパケットを転送～ R2の動作～

R2はルーティングテーブルのルート情報から、IPパケットの最終的な宛先の「192.168.2.100」（ホスト2）はR2のインターフェイス2と同じネットワーク上にいるとわかっています。IPパケットをホスト2へ転送するために、ホスト2のMACアドレスをARPで求めます（図20）。

ARPでホスト2のMACアドレスH2がわかれば、新しいイーサネットヘッダーをつけてR2のインターフェイス2からIPパケットを転送します。ここでもMACアドレスは変わりますがIPアドレスは同じです。こうして、R2で転送したIPパケットは無事に最終的な宛先のホスト2まで届きます。

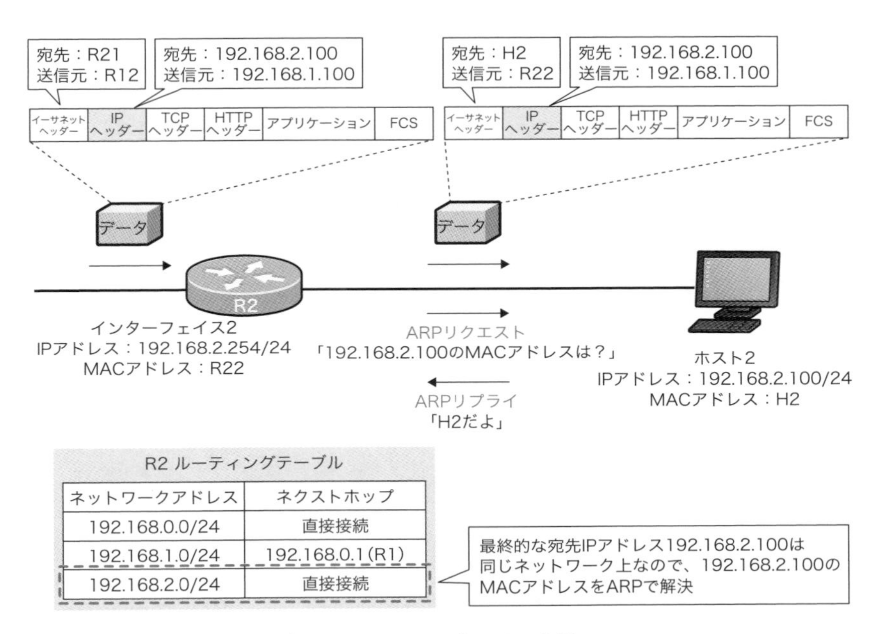

ネットワークアドレス	ネクストホップ
192.168.0.0/24	直接接続
192.168.1.0/24	192.168.0.1(R1)
192.168.2.0/24	直接接続

図20 R2のレイヤー2ヘッダーの書き換えとIPパケットの転送

また、以降の解説は省略しますが、通信は原則として双方向なため、次はホスト2からホスト1へデータが送信されます。送るデータは同様に、ルーターが宛先IPアドレスとルーティングテーブルから転送先を判断して、レイヤー2ヘッダーを書き換えながら転送します。こうしたルーターのルーティングの動作は、前述の通り**ルーティングテーブルが完成していること**が大前提のため、ルーティングテーブルについて詳しく見ていきましょう。

ルーティングテーブルとは？

ルーティングテーブルとは、ルーターが認識するネットワークの情報をまとめたデータベースです。ネットワークへIPパケットを転送するための経路を登録しています。経路とは、次に転送するべきルーターのことです。こうしたルーティングテーブルに登録されるネットワークの情報を**ルート情報**や**経路情報**と呼びます。

ルート情報の内容

ルーティングテーブル上のルート情報に何が記載されているかは、ルーターの製品によって異なります。その中でも、企業向けによく利用されるCisco Systems社のルーターのルート情報には、次の内容が含まれます。

■ ルート情報の情報源

どのようにルーターがルート情報をルーティングテーブルに登録したのかを示しています。ルート情報の情報源は主に次の3つがあります。

- **直接接続**
- **スタティックルート**
- **ルーティングプロトコル**

■ ネットワークアドレス／サブネットマスク

IPパケットを転送する宛先のネットワークです。IPパケットの宛先IPアドレスを含むルート情報のネットワークアドレス／サブネットマスクを検索します。

■ メトリック

メトリックは、ルーターから目的のネットワークまでの距離を数値化したものです。この情報は、ルーティングプロトコルによって学習したルート情報の中にあります。また、メトリックの求め方にはどのような情報を用いるかで方法自体に違いはありますが、最終的には1つの数値にたどり着きます。距離が短いほうがよりよいルートなので、**メトリック最小のルートが最適ルート**です。また、メトリックは「コスト」と表現することもよくあります。さて、メトリックの示す数値の内容ですが、具体的にはルーティングプロトコルごとに表3のような要素を表します。

表3 メトリックの要素

ルーティングプロトコル	メトリックの要素
RIP	経由するルーター台数（ホップ数）
OSPF	累積コスト（ネットワークの通信速度）
EIGRP	帯域幅、遅延、負荷、信頼性、MTUから計算される値

アドミニストレイティブディスタンス（Cisco）

前述のルーティングプロトコルごとに異なるメトリックを比較できるように調節するパラメーターが、アドミニストレイティブディスタンスです。このアドミニストレイティブディスタンスとメトリックによって、ルーターは目的のネットワークまでの距離を認識します。

ネクストホップアドレス

目的のネットワークへパケットを送り届けるために、次に転送するべきルーターのIPアドレスのことです。原則として、ルーターと同じネットワーク内の他のルーターのIPアドレスとなります。

出力インターフェイス

目的のネットワークへのパケット転送時に、パケットを出力するインターフェイスの情報です。ネクストホップアドレスと出力インターフェイスをあわせることで、目的のネットワークまでの方向を考えられます。

経過時間

ルーティングプロトコルで学習したルート情報が、ルーティングテーブルに登録されてから経過した時間が載せられます。経過時間が長いほど安定したルート情報です。

ここで、図21のCiscoルーターのルーティングテーブルを見てみます。

```
R1#show ip route
Codes: C - connected, S - static, I - IGRP, R - RIP, M - mobile, B - BGP
       D - EIGRP, EX - EIGRP external, O - OSPF, IA - OSPF inter area
       N1 - OSPF NSSA external type 1, N2 - OSPF NSSA external type 2
       E1 - OSPF external type 1, E2 - OSPF external type 2, E - EGP
       i - IS-IS, su - IS-IS summary, L1 - IS-IS level-1, L2 - IS-IS level-2
       ia - IS-IS inter area, * - candidate default, U - per-user static route
       o - ODR, P - periodic downloaded static route

Gateway of last resort is not set
S 172.17.0.0/16 [1/0] via 10.1.2.2
S 172.16.0.0/16 [1/0] via 10.1.2.2
  10.0.0.0/24 is subnetted, 3 subnets
R 10.1.3.0 [120/1] via 10.1.2.2, 00:00:10, Serial0/1
C 10.1.2.0 is directly connected, Serial0/1
C 10.1.1.0 is directly connected, FastEthernet0/0
S 192.168.1.0/24 [1/0] via 10.1.2.2R
```


図21　ルーティングテーブルの例

　このようにルート情報には色々な要素が含まれていますが、大事なものは「ネットワークアドレス／サブネットマスク」と「ネクストホップ」です。つまり、**「このネットワーク宛てのIPパケットは、次にこのルーターに転送する」ことを示すのがルート情報**です。

ルーティングテーブルのルート情報の登録方法

　前述の通り、ルーティングテーブルにルート情報を登録する方法には、直接接続、スタティックルート、ルーティングプロトコルの3つがあります。

　直接接続で登録するのは最も基本的なルート情報です。ルーターにはネットワークを接続する役割があり、**ルーターが直接接続しているネットワークのルート情報**を指します。直接接続のルート情報をルーティングテーブルに登録するには、ルーターのインターフェイスにIPアドレスを設定して有効にします。すると、設定したIPアドレスに対応するネットワークアドレスのルート情報が自動的に直接接続のルート情報として登録されます（図22）。

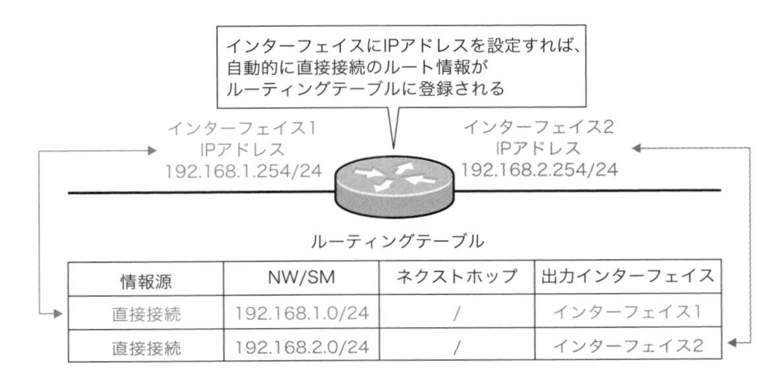

情報源	NW/SM	ネクストホップ	出力インターフェイス
直接接続	192.168.1.0/24	/	インターフェイス1
直接接続	192.168.2.0/24	/	インターフェイス2

図22　直接接続のルート情報

　ルーティングテーブルに登録されているネットワークのみIPパケットをルーティングできます。つまり、ルーターは特別な設定をしなくても、直接接続のネットワーク間のルーティングが可能です。逆にいえば、IPアドレスを設定しただけのルーターは直接接続のネットワークしかわからないので、リモートネットワークのルート情報はルーティングテーブルに登録する必要があるのです。ルーティングの設定とは、基本的に**リモートネットワークのルート情報をどうルーティングテーブルに登録するか**を決めることといえます。このリモートネットワークのルート情報の登録方法には次の2つがあります。

- **スタティックルート**
- **ルーティングプロトコル**

　ルーティングが必要なリモートネットワークごとに、スタティックルートまたはルーティングプロトコルによって、ルート情報をルーティングテーブルに登録します。それにより、リモートネットワークへのIPパケットのルーティングができます。スタティックルートでリモートネットワークのルート情報を登録することを**スタティックルーティング**、ルーティングプロトコルで登録することを**ダイナミックルーティング**と呼びます。

　スタティックルートは、ルーターにコマンド入力などをして、ルート情報を手動でルーティングテーブルに登録します。一方、ルーティングプロトコルはルーター同士で様々な情報を交換して、自動的にルーティングテーブルにルート情報を登録します。ルーティングプロトコルにより、ルーターがルート情報を送信することを**アドバタイズ**とよく表現します。

また、ルーティングプロトコルには次のような種類があります。

- **RIP**（Routing Information Protocol）
- **OSPF**（Open Shortest Path First）
- **EIGRP**（Enhanced Interior Gateway Routing Protocol）
- **BGP**（Border Gateway Protocol）

RIPは比較的規模が小さい企業のネットワークでよく利用され、OSPFは中～大規模な企業のネットワークで利用されます。EIGRPはCisco独自のルーティングプロトコルで、大規模な企業ネットワークでよく利用されています。そして、インターネット上のルーターは主にBGPを利用しています。インターネット上には膨大な数のネットワークが存在するため、その膨大な数のルート情報を効率よく扱うために必要です。「やってみよう！」で見たルーティングテーブルは、BGPによってインターネットの膨大なルート情報を登録しています。

さて、リモートネットワークのルート情報を登録するためにはスタティックルートとルーティングプロトコルの2つの方法がありますが、**どちらも同時に利用することができます**。多くの個人ユーザーのルーターではスタティックルートのみですが、企業ネットワークではスタティックルートもルーティングプロトコルも併用していることがほとんどです。

ルーティングテーブル作成の例

図23のネットワーク構成を例に、スタティックルートとルーティングプロトコルでのリモートネットワークのルート情報の登録を考えてみましょう。

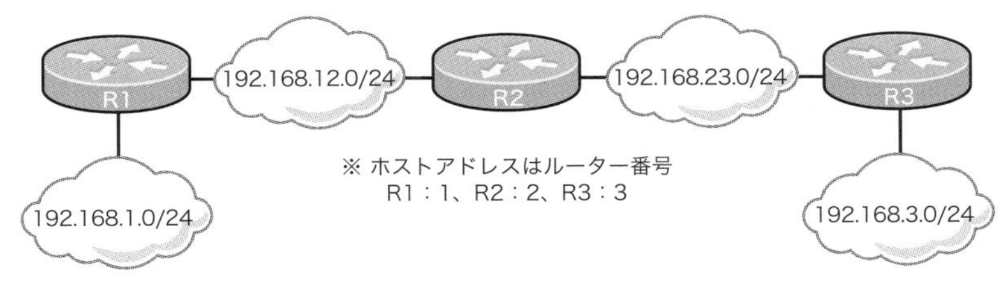

R1　ルーティングテーブル

ネットワークアドレス	ネクストホップ
192.168.1.0/24	直接接続
192.168.12.0/24	直接接続

R2　ルーティングテーブル

ネットワークアドレス	ネクストホップ
192.168.12.0/24	直接接続
192.168.23.0/24	直接接続

R3　ルーティングテーブル

ネットワークアドレス	ネクストホップ
192.168.3.0/24	直接接続
192.168.23.0/24	直接接続

図23　ルーティングテーブル作成のネットワーク構成例

R1、R2、R3のルーターで4つのネットワークを相互接続しています。各ルーターのインターフェイスにIPアドレスを設定することでネットワークを接続でき、ルーティングテーブルに直接接続のルート情報が登録されます。

スタティックルートの設定の考え方

スタティックルートを利用する場合、管理者が手動で各ルーターのリモートネットワークのルート情報をコマンド入力やGUIベースの設定でルーティングテーブルに登録します。そのために、各ルーターのリモートネットワークをきちんと把握する必要があります。つまり、スタティックルートの設定を行うために**各ルーターのルーティングテーブルの完成形**を把握する必要があります。この例での各ルーターのリモートネットワークと指定するべきネクストホップアドレスは表4の通りです。

リモートネットワークを把握したら、各ルーターで管理者がコマンドラインからコマンド入力やGUIの設定画面でスタティックルートのパラメーターの指定を行い、リモートネットワークの情報を手動で登録します（図24）。

表4　リモートネットワークの情報

ルーター	リモートネットワーク	ネクストホップ
R1	192.168.23.0/24	192.168.12.2
	192.168.3.0/24	192.168.12.2
R2	192.168.1.0/24	192.168.12.1
	192.168.3.0/24	192.168.23.3
R3	192.168.1.0/24	192.168.23.2
	192.168.12.0/24	192.168.23.2

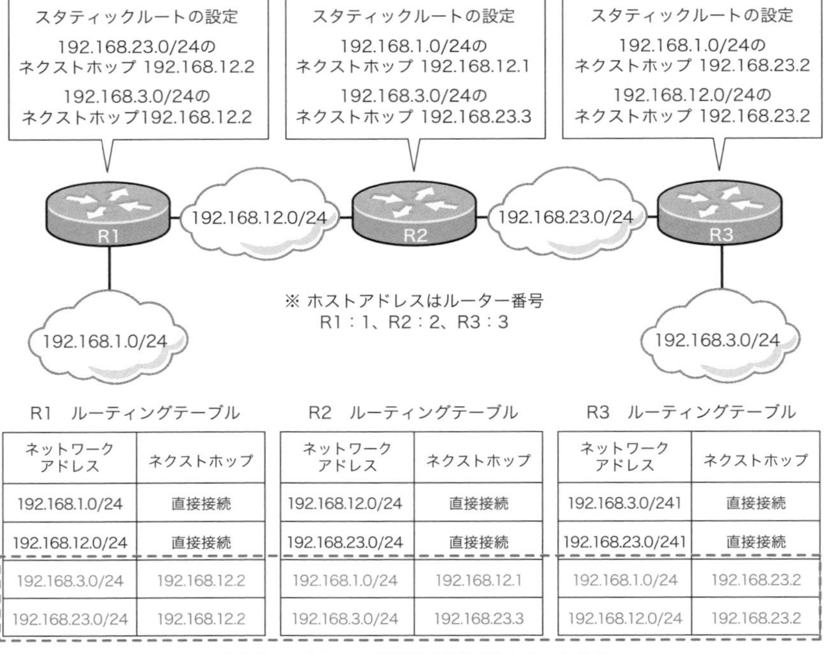

図24　スタティックルートの設定の考え方

このように小規模なネットワークであれば設定の負荷は小さいですが、ルーターの台数やネットワークの数が増えると、スタティックルートの設定は大変な作業になります。

ルーティングプロトコルの設定の考え方

ルーティングプロトコルの設定を、最も簡単なRIPを使う場合で考えます。RIPの設定は、**各ルーターのすべてのインターフェイスでRIPを有効化する**だけです。リモートネットワークを洗い出して、ネクストホップを考える作業は不要です[*14]。完成したルーティングテーブルが正しいかを判断するために、これらの情報を認識してルーティングテーブルの最終形を把握することは重要ですが、設定時に知らなくても問題ありません。

RIPを有効化すると、各ルーターはRIPのルート情報を送受信します（図25）。R1はR2へ「192.168.1.0/24」の情報を送信し、受信したR2はルーティングテーブルに「192.168.1.0/24」を登録します。今度はR2からR3へ「192.168.1.0/24」と「192.168.12.0/24」の情報を送信して、R3は受信した情報をルーティングテーブルに追加します。

また、R3からR2へ「192.168.3.0/24」のRIPルート情報を送信して、R2はルーティングテーブルに「192.168.3.0/24」を追加します。R2からR1へ「192.168.3.0/24」と「192.168.23.0/24」の情報を送信すると、R1のルーティングテーブルに「192.168.3.0/24」と「192.168.23.0/24」が登録されます。

以上のように、各ルーターで「すべてのインターフェイスでRIPを有効にする」設定をすれば、あとはルーター同士がルート情報を交換して自動的にルーティングテーブルをつくってくれるようになります。

*14 RIP以外のルーティングプロトコルでも基本的な設定は同じで、ルーティングプロトコルをすべてのインターフェイスで有効化します。ただし、BGPは例外でインターフェイス単位ではありません。

8

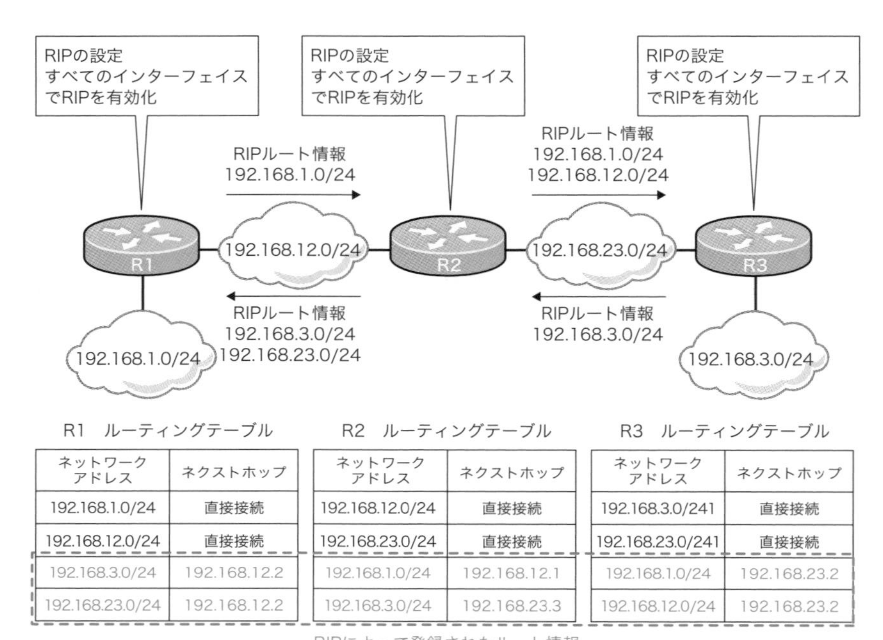

R1　ルーティングテーブル

ネットワークアドレス	ネクストホップ
192.168.1.0/24	直接接続
192.168.12.0/24	直接接続
192.168.3.0/24	192.168.12.2
192.168.23.0/24	192.168.12.2

R2　ルーティングテーブル

ネットワークアドレス	ネクストホップ
192.168.12.0/24	直接接続
192.168.23.0/24	直接接続
192.168.1.0/24	192.168.12.1
192.168.3.0/24	192.168.23.3

R3　ルーティングテーブル

ネットワークアドレス	ネクストホップ
192.168.3.0/24	直接接続
192.168.23.0/24	直接接続
192.168.1.0/24	192.168.23.2
192.168.12.0/24	192.168.23.2

図25　RIPの設定の考え方

ルーティングテーブルにはまとめて登録してもOK ～ルート集約～

前述の通り、ルーティングするにはIPパケットを転送したいネットワークのルート情報が、すべてルーティングテーブルに登録されていることが大前提です。1台だけでなく、ネットワーク上のすべてのルーターです。これは少し考えただけでもとても大変です。特に、インターネットには膨大な数のネットワークが存在します。インターネットへIPパケットを転送するためには、インターネットの膨大なネットワークをルーティングテーブルに登録しておかなければいけないのです。「やってみよう！」で見たインターネットのルーターのルーティングテーブルでは、90万以上のネットワークアドレスが登録されていました。

ただし、必ずしも膨大な数のルート情報を1つずつ登録する必要はありません。複数のネットワークのルート情報をまとめて登録することができます。これを**ルート集約**と呼びます。そして、ルート集約を最も極端にしたものが**デフォルトルート**です。デフォルトルートは「0.0.0.0/0」で表すルート情報で、**すべてのネットワークを集約**しています。つまり、デフォルトルートをルーティングテーブルに登録しておけば、すべてのネットワークのルート情報を登録していることになります。

デフォルトルートの利用例として、インターネット宛てのパケットをルーティングするために、デフォルトルートをルーティングテーブルに登録することが多いです。

インターネットには膨大な数のネットワークが存在しますが、インターネット宛てのパケットは、結局、契約しているISPのルーターに転送すればよいからです。そこで、インターネットの膨大な数のネットワークを**デフォルトルートに集約して、ルーティングテーブルに登録**します。注意すべき点は、社内ネットワークのすべてのルーター／レイヤー 3スイッチのルーティングテーブルにデフォルトルートを登録することです。インターネットに接続しているルーターだけにデフォルトルートを登録するのでは不十分です（図26）。

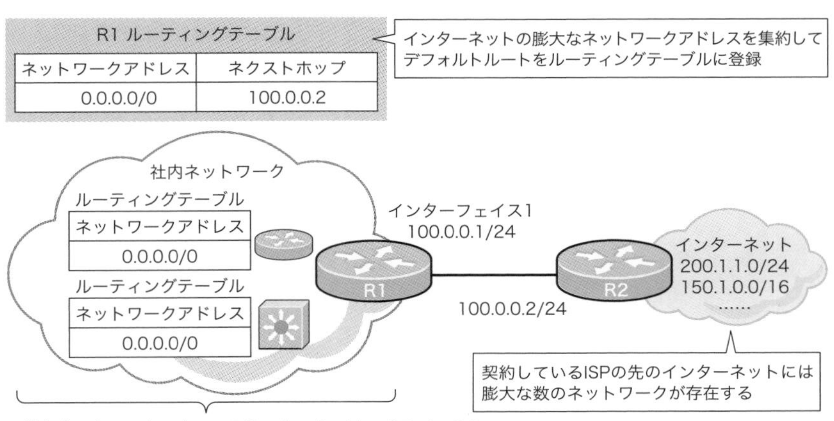

図26 デフォルトルートの登録 *15

*15 図中のルーター／レイヤー 3スイッチのルーティングテーブルは、デフォルトルートのみにしています。社内ネットワークのルーター／レイヤー 3スイッチはネクストホップの情報も省略しています。

デフォルトルートの登録方法は、インターネットに接続しているルーターとその他のルーターで若干の違いがあります。**インターネットに接続しているルーターでは、スタティックルートの設定でデフォルトルートを登録**します。接続先のISPのルーターが、社内と同じルーティングプロトコルを使うとは限らないからです。また、インターネット接続を冗長化していなければルーティングプロトコルを利用する必要もありません。そのため、スタティックルートの設定でデフォルトルートをルーティングテーブルに登録します。

一方、インターネットに接続している以外のルーターに、それぞれスタティックルートでデフォルトルートを登録すると手間がかかります。社内のルーター間でルーティングプロトコルを利用していれば、**ルーティングプロトコルでデフォルトルートをアドバタイズする**ように設定すればOKです。

ただし、インターネットの通信を実現するために、すべてのルーターでデフォルトルートだけをルーティングテーブルに登録すればよいわけではありません。ISPのルーターは、インターネットの膨大なネットワークのルート情報をルーティングテーブルに詳しく登録する必要があります。「やってみよう！」で見たのは、そうしたISPのルーターの例です。ISPルーターのルーティングテーブルには、何十万ものネットワークのルート情報が登録されています。そのため、契約しているユーザーから送られたインターネット宛てのIPパケットを、インターネットの適切なネットワークまで転送できるのです。

8-4

8-4-1 学ぼう！

レイヤー3スイッチの概要

レイヤー3スイッチ＝レイヤー2スイッチ＋ルーター

8-1-1で解説した通り、レイヤー3スイッチはレイヤー2スイッチにルーターのルーティングの機能を追加したネットワーク機器です。レイヤー3スイッチは、個人の環境で利用することが少ないネットワーク機器のため、ここでも「やってみよう！」の代わりに解説を読みながら学んでいきましょう。外観はレイヤー2スイッチと同じで、多くのイーサネットインターフェイスを備えています。しかし、基本的な機能はルーターと同じなため、レイヤー3スイッチも**ネットワークを相互接続してネットワーク間のデータを転送**します。

また、レイヤー3スイッチは**VLAN**の設定次第で、ネットワークを自由に分割できます。VLANとは、設定で作成する**仮想的なレイヤー2スイッチ**のことで、レイヤー3スイッチではVLAN機能を利用してネットワークの分割を行えます。VLANが複数ある場合は、レイヤー3スイッチ内部のルーター機能で相互接続することができ、図27はその様子を示しています。

レイヤー3スイッチでVLAN10とVLAN20の2つのネットワークに分割しており、PC11とPC12がVLAN10に、PC21はVLAN20のネットワークに接続されている状態です。これらはレイヤー3スイッチ内のVLANの設定により接続されています。また、VLAN10とVLAN20が相互接続されているため、**VLAN間の通信も可能**です。このとき、レイヤー3スイッチのデータ転送では、**レイヤー2スイッチやルーターとしても転送することがあります。**

- 同じネットワーク内のデータ：**レイヤー2スイッチとして転送**
- 異なるネットワーク間のデータ：**ルーターとして転送**

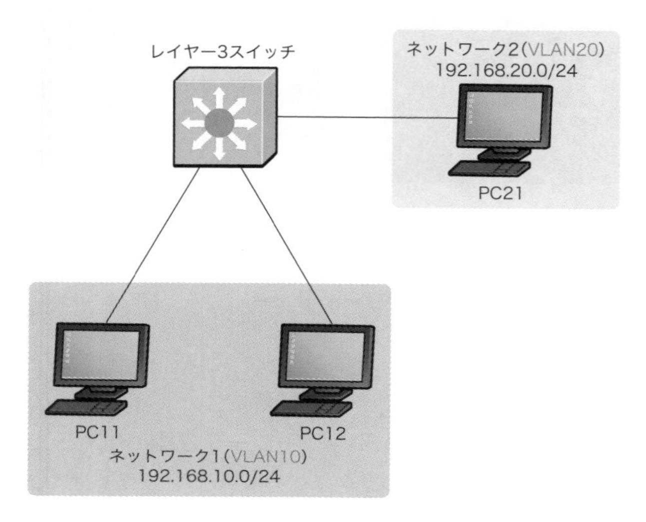

図27　レイヤー3スイッチでVLANを相互接続

例えば、図28でデータ転送の流れを見てみましょう。PC11からPC12宛てのデータは、同じネットワーク（VLAN）のデータです。その場合、レイヤー2スイッチとしてMACアドレスにもとづき転送先を判断します。一方、PC11からPC21宛てのデータは、異なるネットワーク（VLAN）間のデータなので、ルーターとしてIPアドレスにもとづき転送先を判断します。

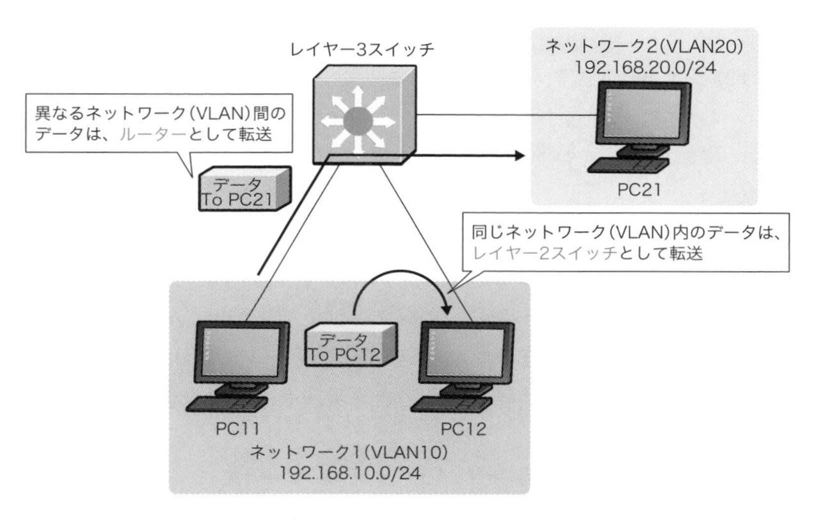

図28　レイヤー 3スイッチのデータの転送

レイヤー 3スイッチとルーター

レイヤー 3スイッチとルーターは基本的な機能は同じですが、異なる点もあります。その違いを表5に簡単にまとめます。

表5　レイヤー 3スイッチとルーターの違い

特　徴	レイヤー 3スイッチ	ルーター
インターフェイスの種類	基本的にイーサネットのみ	イーサネット以外にも色々な種類のインターフェイスを利用可能
インターフェイスの数	多数のインターフェイスを備えている	それほど多くの数のインターフェイスを備えていない
データの転送性能	理論上の最大の転送性能を発揮できる	あまり高くない
サポートする追加機能	基本的にデータ転送の機能に特化している	VPN ／ファイアウォールなどの追加機能をサポートする製品が多い

両者の大きな違いは**サポートする追加機能**です。ルーターはネットワーク間のデータ転送以外にもVPNゲートウェイ、ファイアウォールなど様々な機能をサポートする製品が多いです。一方、レイヤー3スイッチはルーターと同じくVPNゲートウェイやファイアウォールなどの機能を使えるものもありますが、基本的にネットワーク間のデータ転送機能に特化しています。

その他の両者の違いですが、大部分はほぼなくなりつつあります。レイヤー3スイッチも、イーサネット以外のインターフェイスを搭載できるものが増えています。もともと、イーサネットインターフェイスだけでも十分なため、種類の多さはあまり問題になりません。ルーターのデータの転送性能も高まっており、理論的に最大の転送性能を発揮できる製品も多くあります。

個人ユーザー向けのブロードバンドルーターはレイヤー3スイッチ

ルーターとレイヤー3スイッチがほぼ同等になりつつある例の1つが、個人ユーザー向けの**ブロードバンドルーター**です。ルーターのカテゴリーで販売されていますが、実質的にはレイヤー3スイッチです[*16]。複数のイーサネットインターフェイスが搭載されており次の2種類に分かれます（図29）。

- **WANポート**（または**インターネットポート**）
- **LANポート**

WANポートとLANポートの見た目は同じですが、役割は異なります。WANポートは**ルーターとしてのイーサネットインターフェイスでたいていは1つだけ搭載**されます。これを介して契約しているISP、つまり、インターネットへ接続するため、WANポートにはISPから自動的にIPアドレスが割り当てられます。ルーターとしてのポートなので、IPアドレスを設定すると自宅ネットワークとISPとの間のネットワークを接続していることになります。

一方、LANポートは**レイヤー2スイッチとしてのポートで複数搭載**されます。PCやTV／ゲーム機などの家電製品を有線イーサネット接続するために

*16　ただし、個人ユーザー向けのブロードバンドルーターは、VLAN機能でネットワークを複数に分割できる製品はほとんどありません。

使います。LANポートの数を増やす際はレイヤー２スイッチに接続すれば完了です。また、レイヤー２スイッチとしてのポートなため、**LANポート自体にIPアドレスを設定できません**。内部でルーターとつながるイメージで、内部の仮想的なインターフェイスにもともとプライベートアドレスが設定されています。つまり、個人ユーザーの自宅ネットワークを接続していることになります。

個人ユーザー向けのブロードバンドルーターの多くは、**無線LANアクセスポイント機能も備えています**。これにより、スマートフォンなどの無線LANクライアントを無線LANで自宅内のネットワークに接続できます。その他、DHCPサーバー機能もあります。これにより、有線イーサネットクライアントと無線LANクライアントに同一ネットワークのIPアドレスなどを配布し、同一ネットワークに接続した状態をつくります。

個人ユーザー向けのブロードバンドルーターでも、もちろんルーティングテーブルが必要です。ただし、ユーザーが意識せずとも自動的に作成されています。

ブロードバンドルーターのルーティングテーブルには直接接続のルート情報として、次の2つのルート情報が登録されることになります。

- 自宅内のネットワークアドレス
- ISPとの間のネットワークアドレス

そして、インターネットの膨大な数のルート情報を前述のデフォルトルート（0.0.00/0）に集約してルーティングテーブルに登録しています。

8

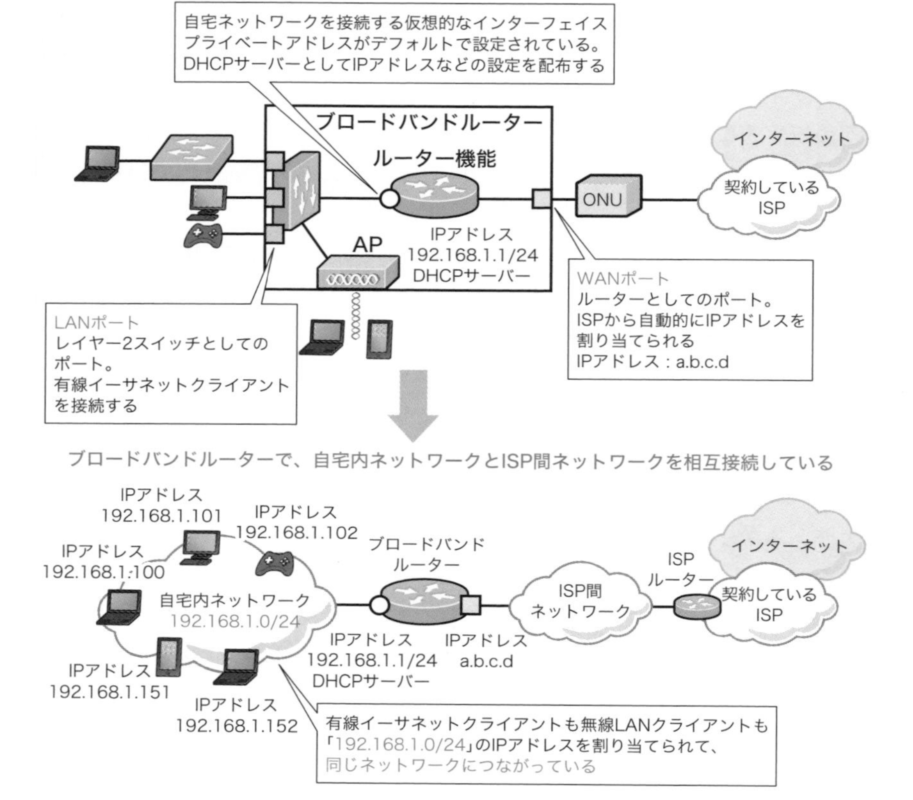

図29　個人ユーザー向けブロードバンドルーター

8-5 やってみよう！

テザリングの仕組みを知ろう

スマートフォンでテザリングを有効にすると、スマートフォンのインターネット接続をタブレットやノートPCなどの他の機器と共有できます。Androidスマートフォンでテザリングの設定をしてみましょう。

Step1 テザリングを有効にする

Androidでテザリングを有効にするには、[設定]→[接続]を開きます。次に、[テザリング]から[Wi-Fiテザリング]を有効にしましょう。

iPhoneの場合は、同じく「設定」→「インターネット共有」を選び、「ほかの人の接続を許可」を有効にします。

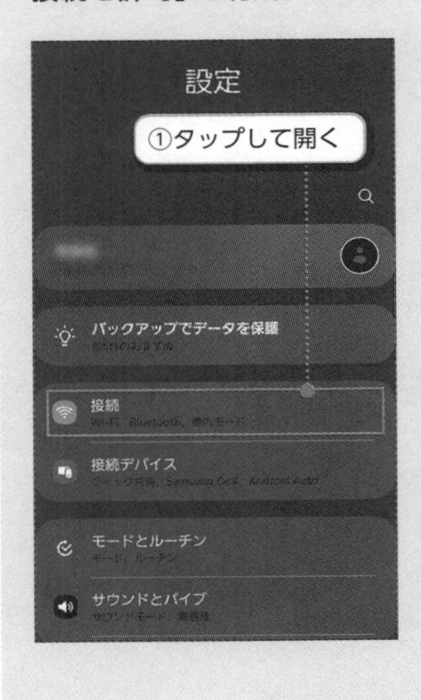

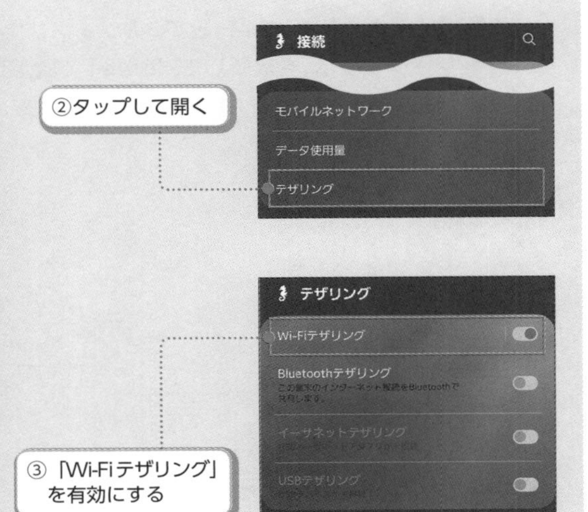

[Wi-Fiテザリングを設定]の画面から、Wi-FiのSSID／パスワードの設定ができます。任意のSSID／パスワードを設定してください。

iPhoneの場合、パスワードは先ほどの「インターネット共有」の画面から設定します。SSIDは、「設定」→「一般」を選び、「情報」をタップします。「情報」の画面の「名前」から、任意のSSIDを設定します。

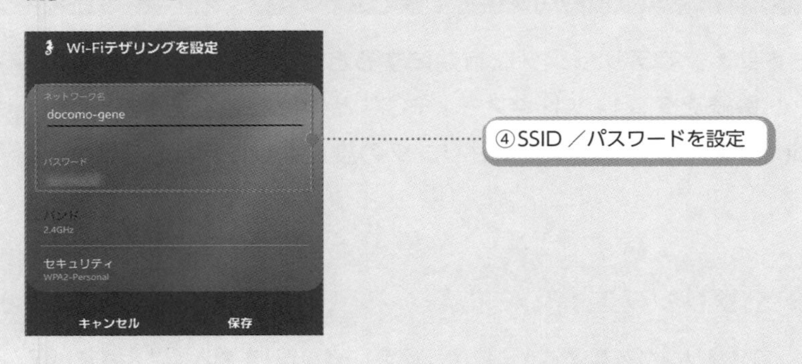

Step2 スマートフォンのSSIDに接続する

スマートフォンで設定したSSIDにアソシエーションします。検索ボックスに「Wi-Fi設定」と入力して「Wi-Fi設定」のウィンドウを開きます。次に、[利用できるネットワークを表示]を展開して、Step1で設定したSSIDの[接続]をクリックします。パスワードを入力してしばらくすると、接続が完了します。

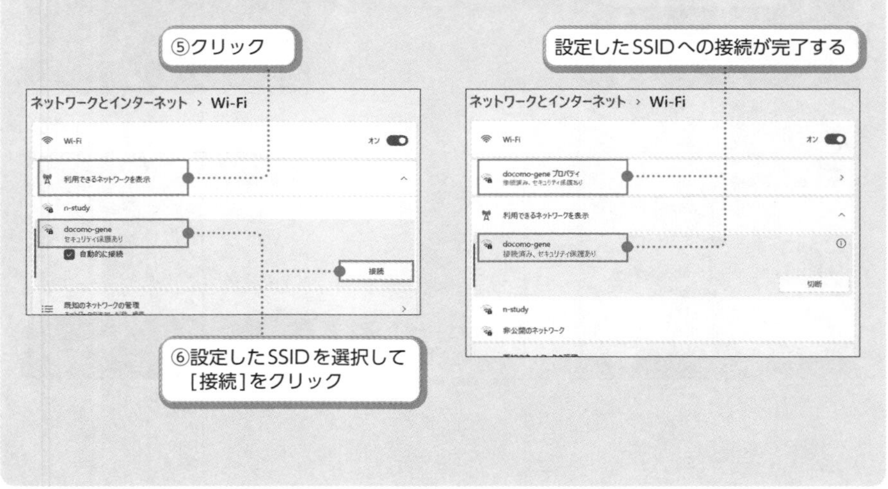

8-5-1 学ぼう！

スマートフォンをモバイルルーターに～テザリング～

テザリングとは？

テザリングとは、**スマートフォンをモバイルルーターとして利用する機能**です（図30）。スマートフォンは、4G/5G携帯電話回線で常時インターネットに高速で接続していますが、このテザリングによってスマートフォンはモバイルルーターとなります。テザリングの「tether」は「何かをつなぎとめる」という意味で、ここでは**その他の機器をスマートフォンにつなぎとめてスマートフォンのインターネット接続を共有できるようにする**意味になります。

テザリングを有効にしたとき、スマートフォンはモバイルルーターとして主に次の機能を提供してくれます。詳しく見ていきましょう。

- **Wi-Fiアクセスポイント**
- **DHCPサーバー**
- **NAT**（Network Address Translation）

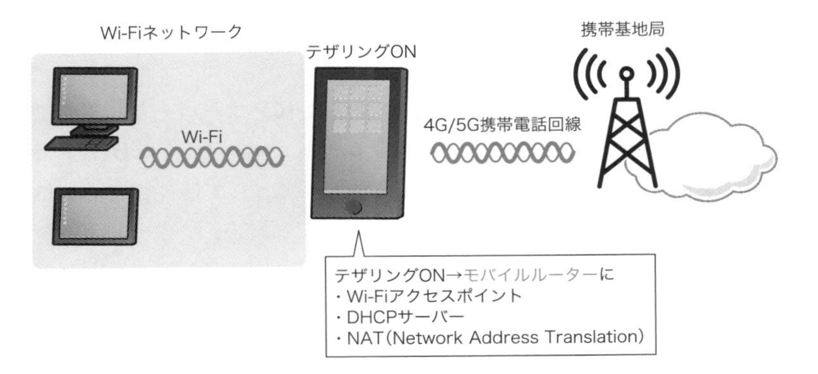

図30　スマートフォンをモバイルルーターにするテザリング

Wi-Fiアクセスポイントの機能

タブレットやノートPCなどの機器は、Wi-Fiでスマートフォンに接続します。そのため、テザリングを有効にすることで**スマートフォンはWi-Fiアクセスポイント**になります（図31）。テザリングの設定でSSIDやWi-Fi接続時の認証などのセキュリティ設定を行います。Wi-Fiアクセスポイントにアソシエーションすることで、Wi-Fiネットワーク内のWi-Fiインターフェイスを認識してWi-Fiの電波を送受信できるようになります。

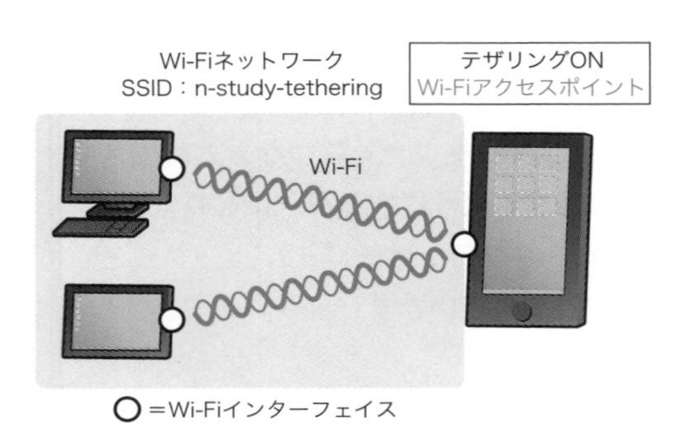

図31　Wi-Fiアクセスポイントになるスマートフォン

DHCPサーバーの機能

テザリングを有効にすると、**スマートフォンはDHCPサーバーとしても動作**します（図32）。Wi-Fiで接続しているタブレットやノートPCにDHCPで**IPアドレスなどの設定を配布**します。DHCPサーバーとして機能させるにはIPアドレスが必要なので、Wi-Fiインターフェイスにはプライベートアドレスを割り当てます。設定で変更できますが、デフォルトのプライベートアドレスを利用しているのがほとんどです。スマートフォンのWi-FiインターフェイスのIPアドレスは、デフォルトゲートウェイやDNSサーバーのIPアドレスとなります。

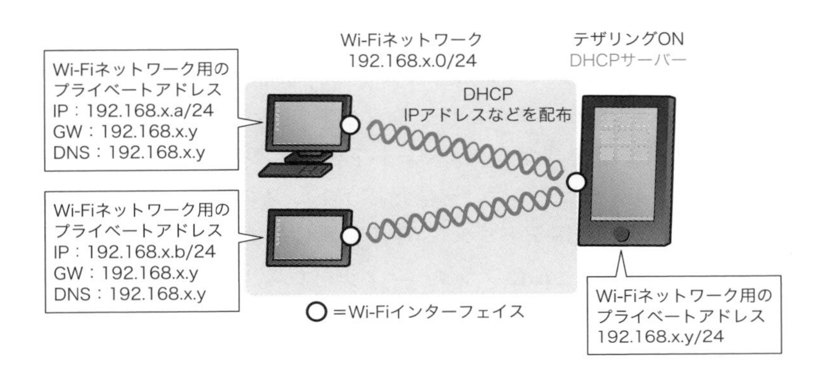

図32　DHCPサーバーになるスマートフォン

NATの機能

スマートフォンには、4G/5G携帯電話回線とWi-Fiの2つの無線インターフェイスがあります（図33）。4G/5Gインターフェイスには**携帯電話キャリアからIPアドレス**が割り当てられます。以前はグローバルアドレスが割り当てられていましたが、現在では、携帯電話キャリアのポリシーにもとづくプライベートアドレスが主流です。

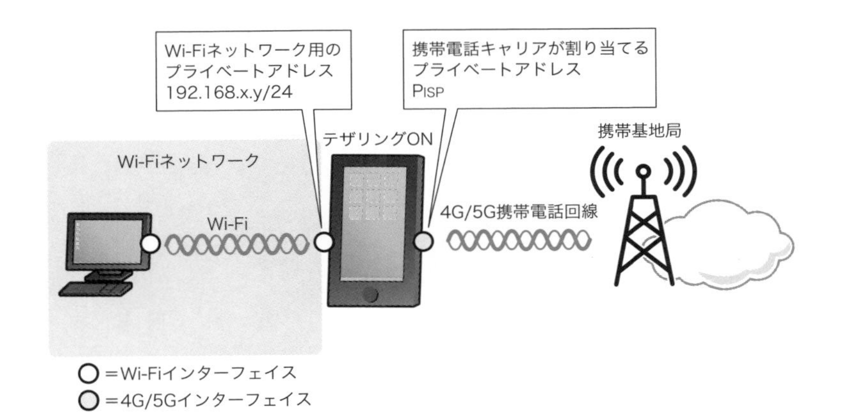

図33　2つのインターフェイスと割り当てられるIPアドレス

Wi-Fiインターフェイスのプライベートアドレスは、**Wi-Fiネットワーク内で通信するためのIPアドレス**です。DHCPでスマートフォンにつながるPCなどにWi-Fi側のプライベートアドレスを割り当てますが、そのままではインターネットへアクセスできません。スマートフォン配下のPCなどからインターネットへアクセスするときには、送信元IPアドレスをスマートフォンの4G/5GインターフェイスのIPアドレスにNAT変換します。4G/5GインターフェイスのIPアドレスもほとんどプライベートアドレスで、やはりそのままではインターネットにアクセスできません。携帯電話キャリア内で、さらにNATによりグローバルアドレスへ変換されることになります。

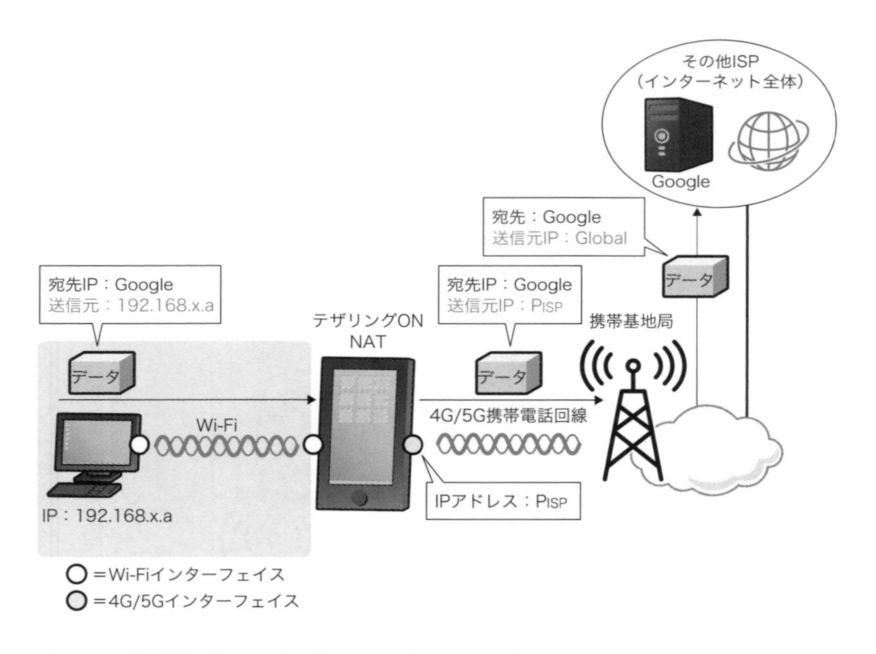

図34　NAT変換とインターネットへのアクセス

第8章のまとめ

- レイヤー2スイッチは1つのイーサネットのネットワークを構築するためのネットワーク機器
- ルーターによって複数のネットワークを相互接続し、ネットワーク間の通信を可能にする
- レイヤー3スイッチは、レイヤー2スイッチにルーターの機能を追加したもの。ほとんどルーターと同様にネットワークの相互接続に利用する
- レイヤー2スイッチは、イーサネットヘッダーのMACアドレスにもとづいてイーサネットフレームを転送する
- ルーターは、IPヘッダーの宛先IPアドレスとルーティングテーブルにもとづいてIPパケットを転送する
- スマートフォンはテザリングを有効にすると、モバイルルーターになる

✔ 練習問題

Q1 レイヤー 2スイッチの転送の仕組みについて正しい記述はどれでしょうか。次から2つ選んでください。

A イーサネットフレームの宛先MACアドレスをMACアドレステーブルに登録する
B イーサネットフレームの送信元MACアドレスをMACアドレステーブルに登録する
C MACアドレステーブルにない宛先MACアドレスのイーサネットフレームを破棄する
D MACアドレステーブルにない宛先MACアドレスのイーサネットフレームをフラッディングする

Q2 ルーターの転送の仕組みについて正しい記述はどれでしょうか。次から2つ選んでください。

A IPパケットの宛先IPアドレスを参照する
B IPパケットの送信元IPアドレスを参照する
C ルーティングテーブルにないネットワーク宛てIPパケットを破棄する
D ルーティングテーブルにないネットワーク宛てIPパケットをフラッディングする

Q3 ルーティングテーブルへのルート情報の登録について正しい記述はどれですか。次から2つ選んでください。

A ルーターのインターフェイスにIPアドレスを設定すると直接接続のルート情報が登録される
B スタティックルートとルーティングプロトコルを同時に利用できない
C 大規模なネットワークではスタティックルートを使い、ルーティングテーブルにルート情報を登録する
D スタティックルートの設定では、ルーターごとにリモートネットワークを明確にしておく

解答 **A1.** B、D　**A2.** A、C　**A3.** A、D

Chapter

09

ネットワークセキュリティについて学ぼう

～ウイルスからPCを守る～

安心してネットワーク（インターネット）を利用するには、セキュリティを確保することがとても重要です。本章でネットワークセキュリティの基本的な技術について学びましょう。

9-1 やってみよう！

Windows Defender ファイアウォールを確認しよう

WindowsにはWindows Defender ファイアウォールが搭載されており、PC宛ての不正な通信をブロックできます。このWindows Defender ファイアウォールを確認してみましょう。

Step1 「Windows Defender ファイアウォール」を開く

ツールバーの検索ボックスに「Windows Defender ファイアウォール」と入力して、Windows Defender ファイアウォール画面を開きます。

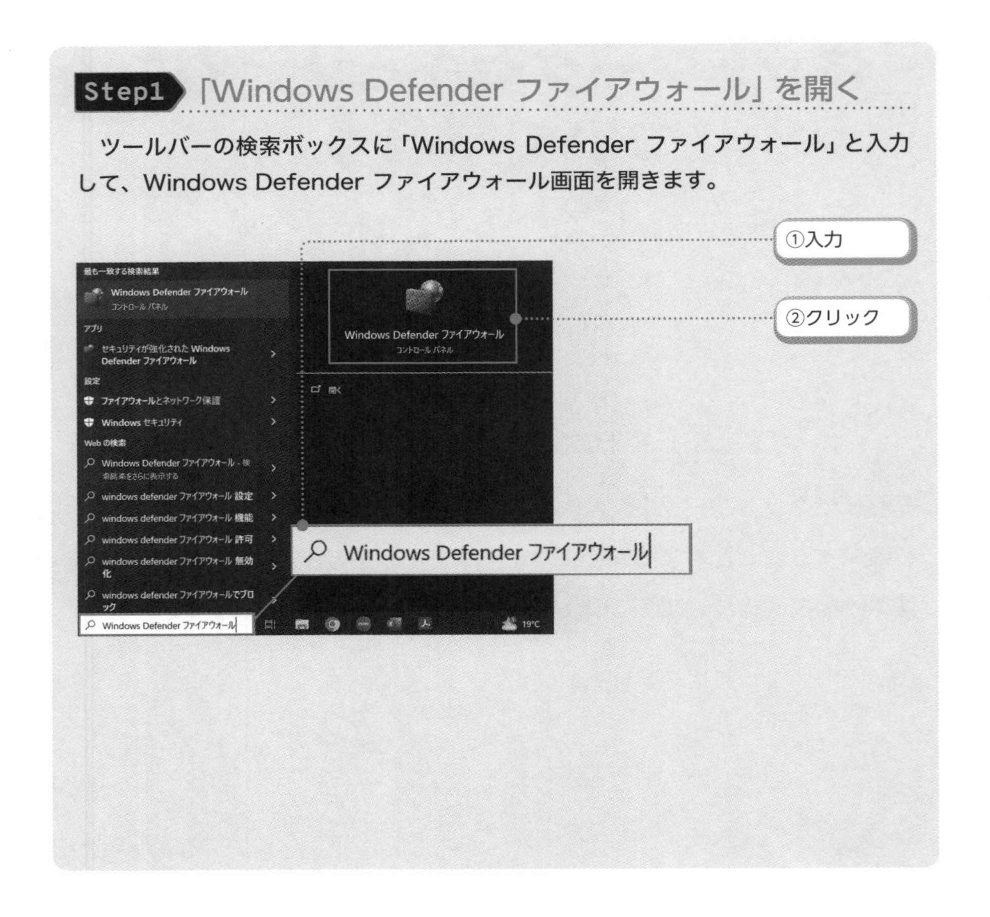

Step2 Windows Defender ファイアウォールの状態を確認する

PCのネットワーク接続でファイアウォールが有効なことを確認します。

また、[Windows Defender ファイアウォールを介したアプリまたは機能を許可]をクリックしてください。ファイアウォールで許可しているアプリケーションの詳細がわかります。

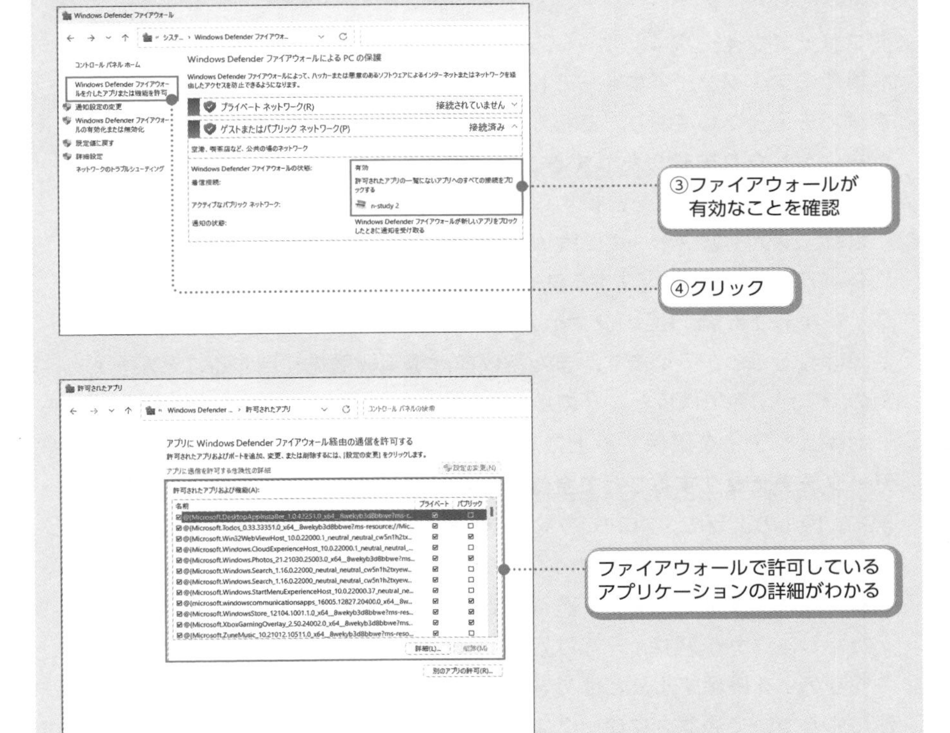

このようなファイアウォールがセキュリティを確保する仕組みを見ていきます。

9-1-1 学ぼう!

ファイアウォールって何?

ファイアウォールの概要

ファイアウォールは、ネットワークのセキュリティを確保するための重要な機能です。ファイアウォールによって、ネットワーク上の通信のデータをすべてチェックしており、あらかじめ設定している条件にもとづいて、**データを許可したり破棄したりすることで不正アクセスを防止**します。つまり、ネットワーク上の通信を監視する門番の役割を果たしているのです。

また、ファイアウォールにはWindows Defender ファイアウォールのようにPCでデータをチェックするタイプや、ルーターの機能の一部になっているタイプがあります。PCのファイアウォールは、**パーソナルファイアウォール**と呼ばれることが多いです。また、以前は専用機器を利用することが多かったのですが、今ではほとんどのルーターに備わる機能となりました。

セキュリティを確保する上で重要な仕組みが**多重防御**です。**複数箇所でデータをチェックすることで全体のセキュリティレベルを高める**ことができます。図1のように、ブロードバンドルーターのファイアウォール機能でデータをチェックし、さらにPCのファイアウォール機能でデータをチェックすることで、より強固なセキュリティを確保することができます。

ただし、ファイアウォールは万能ではなく、これだけでネットワークのセキュリティを確保することはできません。ファイアウォールは設定された条件にもとづいて通信をブロックするだけなので、悪意をもったユーザーが正常なデータに偽装すればすり抜けてしまう可能性があります(図2)。

例えば、メールはファイアウォールにとって正常なデータです。悪意をもったユーザーがメールにウイルスを添付して送信すると、ファイアウォールをすり抜けてしまうことがあります。そのため、ファイアウォールだけではなく、**ウイルススキャンなどのセキュリティソフトも必要**です。

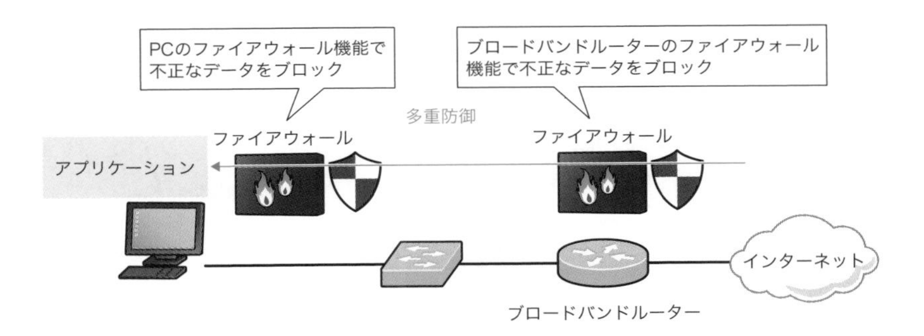

図1　PCとブロードバンドルーターのファイアウォール機能による多重防御

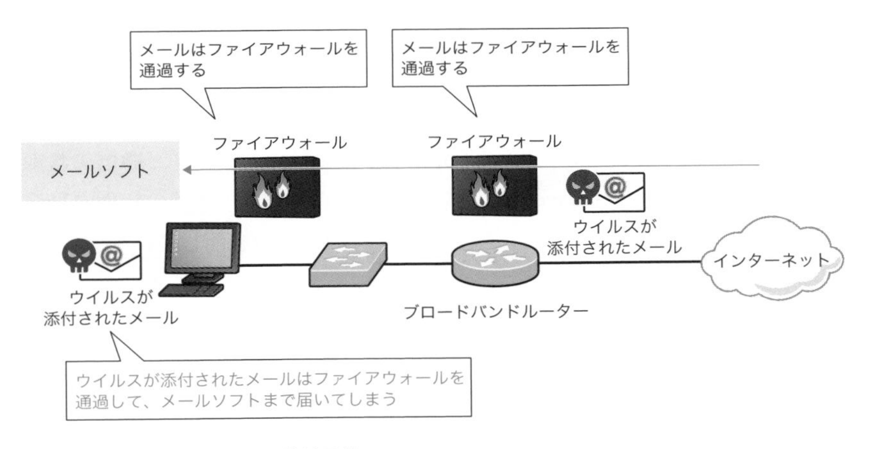

図2　ファイアウォールをすり抜ける例

ファイアウォールの仕組み

ブロードバンドルーターでのファイアウォールは、基本的に**家庭内ネットワークから開始されたインターネット向けの通信の返事だけを許可する**ようにしています。インターネット側からデータが送られても、そのデータを破棄します（図3）[*1]。

*1　インターネット側から送られたデータを家庭内ネットワークに転送するためには、ブロードバンドルーターでポートを開ける設定（5-5参照）を行います。

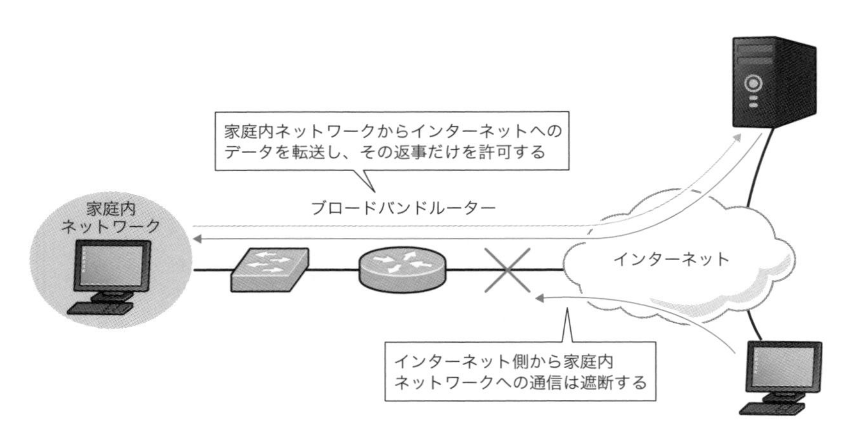

図3 ブロードバンドルーターのファイアウォール機能

家庭内ネットワークから開始された通信の返事だけを許可するファイアウォールの仕組みを**SPI**（Stateful Packet Inspection）と呼び、**通信の状態を保持して一連の通信のデータのみを通過**させています。通信の状態を確認するときは、データに付加された次のヘッダーの情報を参照しています[*2]。

- **宛先／送信元IPアドレス**（IPヘッダー）
- **プロトコル**（IPヘッダー）
- **宛先／送信元ポート番号**（TCPまたはUDPヘッダー）

例えば、図4のようにインターネット上のWebサイトにアクセスする場合を考えます。インターネット上のWebサーバーのIPアドレスを「G1」、PCのIPアドレスを「P1」、ブロードバンドルーターのWANポートのIPアドレスを「G2」とします。Webサーバーへアクセスするときには、TCPポート番号80を利用します。つまり､宛先ポート番号は｢80｣です。PC側はダイナミック／プライベートポート番号で、ここでは「50000」とします。

PCから送信されたWebサーバー宛てのデータをブロードバンドルーターでチェックして、IPアドレス、ポート番号、プロトコルの種類、通信の方向

*2 製品によっては、HTTPなどのアプリケーションプロトコルのヘッダーやアプリケーションのデータの中身までチェックします。

といった通信の状態を保持します*3。通常、ブロードバンドルーターはNATのアドレス変換も行うので、送信元IPアドレスP1はブロードバンドルーターのWANポートのIPアドレスG2へ変換されます。

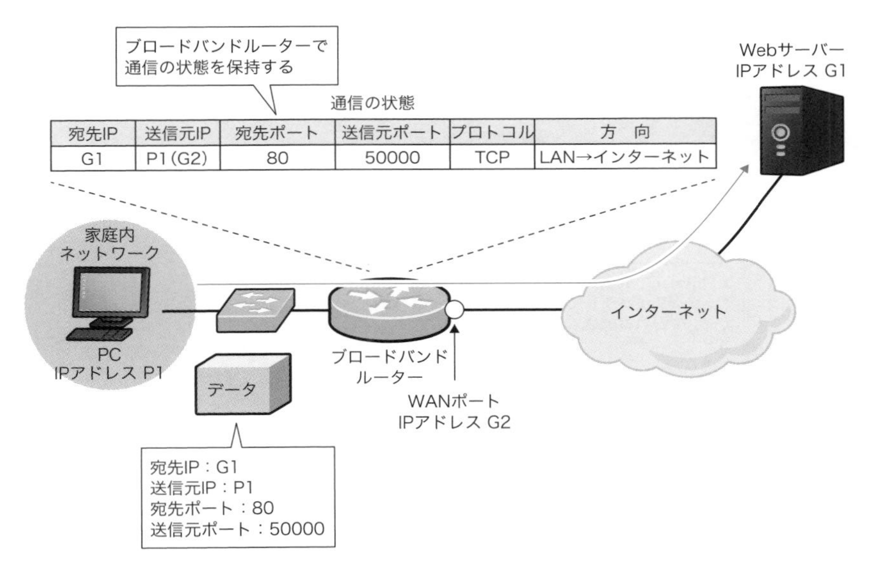

図4　LAN側からインターネット側へのデータのチェック

LAN側からインターネット側へデータを転送すると、インターネット側からその返事が返ってくるはずです（図5）。この返事のデータは、IPアドレスやポート番号の宛先と送信元が入れ替わっています。インターネットから受信したデータを確認して、LAN側からインターネット側へ転送したデータの中で、送信元と宛先が入れ替わっているデータだけを許可します。

*3　TCPヘッダーのシーケンス番号など、データの順番の情報を保持する製品もあります。

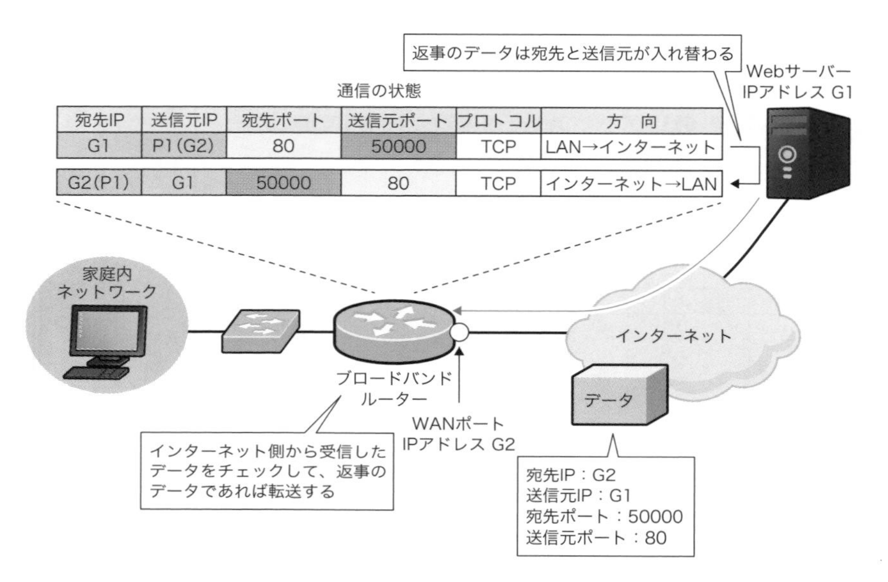

図5　インターネット側からLAN側へのデータのチェック

以上のように、LAN側から開始されたインターネット宛ての通信のみを許可することで、家庭内ネットワークを不正アクセスから守っているのです。

企業ネットワークでのファイアウォール

企業ネットワークでのファイアウォールも、ブロードバンドルーターと同様に必要な通信のデータのみを許可して不正アクセスを防止します。さらに、企業ネットワークでは**DMZ**（DeMilitarized Zone）を構成しています。

企業によっては、自社でWebサーバーやメールサーバー、DNSサーバーを運用することもありますが、これらのサーバーにインターネット側から直接アクセスできるようにしなければいけません。インターネット側から直接のアクセスを受け付けるようなサーバーを**公開サーバー**と呼びます。この**公開サーバーを設置するネットワーク**がDMZです[*4]。企業向けのファイア

*4　自社ネットワーク内にDMZを構成して、インターネットに公開するサーバーを接続する代わりに、1-4-1で解説したクラウドサービスを利用するケースが増えています。

ウォール製品には3つ以上のインターフェイスがあり、企業内LAN、DMZ、インターネット側のネットワークを相互接続しています（図6）。

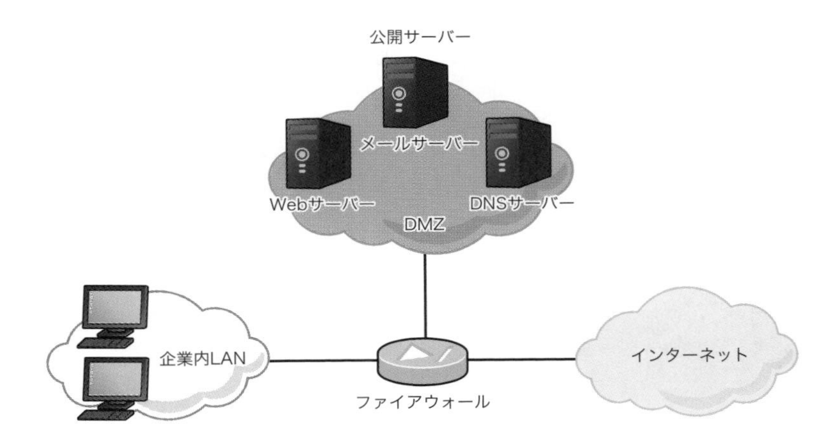

図6　企業ネットワークのファイアウォールの構成

インターネットからDMZに設置された公開サーバー宛ての通信は、ファイアウォールを通過できます（図7）。一方、ブロードバンドルーターのファイアウォール機能のように、インターネットから企業内LANのPC宛ての通信はファイアウォールでブロックされます。企業内LANからインターネット宛ての通信のみファイアウォールを通過できるのです。

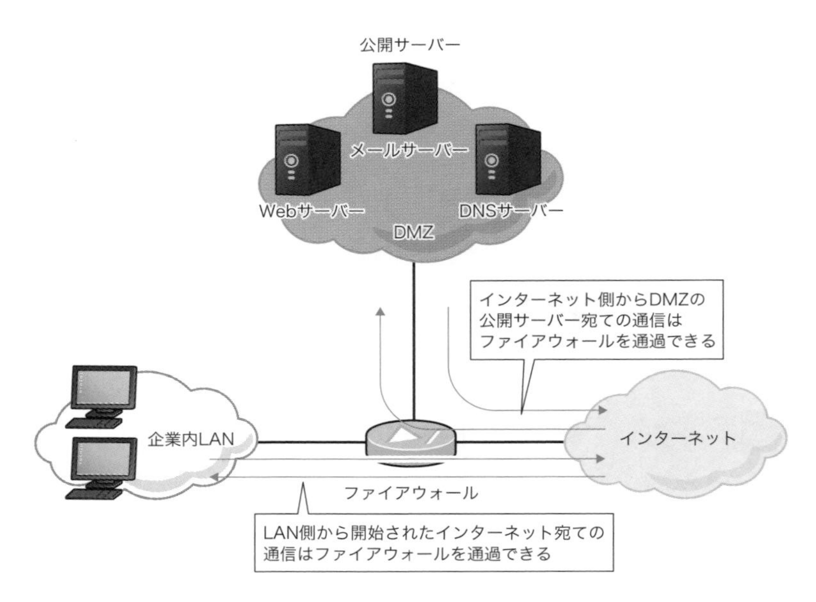

図7　ファイアウォールを通過できる通信

IDS/IPSでファイアウォールを補完する

前述の通り、ファイアウォールだけでは不正アクセスを完全に防ぐことはできません。主に、サーバーやネットワークのサービス停止を狙う**DoS**（Denial of Service）**攻撃**があります。

DoS攻撃は、ルーターやサーバーに大量のパケットを送信し、処理ができないようにしてサービスを停止させることを狙った攻撃です。このDoS攻撃に利用されるパケットは、WebサーバーへのTCPコネクション接続要求など、ファイアウォールにとって正常なパケットです。インターネットにWebサーバーを公開しているならば、WebサーバーへのTCPコネクション接続要求は通さざるをえません。そのため、DoS攻撃をファイアウォールで防ぐことができないのです。

このようなファイアウォールで防げない不正アクセスに対応するために、ファイアウォールを補完するシステムが**IDS**（Intrusion Detection System）

です。IDSは**ネットワーク上を転送されていくトラフィックの中身をキャプチャして監視**します（図8）。IDSでは、既存の不正アクセスのトラフィックパターンなどを記述した**シグネチャ**というデータベースを保持しています。監視したトラフィックをシグネチャと照らし合わせて不正アクセスを検出でき、検出すると管理者に通知します。

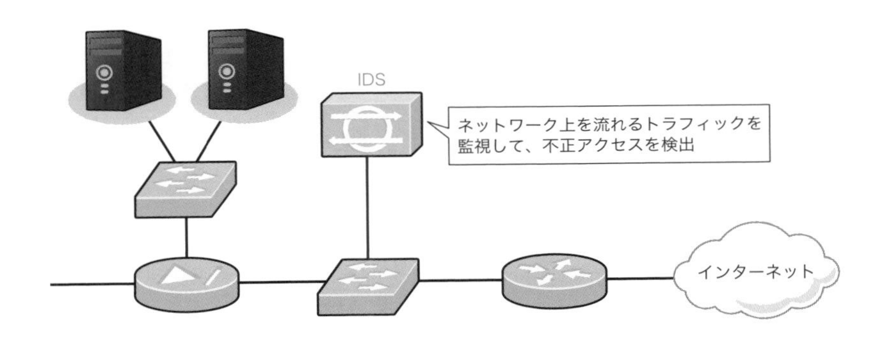

図8　IDSの仕組み

ただし、IDSは基本的に不正アクセスを検知して管理者に通知するためのシステムなので、通知された不正アクセスのパケットを遮断するようにファイアウォールの設定変更などの対応を行うのは人です。そのため、24時間365日で管理体制が整っていれば、不正アクセスを検知してすぐに対応することができますが、そうでない場合は対策が遅れ被害が拡大する可能性があります。また、ファイアウォールの機能に、IDSと連携して自動でファイアウォールの設定を変更できるものもありますが、IDSが検知してからの対応になるので、タイムラグが発生してしまいます。そこで、このIDSを進化させ、**不正アクセスの検出と防御も一緒に自動で行うシステムがIPS**（Intrusion Prevention System）です。

IPSは、ネットワーク型IDSのようにスイッチに接続してネットワークを通過するトラフィックを監視するのではなく、複数のネットワークインターフェイスをもち、**IPS自身をネットワークトラフィックの通過ポイント**とします（図9）。そのため、IPSを通過するトラフィックをすべて監視し、異常を検知したらすぐにパケットを遮断することで攻撃を防御できるのです。

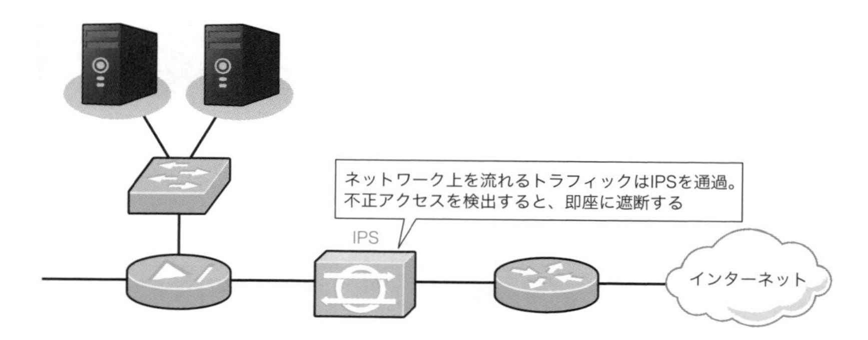

図9　IPSの概要

9-2 やってみよう!

Windowsセキュリティでマルウェアのチェックをしよう

現在のWindowsにはウイルス対策ソフトが組み込まれています。Windowsセキュリティのウイルス対策機能を確認しましょう。

Step1 Windowsセキュリティを開く

ツールバーの検索ボックスに「Windowsセキュリティ」と入力して、Windowsセキュリティを開きます。

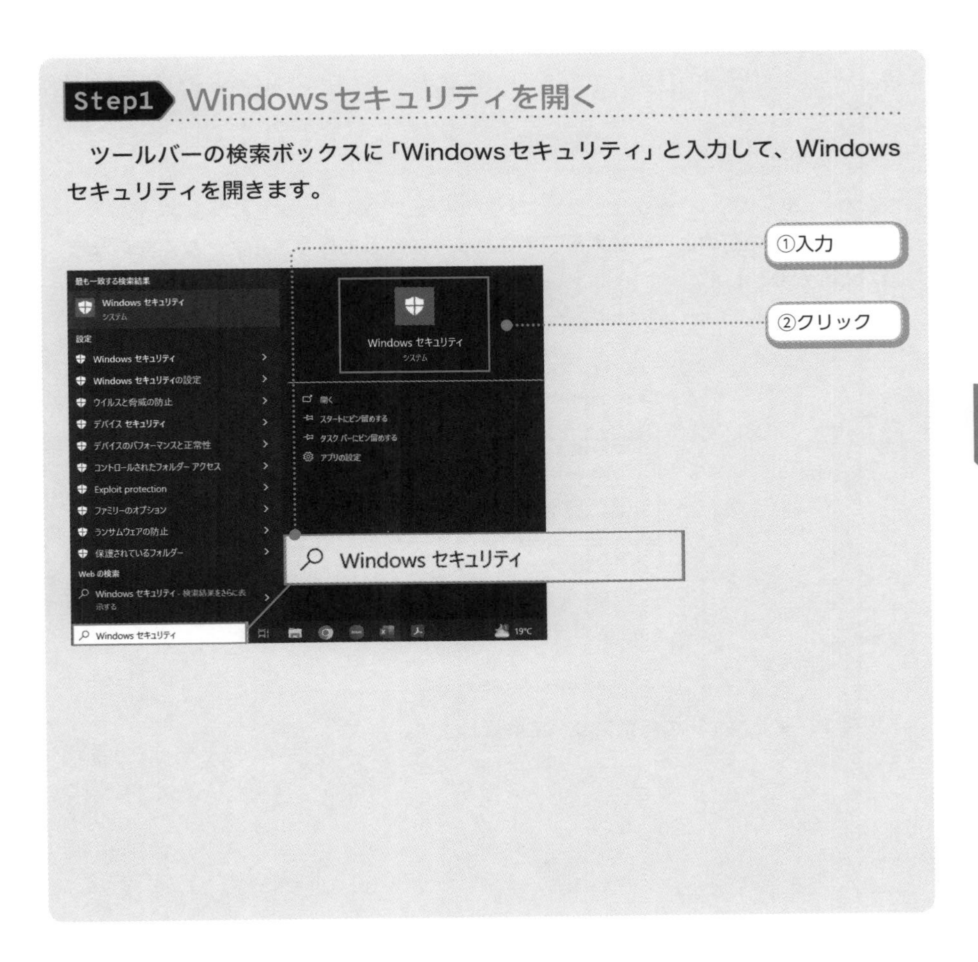

9

Step2 クイックスキャンを行う

[ウイルスと脅威の防止]をクリックします。

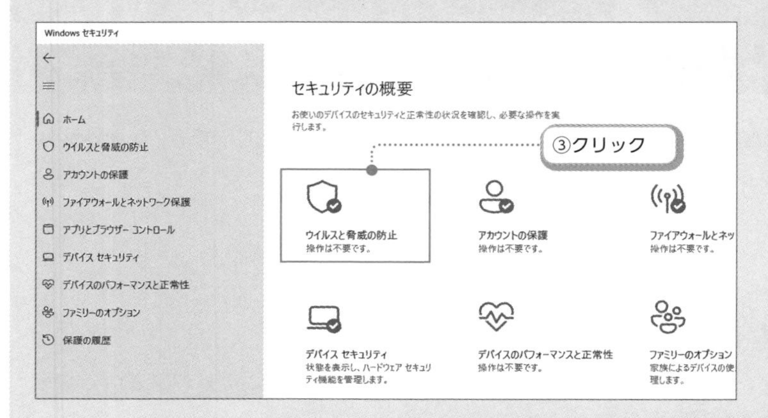

[クイックスキャン]をクリックして、マルウェアのスキャンを行います。

すると、次の図のように結果が表示されます。ここではウイルスがなく安全な状態だとわかりました。

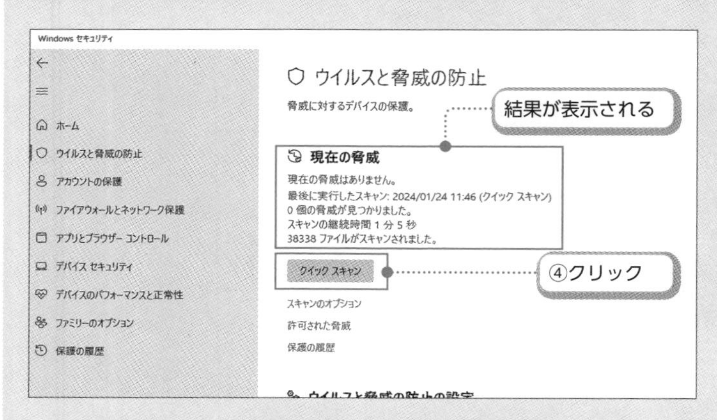

以降で、マルウェアの特徴について解説します。

9-2-1 学ぼう！

マルウェアに対する防御

マルウェアとは？

PCで利用する様々なソフトウェアは、無害なものがほとんどです。しかし、一部のソフトウェアはPCや利用するユーザーにとって有害なこともあり、そのように有害なソフトウェアを総称して**マルウェア**（Malware）と呼びます。マルウェアは「悪意のある」という意味の英単語「Malicious」と「Software」を組み合わせた言葉です。主なものに、次のようなソフトウェアがあります。

- **コンピューターウイルス**
- **トロイの木馬**
- **ボット**
- **スパイウェア**
- **アドウェア**

コンピューターウイルスには色々な見解がありますが、経済産業省による「コンピュータウイルス対策基準」では、他のシステムに自分をコピーする自己伝染機能やウイルスの症状が出る条件が満たされるまで隠れている潜伏機能、ファイルの破壊やコンピューターに異常な動作をさせる発病機能をもつもののように定義されています[*5]。

コンピューターウイルスの被害は様々ですが、深刻なものだとハードディスクが消去されてしまう場合があります。トロイの木馬以外のマルウェアもコンピューターウイルスの一種として考えることもできます。

トロイの木馬は感染したPCに**遠隔操作できるバックドア（裏口）をつくります**。そして、**バックドア経由でPCを乗っ取るマルウェア**がボットです。ボッ

*5　出典　経済産業省「コンピュータウイルス対策基準」（https://www.meti.go.jp/policy/netsecurity/CvirusCMG.htm）

9

トに感染したPCは、**ボットネット**と呼ばれるネットワークを構成します。規模は様々ですが、大きいものでは数万台のPCから構成されることもあります。すると、悪意のあるユーザーの指示にしたがって、特定のサーバーを攻撃したり、迷惑メールを送信したりしてしまうのです（図10）。

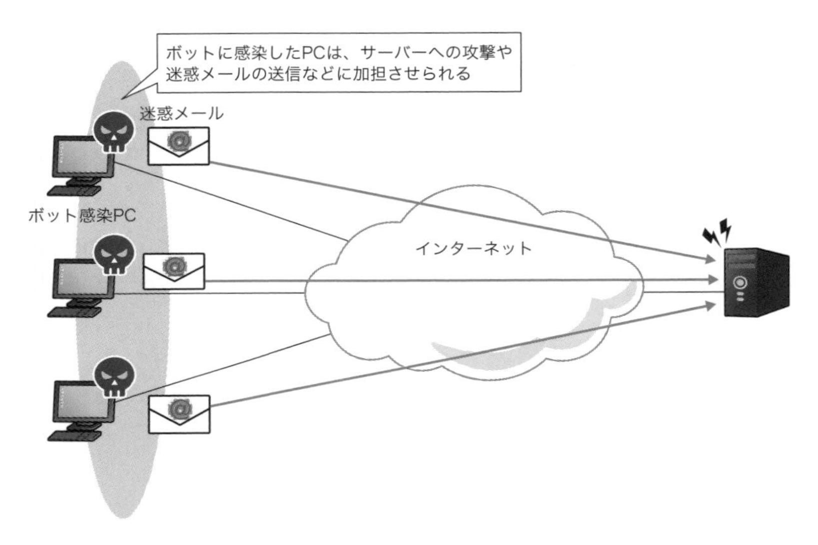

図10　ボットの被害

スパイウェアは、**PCの操作を監視して情報を外部へ送信するマルウェア**です。**キーロガー**はスパイウェアの一種で、**キーボード操作を監視して外部に送信**します。オンラインショッピングサイトにログインするときに、ユーザーIDやパスワード、住所などの個人情報やクレジットカード番号なども入力します。入力したユーザーIDなどは、SSL/TLSで暗号化されるので盗聴される心配はまずありませんが、もしPCにキーロガーがインストールされてしまったら、キーボードの入力履歴からユーザーIDなどの重要な情報が外部に漏れてしまう恐れがあります（図11）。

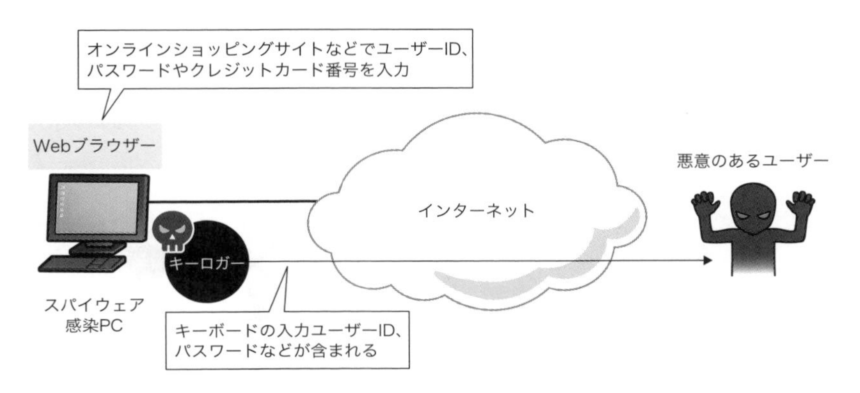

図11　キーロガーの被害

アドウェアは**PCに広告を表示するマルウェア**です。一部のソフトウェアは広告表示を条件に無料で利用できるものもあり、このようなソフトウェアもアドウェアの一種とみなすことがあります。有害なアドウェアとなる広告表示の明確な基準はありませんが、一般的に有害なアドウェアはユーザーの意思に反して強制的に広告が表示されるようになっています。

ウイルス対策ソフトによるマルウェアへの防御

PCやユーザーにとって、有害なマルウェアを防ぐためのソフトウェアが**ウイルス対策ソフト**です。主な機能として次の3つがあります（図12）。

- **ウイルスの検出**
- **ウイルスの駆除**
- **システムの保護**

ウイルス対策ソフトによって、PCのハードディスクなどのファイルをチェックしてウイルスに感染しているかを確認します。万が一、ウイルスに感染していれば、ウイルスを駆除して正常な状態に戻します。

このウイルスの感染経路は、2000年頃まではメールの添付ファイルや出所不明のフロッピーディスクなどのリムーバブルメディアが主でした。しかし、現在ではサイトの閲覧やウイルスに感染したPCからのLANを通じた感染など、様々な感染経路があります。こうした脅威からシステムを守るために、ソフトウェアのインストールや通信を監視する機能もあります。

図12　ウイルス対策ソフトの機能

ウイルス対策ソフトがウイルスを検出する仕組みは、主に次の2つです。

- **パターンマッチング**
- **ヒューリスティック検出**

パターンマッチングは、**既知のウイルスの特徴とPC上のファイルを比較する方法**です。この比較に用いるウイルスの特徴をまとめたデータベースを、**定義ファイル**や**シグネチャ**と呼びます。ウイルスは日々新しいものが出現し、既存のウイルスが改変されることもあるため、**常に定義ファイルを最新の状態に保つ**ことが重要です。有償のウイルス対策ソフトは、1年単位などでウイルス定義ファイルの購読契約を行う必要があります。また、パターンマッチングは既知のウイルスを検出するだけなので、未知のウイルスを検出するためにはヒューリスティック検出が必要です。ヒューリスティック検出は、**不審な動きをするプログラムをウイルスとして検出**します。

しかし、ウイルス対策ソフトをインストールしていても、完全にPCを保護できるわけではないため、**不審なファイルは開かない、不審なWebサイトを見ない**といった基本を徹底することが重要です。

9-3 やってみよう！

デジタル証明書を確認しよう

インターネットのWebサーバーにはたいていデジタル証明書がインストールされています。デジタル証明書でサーバーが本物であることの証明と、通信の暗号化を行っています。ここでは、サーバーのデジタル証明書を確認してみましょう。

Step1 Webサイトへアクセス

筆者のWebサイト「ネットワークのおべんきょしませんか？」のURL「https://www.n-study.com/」へアクセスします。WebブラウザーはGoogle Chromeを利用しています。

Step2 サーバー証明書の確認

まず、Webサーバーにインストールされているサーバー証明書を確認しましょう。アドレスバーのアイコンをクリックします。アイコンをクリックすると表示される[この接続は保護されています]の部分を展開します。[証明書は有効です]をクリックすると、サーバー証明書が表示されます。

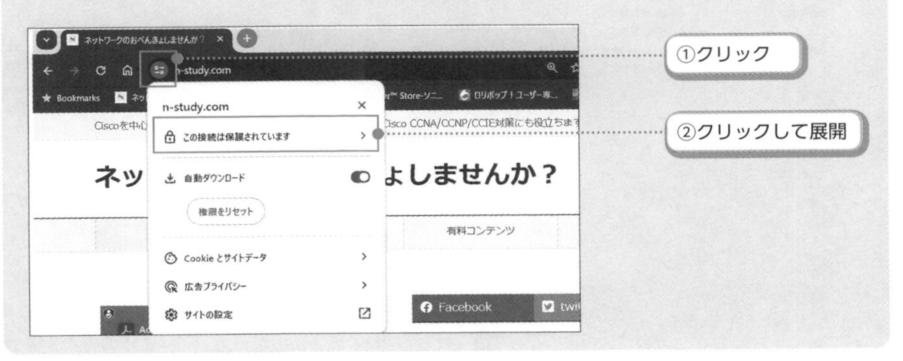

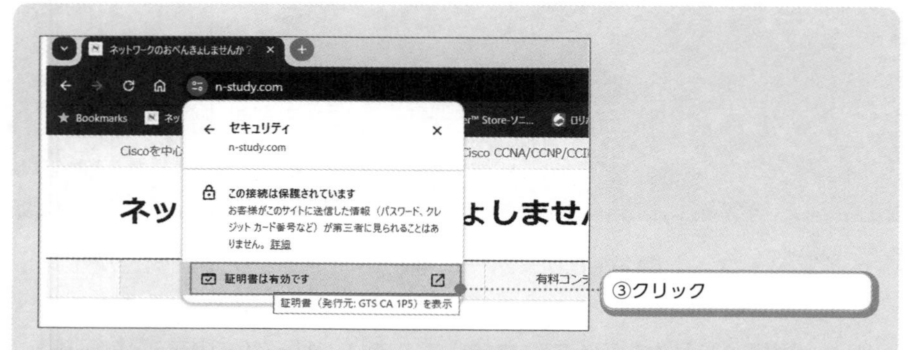

［全般］タブでは、Webサーバーのホスト名や証明書を発行している認証局、証明書の有効期限などの概要情報が表示されます。

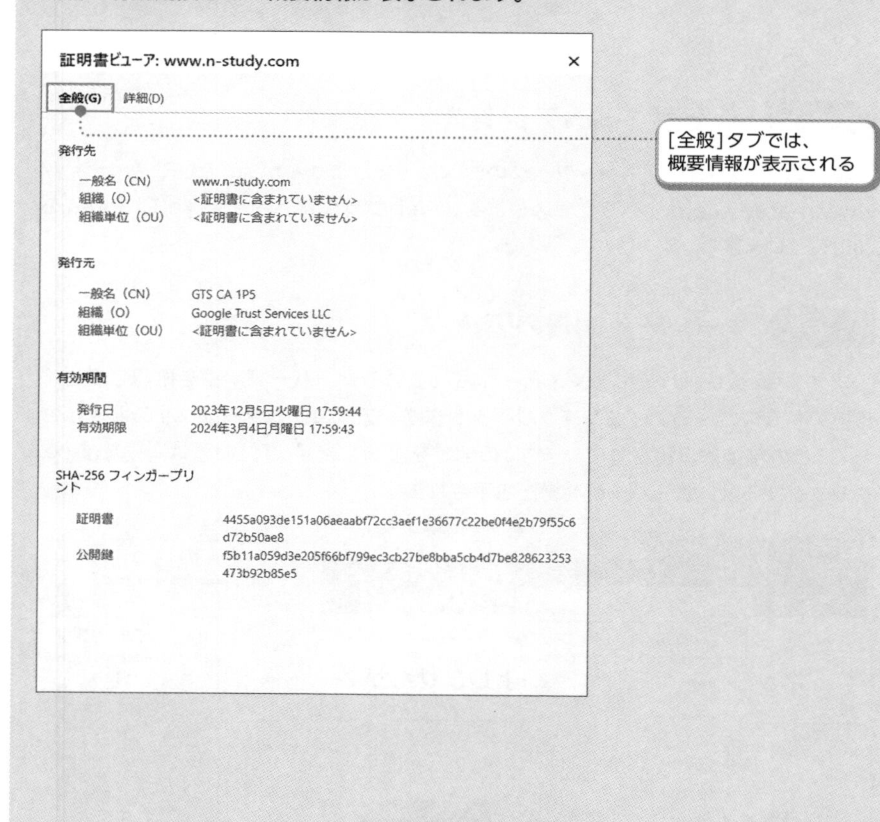

[詳細]タブに切り替えると、サーバー証明書のより詳しい情報がわかります。[サブジェクトの公開鍵]を選択すると、証明書に含まれている公開鍵が表示されます。すると、ここでの公開鍵は「2048」ビットであることがわかります。

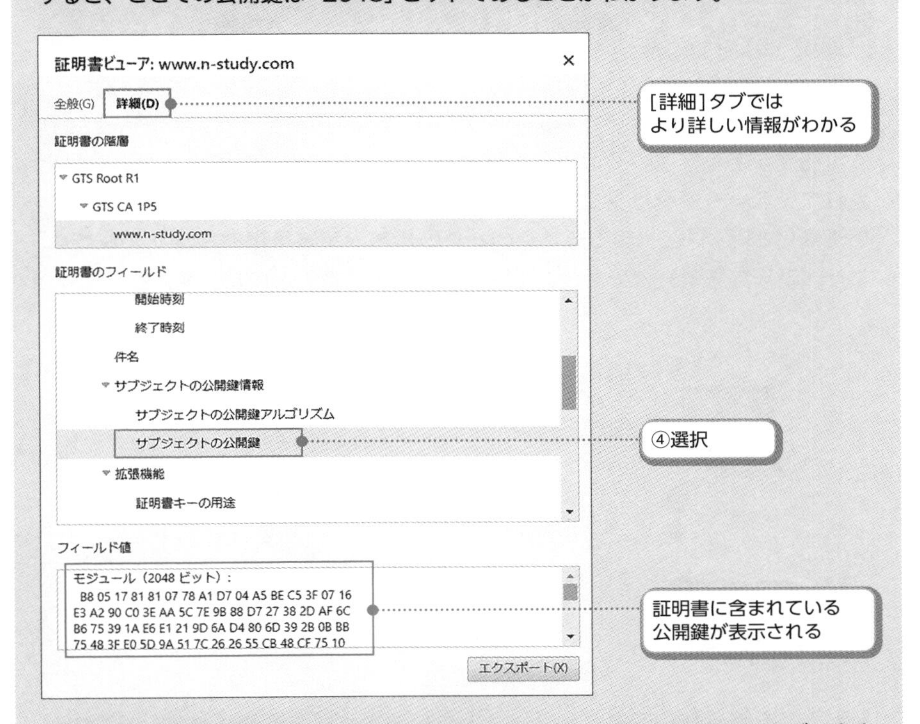

デジタル証明書で、どのようにしてアクセス先のサーバーを認証して、データを暗号化するのか、その仕組みを見ていきましょう。

9-3-1 学ぼう！

暗号化の仕組み

ネットワーク上を転送されていくデータは、盗聴やデータの改ざんをされる可能性があります。そのような事態を防止する技術が**暗号化**です。暗号化されていないデータは**平文**と呼び、**暗号鍵を使って平文を暗号文にすること**を暗号化と呼びます（図13）。そのときの仕組みが**暗号化アルゴリズム**です。また、暗号文を暗号鍵でもとの平文にすることを**復号**と呼びます。

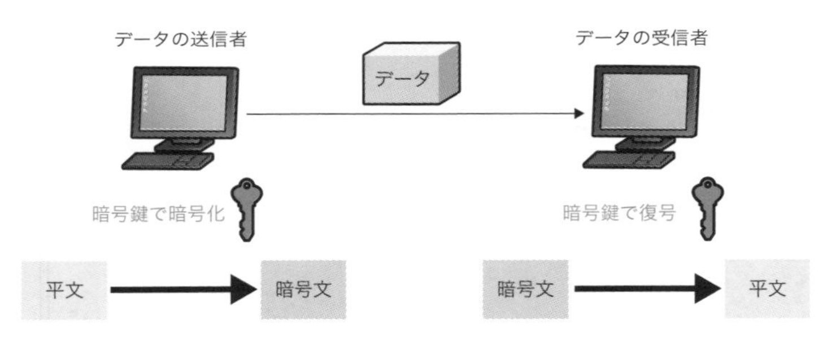

図13　データの暗号化と復号

データを暗号化してネットワーク上を転送すれば、盗聴されてもその内容が第三者に漏れることはありません。また、暗号化されたデータが改ざんされると、復号してもとの平文に戻せないため改ざんされたことがわかります。

なお、暗号鍵は特に情報をもたないデータであり、この暗号鍵を使って平文のデータを演算処理することで暗号化しています。このとき、どのような演算処理を行うかは暗号化アルゴリズムによって決まります。ここでは主な2つの暗号化の方式である**共通鍵暗号方式**と**公開鍵暗号方式**を見ていきましょう。

共通鍵暗号方式の概要

共通鍵暗号方式は、**暗号化と復号で同じ暗号鍵**を利用します。同じ暗号鍵を使うことから**対称鍵暗号方式**とも呼ばれており、図13はこの方式によるものです。主な暗号化アルゴリズムには、次の2つがあります。

- **DES/3DES**
- **AES**

共通鍵暗号方式での暗号化は、処理の負荷が小さいため高速な処理ができます。しかし、暗号鍵が第三者に知られてしまうと暗号化した意味がなくなるため、この方式では暗号化されたデータをやり取りする送信者と受信者の間で、あらかじめ**共通の暗号鍵を安全に配送する**必要があります。

公開鍵暗号方式の概要

公開鍵暗号方式は、**暗号化と復号に異なる暗号鍵**を使います(図14)。まず、暗号鍵のペアを作成して、それぞれを「鍵1」「鍵2」とします。鍵1で暗号化したデータは鍵2で復号、鍵2で暗号化したら鍵1で復号する仕組みです[*6]。

共通鍵暗号方式では、鍵配送のときに暗号鍵を第三者に知られないよう、安全に配送しなければいけないという大きな問題がありましたが、公開鍵暗号方式はこの問題の解決策となる方式です。それは、暗号化するための**暗号鍵を公開鍵として公開している**ため、誰に知られてもよい状態になるからです。もう一方のペアの暗号鍵は、**秘密鍵**として第三者に知られないよう管理します。公開鍵でデータを暗号化すれば、そのデータは秘密鍵でしか復号できません。

公開鍵暗号方式でデータを暗号化して安全にデータを転送するには、データの受信者が鍵のペアを作成して公開鍵を公開します(図15)。データの送信者は公開鍵でデータを暗号化して転送します。この暗号化されたデータを

*6　公開鍵暗号方式は、暗号化と復号に異なる暗号鍵を利用することから「非対称暗号方式」とも呼ばれます。

復号できるのは、ペアの秘密鍵をもつデータの受信者だけです。

こうした公開鍵暗号方式の暗号鍵のペアには関連性があるため、理論上、公開鍵から秘密鍵を求めることは可能です。しかし、現実的な時間内で秘密鍵を求めることは不可能であることをもって安全性を担保しています。具体的な公開鍵暗号方式のアルゴリズムには、**RSA暗号**、**楕円曲線暗号**の2つがあります。

以上のように、公開鍵暗号方式は鍵配送を考えなくてもよいという大きなメリットがあります。一方、暗号化や復号の処理にかかる負荷が共通鍵暗号方式に比べて大きいというデメリットもあることを知っておきましょう。

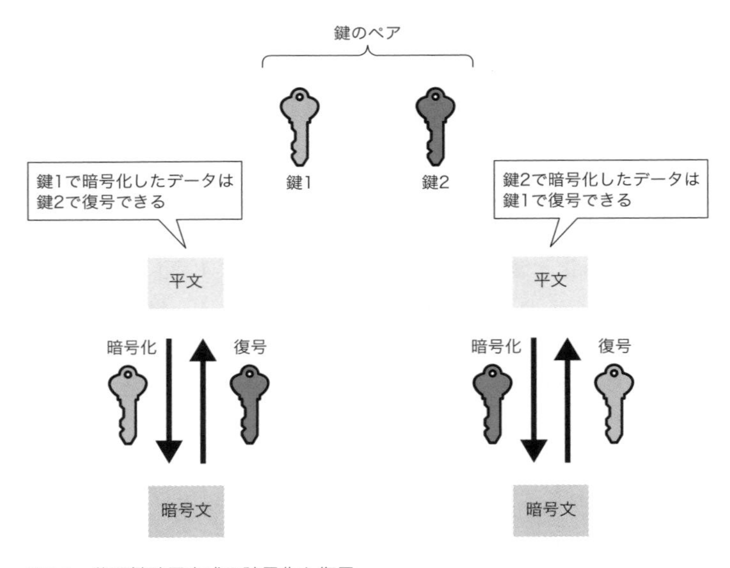

図14　公開鍵暗号方式の暗号化と復号

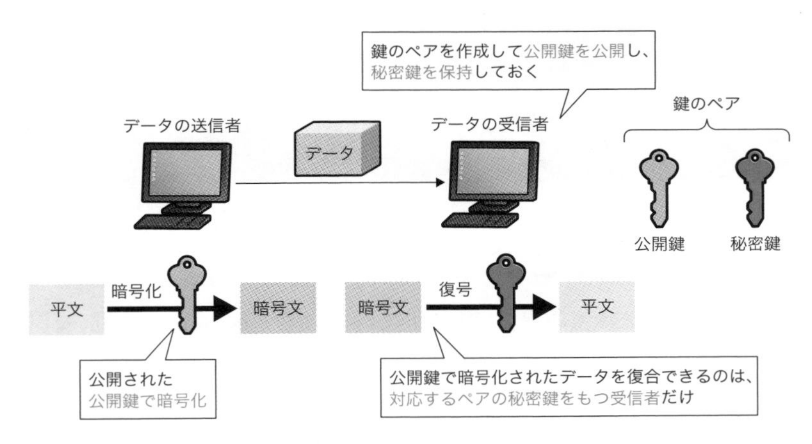

図15　公開鍵暗号方式による安全なデータの転送

9-3-2 学ぼう！

デジタル署名と証明書

デジタル署名とは？

デジタル署名は、公開鍵暗号方式を利用してデータが改ざんされていないかやデータの送信者を確認するために利用します。データを送信するときには、データだけではなくこのデジタル署名を付加しています。デジタル署名は**データから計算したハッシュ値を送信者の秘密鍵で暗号化**したものです（図16）。ハッシュ値の計算には、次のようなアルゴリズムを利用します。

- **SHA-1**
- **SHA-2**

これらのアルゴリズムによって、入力するデータに応じた特定のビット数のハッシュ値を生成することができます。上記のSHA-1は160ビット、SHA-2は224ビット、256ビット、384ビット、512ビットのいずれかのハッシュ値を生成します。入力するデータが変化すると、出力されるハッシュ値も変化するので、**データが改ざんされるとハッシュ値も変わります**[*7]。

データを受信した受信者は、データ部分からハッシュ値の計算を行います。また、送信者の公開鍵でデジタル署名を復号します。送信者が計算したハッシュ値とデジタル署名を復号したハッシュ値が一致すれば、データが改ざんされていないことが確認できます。また、送信者の公開鍵でデジタル署名が復号できたのであれば、送信者は対応するペアの秘密鍵をもっていることがわかり、送信者の確認もできるのです。

---

*7　まれに異なるデータから同じハッシュ値が生成されることもあります。これを「ハッシュの衝突」と呼びます。生成するハッシュ値のビット数を大きくしたり、高度なハッシュアルゴリズムを利用することでハッシュの衝突を防ぎます。

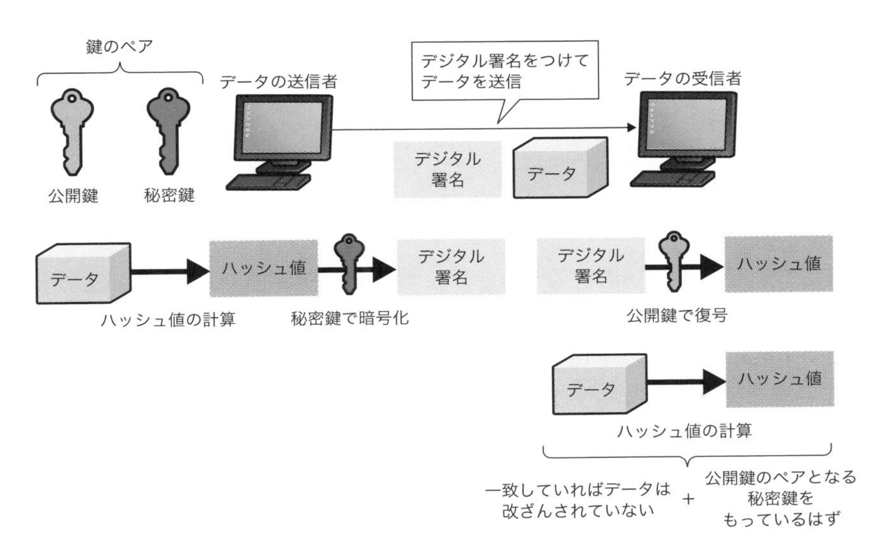

図16　デジタル署名の仕組み

ただし、署名を確認するために使った公開鍵が本物であることは保証されていません。第三者が送信者になりすまして、勝手に公開鍵と秘密鍵のペアをつくり公開鍵を公開している可能性もあります。そこで、公開鍵が本物であることを保証するために証明書があります。

証明書とは？

公開鍵暗号方式により、鍵配送の心配なくデータを暗号化して安全な通信ができ、デジタル署名によりデータが改ざんされていないことも保証できます。ただし、これは公開鍵が本物であることが前提です。悪意をもつユーザーが別のユーザーになりすまして公開した偽物であれば安全な通信はできません。そこで、**公開鍵が本物であることを証明することが証明書の役割**です。

証明書は、**認証局**（Certification Authority：CA）と呼ばれる第三者機関が発行します。証明書の中には公開鍵が入っており、認証局がその公開鍵は本物だとお墨付きを与えるのです。認証局には、次の組織があります*8。

- ジオトラスト社
- サイバートラスト社
- ベリサイン社

認証局同士はお互いの信用から成り立つ信頼の連鎖を築いており、このように信頼されている認証局が発行した証明書を利用するシステムの基盤を**PKI**（Public Key Infrastructure）と呼びます。

証明書を発行してもらうには、まず公開鍵と秘密鍵のペアを作成します①（図17）。次に、公開鍵と所有者情報を認証局に送り、証明書発行の申請を行います②。このとき、秘密鍵は厳重に管理しておかなければいけません。

認証局は発行申請を受け付けると所有者情報の審査を行い、問題がなければ証明書を作成します。証明書に含まれている情報は、公開鍵や所有者情報、認証局のデジタル署名です。認証局も鍵のペアをもっており、認証局の秘密鍵で署名します③。そのあと、作成した証明書を申請した組織に発行して④、利用するサーバーへインストールします⑤。こうした証明書を利用して7-2-1で見たようなHTTPSの通信が可能になるのです。

*8　他にも多くの認証局のサービスを行っている組織があります。

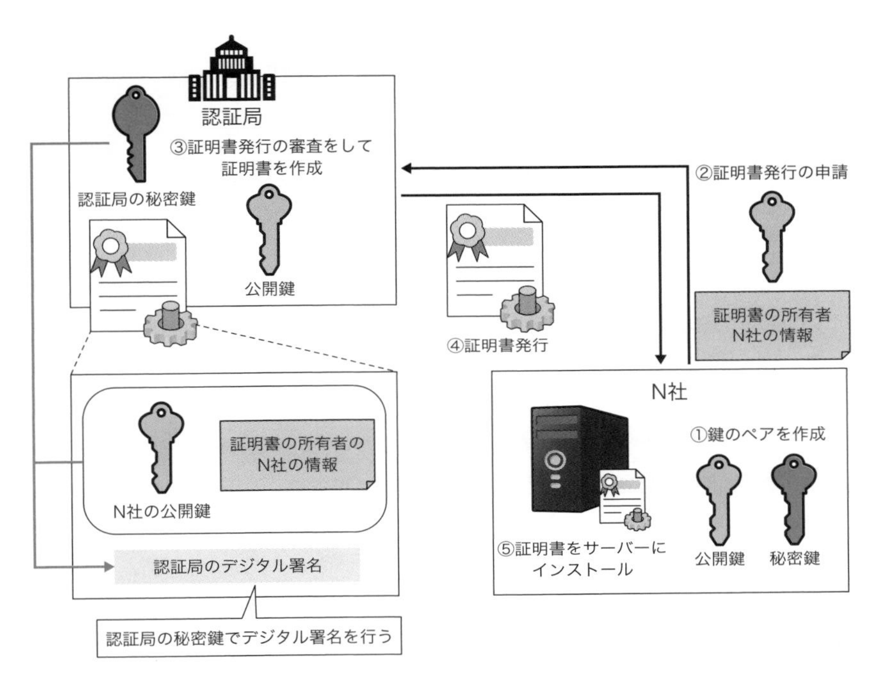
認証局
③証明書発行の審査をして
証明書を作成
認証局の秘密鍵
公開鍵
②証明書発行の申請
証明書の所有者
N社の情報
④証明書発行
N社
①鍵のペアを作成
⑤証明書をサーバーに
インストール
公開鍵
秘密鍵
N社の公開鍵
証明書の所有者の
N社の情報
認証局のデジタル署名
認証局の秘密鍵でデジタル署名を行う

図17　証明書の発行

9-4

9-4-1 学ぼう！

インターネットVPNって何?

VPNの概要

VPN（Virtual Private Network）とは、色々なユーザーで共用しているネットワークを**仮想的にプライベートネットワークとして扱う技術**です。まずは「やってみよう！」の代わりに1-3-1で触れたプライベートネットワークについて振り返りましょう。プライベートネットワークとは、限定されたユーザーだけが利用できる専用のネットワークで、典型的な例が企業の社内ネットワークです。

VPNでは、限定されたユーザー専用ではないネットワークをあたかもプライベートネットワーク、つまり、限定されたユーザー専用であるかのように扱うのです。このVPNの一例に**インターネットVPN**があります*9。インターネットはユーザーを限定せず、誰でも利用できてしまうネットワークです。そのインターネットをインターネットVPNによって、**限定されたユーザーだけが利用できる専用のプライベートネットワークとして扱う**ことができます。図18にインターネットVPNの概要を示しています。

A社本社とA社支社の社内ネットワークがそれぞれインターネットに接続しており、A社社員の自宅ネットワークも同じくインターネットに接続しています。このインターネットには、もちろんA社以外にも膨大な数のユーザーが接続しており、中には悪意をもつユーザーもいます。

そこで、インターネットVPNを使い、インターネット上にA社のユーザー専用のネットワークをつくり上げます。社員の自宅や支社からインターネット経由で、本社にあるWebサーバーやファイルサーバーにアクセスし、社内システムを利用したり業務に使う文書を作成したりできます。このようなインターネットVPNを構築するための仕組みのポイントは**カプセル化**です。

*9 企業の複数の拠点を接続するIP-VPNや広域イーサネットといったWANサービスもVPNです。

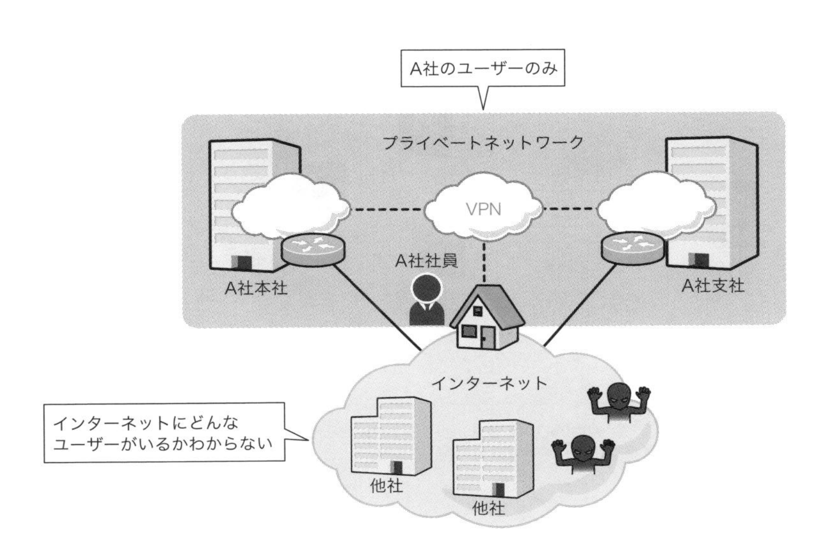

図18　インターネットVPNの概要

VPNの仕組み

VPNの仕組みは、よく「データを暗号化する」と解説されます。しかし、VPNの仕組みとして暗号化よりも重要なのがカプセル化です。VPNの仕組みを考える前に、まず通常のプライベートネットワークの通信を考えてみましょう。

企業の社内ネットワークでは、社員向けのポータルサイトを運営していることが多いでしょう。ポータルサイトにアクセスして業務の連絡事項を確認したり、休暇申請を行ったりします。このとき、利用しているプライベートネットワークのサーバーやPCには、プライベートアドレスのIPアドレスが設定されています（図19）。

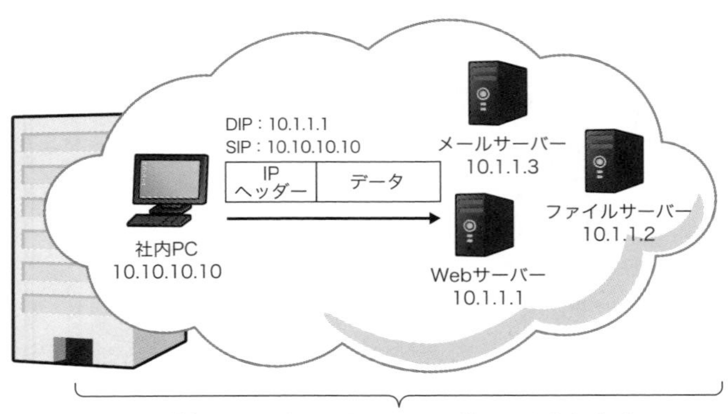

図19　プライベートネットワークの通信の例

3-4-1で解説していますが、プライベートアドレスが宛先だとインターネット上では転送できません。インターネットではプライベートアドレス宛てのパケットを破棄しており、ファイアウォールでもインターネットからのリクエストを原則として破棄するからです（図20）。

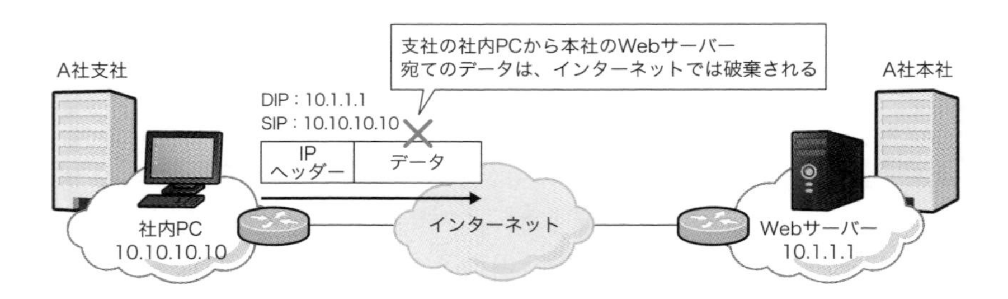

図20　プライベートアドレスが宛先の場合インターネットで転送できない

そのままではインターネットを経由したプライベートネットワーク間の通信はできないため、インターネットVPNを構築します。そのために、**VPNゲートウェイ**を準備します。VPNゲートウェイとは、**インターネットVPNを構築するための機器**です。専用機器を利用することもあれば、ルーターに組み込まれたVPNゲートウェイ機能を利用することもあります。

このVPNゲートウェイで、プライベートネットワーク間の通信に新しく**VPNヘッダーを付加してインターネットVPNを構築**します。VPNヘッダーは新しいIPヘッダー＋αのヘッダーです[*10]。なお、VPNゲートウェイはインターネットから直接アクセスできるように、**グローバルアドレスを割り当てる**か、もしくは**ポート開放の設定をしておく**必要があります。また、ファイアウォールでVPNゲートウェイ宛てのインターネットVPNプロトコルを許可しておかなければいけません。

VPNヘッダーのうち、新しいIPヘッダーにはVPNゲートウェイのIPアドレスを指定して、インターネットへ送り出します。すると、新しいIPヘッダーによってデータはインターネットを経由し、対向のVPNゲートウェイまで転送されていきます。データが届くと、対向のVPNゲートウェイでVPNヘッダーを外して、社内サーバーへ転送します。この一連のVPNヘッダーを付加する様子をまとめたものが図21です。

ただし、VPNヘッダーのカプセル化だけではセキュリティ面に不安があります。VPNヘッダーを付加することで、指定したVPNゲートウェイのみに転送されますが、データを盗聴／改ざんされてしまう恐れがあるのです。そこで、**暗号化も行う**ことでインターネット上に転送される際、悪意をもつユーザーに盗聴／改ざんされないようにします（図22）。

*10　VPNのプロトコルとしてIPSecを想定しています。

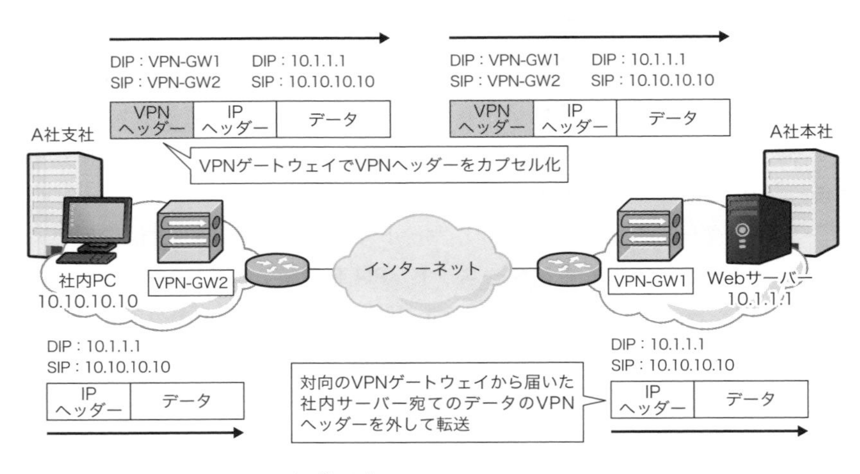

図21 インターネットVPNのカプセル化

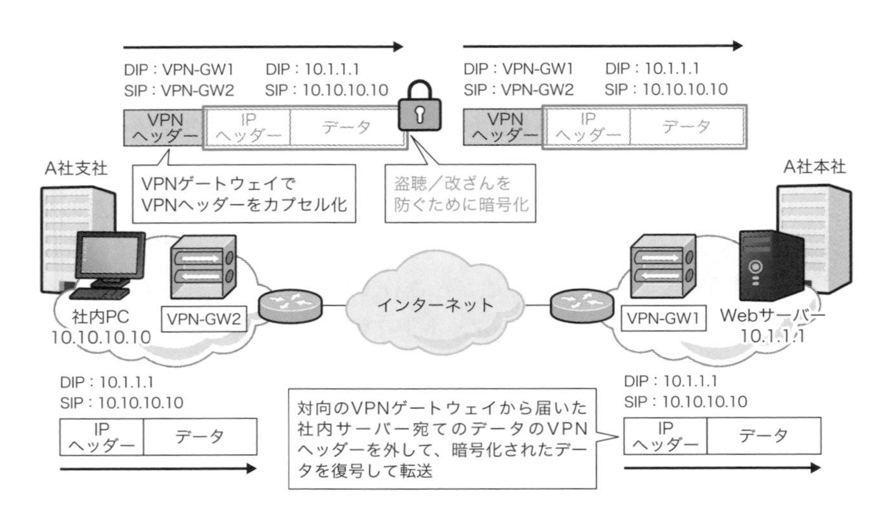

図22 インターネットVPNの暗号化

前述の通り、インターネットVPNの仕組みでは暗号化も重要ですが、それよりもVPNヘッダーのカプセル化が重要です。そのカプセル化に関係し、インターネットVPNを構築する上で、よく利用されるプロトコル（セキュリティアーキテクチャ）が**IPSec**です。このIPSecによって、プライベートネットワーク間の通信のデータを暗号化して、VPNヘッダー（IPSecヘッダーと新しいIPヘッダー）でカプセル化します。

VPNゲートウェイ間で適切なIPSecの設定をするとVPNを構築できます。こうしたIPSecにより構築されたVPNを**IPSec-VPN**とも呼びます（図23）。

ここで少しまとめると、プライベートネットワークの通信、すなわち、社内の通信はVPN上で転送されているとみなせます。そして、VPN上を転送されるデータは、実際には暗号化とカプセル化をされ、インターネット上を転送されていくのです。

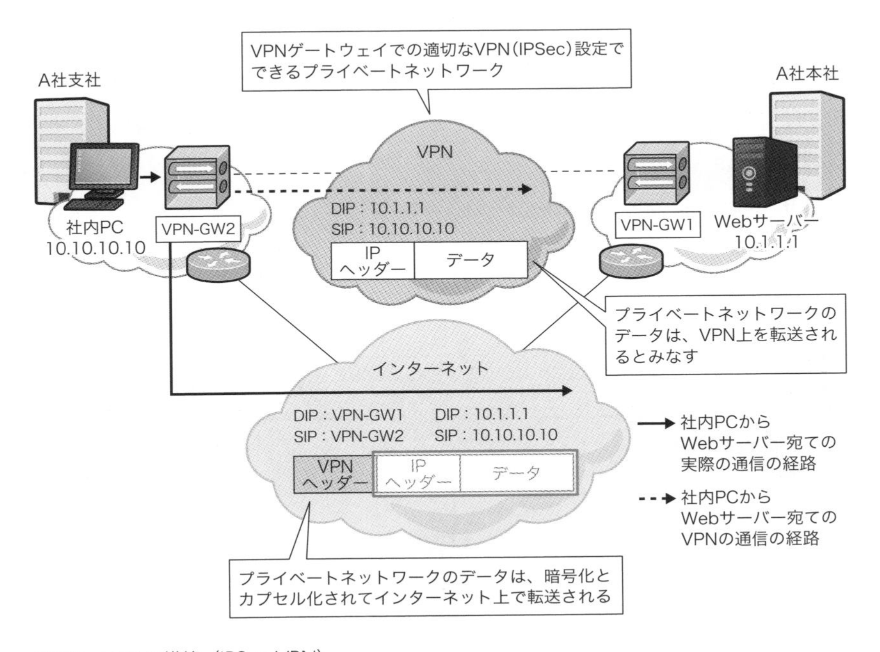

図23　VPNの構築（IPSec-VPN）

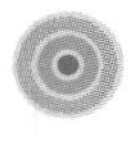

サイトツーサイトVPNとリモートアクセスVPN

インターネットVPNの形態は、次の2つに分類できます。

- **サイトツーサイトVPN**
- **リモートアクセスVPN**

サイトツーサイトVPNは、本社と支社といった**企業の拠点間の通信をインターネットで行う**VPNの形態、リモートアクセスVPNは企業の社員が**自宅や出先から社内ネットワークへ通信する**VPNの形態です。両者は、VPNのカプセル化と暗号化をどの機器で行うかという違いがあります。

サイトツーサイトVPNは、企業の拠点の**VPNゲートウェイ間**で、リモートアクセスVPNは企業の拠点の**VPNゲートウェイとユーザーのPC**でカプセル化と暗号化を行います。また、後者のリモートアクセスVPNで通信するためには、ユーザーのPCにVPN用のソフトウェアが必要です（図24）。

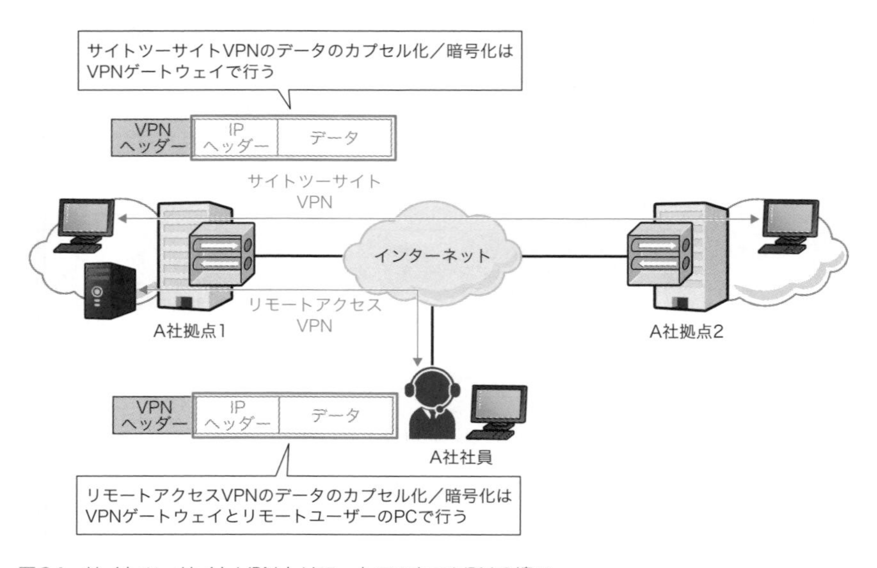

図24　サイトツーサイトVPNとリモートアクセスVPNの違い

VPNサービスの要点

VPNサービスとは、ユーザーに**リモートアクセスVPNを提供する**サービスです。VPNサービスを利用することで、ユーザーは仮想的にVPNサービスプロバイダのネットワークに所属します。すると、VPNサービスプロバイダからインターネットへアクセスしているように見えます（図25）。

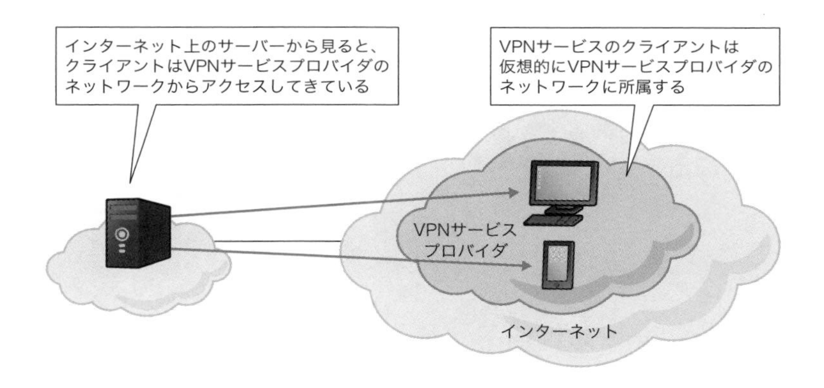

図25　VPNサービスの概要

VPNサービスを利用する主なメリットには、次の3つが挙げられます。

- **Wi-Fi経由のインターネットアクセスを安全に利用できる**
- **他国向けのサービスを利用できる**
- **VPNサービスプロバイダ側でセキュリティを確保できる**

Wi-Fi経由のインターネットアクセスを安全に利用できる

外出先のカフェやコンビニなどからWi-Fi経由でインターネットへ手軽にアクセスできるようになっています。きちんとした企業が提供しているWi-Fiアクセスポイントを利用しているなら、それほどセキュリティを心配することはありません。ただし、怪しいWi-Fiアクセスポイントも数多くあります。

そこで、VPNサービスを利用すると、**VPNサービス事業者までの通信は**

暗号化されます。万が一、怪しいWi-Fiアクセスポイントに接続したとしても、データが盗聴／改ざんされてしまうリスクがありません（図26）。

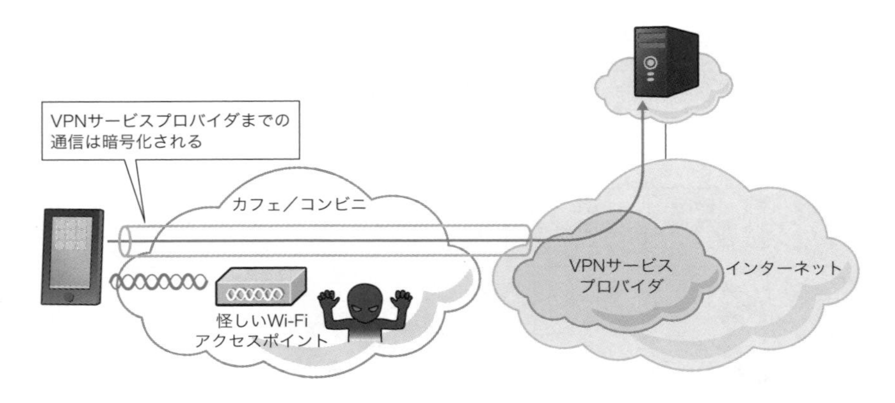

図26　Wi-Fiアクセスポイントを安全に利用する

他国向けのサービスを利用できる

Netflixなどグローバルに提供しているサービスでは、サービスのアクセス元によって利用できるコンテンツが異なることがあります。ここでもVPNサービスによって、本来のアクセス元とは違うアクセス元に見せることができます。

例えば、日本からアクセスしていても、アメリカからアクセスしているように見せられるのです。すると、本来日本からアクセスできないNetflixのアメリカ向けコンテンツを楽しむことができるようになります（図27）。

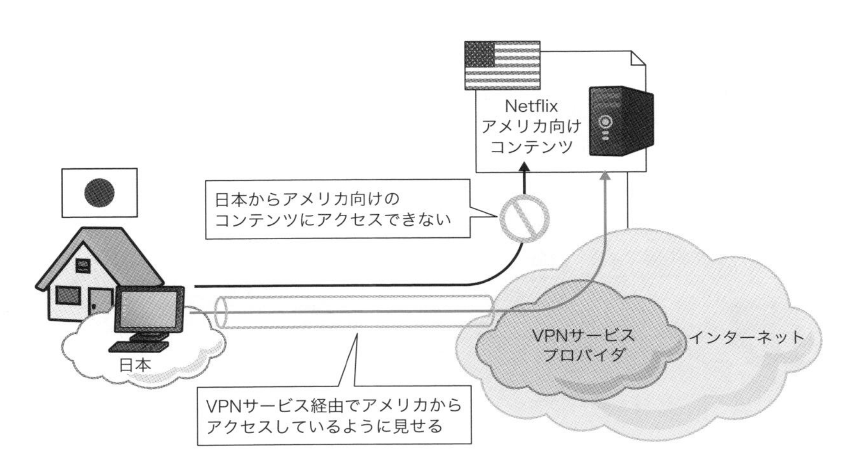

図27　他国向けのサービスを利用

VPNサービスプロバイダ側でセキュリティを確保できる

VPNサービスを利用していると、インターネットへのアクセスはVPNサービスプロバイダ経由で行っていることになります。前述のように、VPNサービスプロバイダまでの通信は暗号化されているので、アクセス先には本来のIPアドレスがわからないようになります。そのため、IPアドレスでユーザーがトラッキングされることもなくなり、通信の検閲が行われる国では検閲を回避できます（図28）。

また、VPNサービスプロバイダでCookieや広告をブロックしたり、マルウェアをブロックするといったWebフィルタリングの機能で、インターネットアクセスのセキュリティを確保することもできるのです。

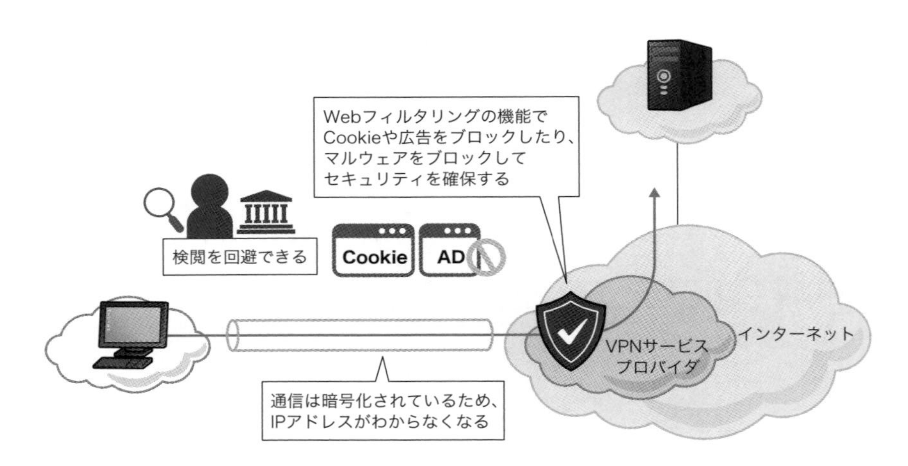

図28　セキュリティの確保

第9章のまとめ

- ファイアウォールにより正規の通信を許可して不正アクセスを防止する
- IPSはファイアウォールでブロックできない不正アクセスを検出すると、そのアクセスを遮断する
- マルウェアとは、ユーザーにとっての有害なソフトウェアのこと
- デジタル証明書の暗号化は、共通鍵暗号方式と公開鍵暗号方式を組み合わせている
- VPNとは、色々なユーザーで共用しているネットワークを仮想的にプライベートネットワークとして扱う技術
- VPNの仕組みでは、VPNヘッダーでカプセル化することが重要

練習問題

Q1 ファイアウォールでの通信のブロックについて適切な記述はどれでしょうか。次から2つ選んでください。

A プライベートネットワークからインターネットへのリクエストのリプライのみを許可する
B インターネットからプライベートネットワークへのリクエストを拒否する
C インターネットからDMZへのリクエストを拒否する
D インターネットからプライベートネットワークへのリクエストのリプライのみを許可する

Q2 ユーザーのキー入力の情報を不正な第三者に送信するマルウェアの種類はどれでしょうか。

A ウイルス
B アドウェア
C トロイの木馬
D キーロガー

Q3 公開鍵暗号方式について正しい記述はどれでしょうか。

A データの暗号化と復号に同じ暗号鍵を利用する
B 公開鍵暗号方式は処理の負荷がそれほど大きくない
C データの暗号化と復号に異なる暗号鍵を利用する
D デジタル証明書は公開鍵暗号方式だけを利用する

Q4 社員の自宅や外出先から社内ネットワークのサーバーへアクセスする際のVPNの形態はどれでしょうか。

A リモートアクセスVPN
B サイトツーサイトVPN
C ゼロトラストVPN
D フォレンジックVPN

Q5 インターネットVPNを実現するための機器として適切なものはどれでしょうか。

A ファイアウォール
B VPNゲートウェイ
C IPS
D 特に必要ない

解答 **A1.** A、B **A2.** D **A3.** C **A4.** A **A5.** B

索引

数字

A

B

C

D

E

F

N

O

P

R

S

T

U

V

W

あ行

か行

さ行

た行

な行

は行

ま行

や行

ら行

著者プロフィール

Gene（ジーン）

2000年よりWebサイト「ネットワークのおべんきょしませんか？（https://www.n-study.com）」を開設。
「ネットワーク技術をわかりやすく解説する」ことを目標に日々更新を続ける。ネットワーク技術に関するフリーのインストラクタ、テクニカルライターとして活動中。著書に『図解まるわかり ネットワークのしくみ』（翔泳社）、『[ネットワーク超入門]手を動かしながら学ぶIPネットワーク』（技術評論社）などがある。

カバーデザイン　沢田 幸平（happeace）
カバーイラスト　山内 庸資
本文デザイン　株式会社 トップスタジオ デザイン室（轟木 亜紀子）
DTP　株式会社 トップスタジオ

おうちで学べる ネットワークのきほん 第2版

2024年 5月27日　初版第1刷発行

著　者　Gene
発 行 人　佐々木 幹夫
発 行 所　株式会社 翔泳社（https://www.shoeisha.co.jp）
印刷・製本　株式会社 ワコー

本書へのお問い合わせについては、2ページに記載の内容をお読みください。
落丁・乱丁はお取り替え致します。03-5362-3705までご連絡ください。

ISBN978-4-7981-8515-6　Printed in Japan